U0730011

房屋市政工程
现场安全资料标准化实施指南

安巨浪　主编

中国建筑工业出版社

图书在版编目（CIP）数据

房屋市政工程现场安全资料标准化实施指南 / 安巨
浪主编. -- 北京 ：中国建筑工业出版社, 2025. 7.
ISBN 978-7-112-31481-2

Ⅰ. TU990.05-65

中国国家版本馆 CIP 数据核字第 2025CX0297 号

责任编辑：朱晓瑜
责任校对：芦欣甜

房屋市政工程现场安全资料标准化实施指南

安巨浪　主编

*

中国建筑工业出版社出版、发行（北京海淀三里河路 9 号）
各地新华书店、建筑书店经销
国排高科（北京）人工智能科技有限公司制版
北京市密东印刷有限公司印刷

*

开本：787 毫米 ×1092 毫米　1/16　印张：20 ½　字数：432 千字
2025 年 8 月第一版　2025 年 8 月第一次印刷
定价：**79.00** 元
ISBN 978-7-112-31481-2
（45488）

版权所有　翻印必究

如有内容及印装质量问题，请与本社读者服务中心联系
电话：（010）58337283　　QQ：2885381756
（地址：北京海淀三里河路 9 号中国建筑工业出版社 604 室　邮政编码：100037）

《房屋市政工程现场安全资料标准化实施指南》

编 委 会

主编单位：渭南市建设工程质量安全监督中心站
　　　　　陕西建工第四建设集团有限公司
　　　　　中铁一局集团桥梁工程有限公司
　　　　　陕西禹达鸿业建工集团有限公司

参编单位：韩城市建筑工程管理处
　　　　　华阴市建筑工程质量监督站
　　　　　渭南市临渭区建筑工程质量安全监督站
　　　　　渭南市华州区建设工程质量安全监督站
　　　　　渭南市高新区建设工程质量安全监督站
　　　　　渭南市经开区建设工程质量安全监督站
　　　　　澄城县建设工程质量安全监督站
　　　　　蒲城县建筑工程质量安全监督站
　　　　　潼关县建设工程质量安全监督站
　　　　　富平县建设工程质量安全监督站
　　　　　合阳县建设工程质量安全监督站
　　　　　大荔县建筑工程质量监督站
　　　　　白水县建设工程质量安全监督站

主　　编：安巨浪

主　　审：姚永琪

参编人员（按姓氏笔画排序）：

于文付	马　龙	王　宏	王　超	王飞龙
王长明	王建锋	王盼盼	王娟平	冯亚平
冯亚兵	吉卫星	刘　波	刘　超	刘胜利
闫　斌	许永长	杜方锋	李　凤	李宏伟
李朝晖	杨小军	余志国	宋轮航	张　涛
张　督	张卫斌	张锐亮	陈利荣	陈康健
罗彦雷	赵一叶	赵忠善	赵恺悌	鬲建英
眭亮财	崔永杰	康锋涛	蒋志超	韩跟党
曾明亮	谢　斌	雷顿罡	樊玉鹏	穆　利
魏　凯	魏　新			

　　为规范施工总承包单位现场安全资料的整编工作，加强施工过程中各个环节、部位的安全管理，着重解决一线管理人员在安全生产管理中"不知道、不会干、干不好"的问题，进一步指导项目一线专职安全管理人员做好安全管理资料整编工作，提升项目安全管理标准化、规范化、流程化，根据国家标准、行业标准及陕西省规章制度，结合陕西建工控股集团有限公司在建筑施工安全管理方面的实践经验，编制本书。

　　本书从安全生产责任制、安全教育、分包单位安全管理、特种作业人员管理、安全风险分级管控及隐患排查治理、项目安全生产费用、消防安全管理、基坑工程、脚手架工程、高处作业吊篮、模板支架、施工用电、施工升降机、塔式起重机14个方面，依据日常检查中的共性问题及《房屋市政工程生产安全重大事故隐患判定标准》（2024年版），针对安全管理各环节的管控重点做了具体的资料整编清单并附有填写说明，对项目资料整编及归档具有较强的指导性。

　　由于各地政策不同，笔者对法律、法规及地方规章制度理解的还不够深刻且随着施工生产技术、工艺和设备的不断进步，以及企业安全管理水平的不断提升，书中给出的样本及整编意见对项目不一定适用，真诚希望大家随时提出宝贵意见，将各级政府及相关规范对施工现场安全管理的要求及时反馈，不断修正，为进一步规范安全资料整编，防范化解重大事故风险共同努力。虽然本书是许多人共同的研究成果，但限于笔者水平，缺点和错误在所难免。恳请广大同行和读者随时提出宝贵意见。有任何意见和建议请反馈至：404886984@qq.com。

　　最后，借此机会感谢渭南市建设工程质量安全监督中心站的大力支持，感谢渭南市各市、区、县建设工程质量安全监督站的专家们给予本书所分享的智慧和经验，感谢中国人民财产保险股份有限公司渭南市分公司为本书的出版所付出的辛苦和贡献！

目　录

第1章

安全生产责任制

1.1 安全生产责任制概述

《中华人民共和国安全生产法》第四条规定,生产经营单位必须遵守本法和其他有关安全生产的法律、法规,加强安全生产管理,建立健全全员安全生产责任制。

全员安全生产责任制,是根据我国的安全生产方针,即"以人为本,坚持人民至上、生命至上,把保护人民生命安全摆在首位,树牢安全发展理念,坚持安全第一、预防为主、综合治理的方针"和安全生产法规建立的各级领导、职能部门、工程技术人员、岗位操作人员在劳动生产过程中对安全生产层层负责的制度。本章涉及的规范及文件主要有《注册建造师执业工程规模标准》《陕西省建筑施工企业主要负责人项目负责人和专职安全生产管理人员安全生产管理规定实施意见》《施工企业安全生产管理规范》GB 50656—2011、《陕西省建筑施工安全生产责任保险实施方案》《陕西省住房和城乡建设厅关于做好全省建筑施工安全生产责任保险启动相关工作的通知》《建筑施工企业负责人及项目负责人施工现场带班暂行办法》《渭南市房屋市政工程施工项目经理和总监理工程师在岗履职记分管理办法》。

1.2 安全生产责任制资料整编目录清单

(1)项目部组建关键岗位人员的任命文件;

(2)项目安全生产目标责任书;

(3)项目安全生产责任制度;

(4)全员责任制签字;

(5)项目安全生产责任制和责任目标考核办法;

(6)项目安全生产责任制和责任目标考核记录;

(7)各工种的安全技术操作规程;

(8)建设项目工伤保险参保证明、安责险缴纳证明;

(9)项目安全例会制度及会议记录;

(10)项目负责人现场带班制度及带班记录。

1

1.3 安全生产责任制资料填写说明

1.3.1 项目部组建及关键岗位人员的任命

建造师配备标准：根据《注册建造师执业工程规模标准》，大中型工程项目负责人必须由本专业注册建造师担任；一级注册建造师可担任大中小型工程项目经理，二级注册建造师可担任中小型工程项目经理，具体见表 1-1、表 1-2。

房屋建筑工程注册建造师执业工程规模标准　　　　表 1-1

序号	工程类别	项目名称	单位	规模			备注
				大型	中型	小型	
1	一般房屋建筑工程	工业、民用与公共建筑工程	层	≥25	5～25	<5	建筑物层数
			m	≥100	15～100	<15	建筑物高度
			m	≥30	15～30	<15	单跨跨度
			m²	≥30000	3000～30000	<3000	单体建筑面积
		住宅小区或建筑群体工程	m²	≥100000	3000～100000	<3000	建筑群建筑面积
		其他一般房屋建筑工程	万元	≥3000	300～3000	<300	单项工程合同额
2	高耸构筑物工程	冷却塔及附属工程	m²	>3500	2000～3500	<2000	淋水面积
		高耸构筑物工程	m	≥120	25～120	<25	构筑物高度
		其他高耸构筑物工程	万元	≥3000	300～3000	<300	单项工程合同额
3	园林古建筑工程	仿古建筑工程、园林建筑工程	m²	≥800	200～800	<200	单体建筑面积
		国家级重点文物保护单位的古建筑修缮工程	m²	≥200	<200	无	修缮建筑面积
		省级重点文物保护单位的古建筑修缮工程	m²	≥300	100～300	<100	修缮建筑面积
		其他园林古建筑工程	万元	≥1000	200～1000	<200	单项工程合同额
4	钢结构工程	钢结构建筑物或构筑物工程(包括轻钢结构工程)	m	≥30	10～30	<10	钢结构跨度
			t	≥1000	100～1000	<100	总重量
			m²	≥20000	3000～20000	<3000	单体建筑面积
		网架结构的制作安装工程	m	≥70	10～70	<10	网架工程边长
			t	≥300	50～300	<50	总重量

续表

序号	工程类别	项目名称	单位	规模			备注
				大型	中型	小型	
4	钢结构工程	网架结构的制作安装工程	m²	≥6000	200~6000	<200	单体建筑面积
		其他钢结构工程	万元	≥3000	300~3000	<300	单项工程合同额
5	体育场地设施工程	高尔夫球场、室内外迷你高尔夫球场和练习场工程	hm²	≥55	25~55	<25	单项工程占地面积
			万元	≥3200	300~3200	<300	单项工程合同额
			洞	≥18	9~18	<9	洞数
		体育场、田径场场地设施工程	万人	≥2	0.5~2	<0.5	容纳人数
			万元	≥1000	300~1000	<300	单项工程合同额
		体育馆(包括游泳馆、冬季项目馆)设施工程	人	≥5000	300~5000	<300	容纳人数
		合成面层网球、篮球、排球场地设施工程	m²	≥7000	2000~7000	<2000	建筑面积
		其他体育场地设施工程	万元	≥800	150~800	<150	单项工程合同额

市政公用工程注册建造师执业工程规模标准　　　　　　表1-2

序号	工程类别	项目名称	规模			备注
			大型	中型	小型	
1	城市道路	路基工程	城市快速路、主干道路基工程≥5km,单项工程合同额≥3000万元	城市快速路、主(次)干道路基工程2~5km,单项工程合同额1000万~3000万元	城市次干道路基工程<2km,单项工程合同额<1000万元	含城市快速路、城市环路,不含城际间公路
		路面工程	高等级路面≥10万m²,单项工程合同额≥3000万元	高等级路面5万~10万m²,单项工程合同额1000万~3000万元	次高等级路面,单项工程合同额<1000万元	
2	城市公共广场	广场工程	广场面积≥5万m²,单项工程合同额≥3000万元	广场面积2万~5万m²,单项工程合同额1000万~3000万元	单项工程合同额<1000万元	含体育场
3	城市桥梁	桥梁工程	单跨跨度≥40m;单项工程合同额≥3000万元	单跨的跨度20~40m;单项工程合同额1000万~3000万元	单跨跨度<20m;单项工程合同额<1000万元	含过街天桥
4	地下交通	隧道工程	内径(宽或高)≥5m或单项洞长≥1000m,单项工程合同额≥3000万元	内径(宽或高)3~5m,单项工程合同额1000万~3000万元	内径(宽或高)<3m,单项工程合同额<1000万元	含地下过街通道;小型工程不含盾构施工
		车站工程	单项工程合同额≥3000万元	单项工程合同额<3000万元	—	小型工程不含车站工程
5	城市供水	供水厂	日处理量≥5万t,单项工程合同额≥3000万元	日处理量3万~5万t,单项工程合同额1000万~3000万元	日处理量<3万t,单项工程合同额<1000万元	含中水工程、加压站工程
		供水管道	管径≥1.5m,单项工程合同额≥3000万元	管径0.8~1.5m,单项工程合同额1000万~3000万元	管径<0.8m,单项工程合同额<1000万元	含中水工程,本表中的管径为公称直径DN

续表

序号	工程类别	项目名称	规模			备注
			大型	中型	小型	
6	城市排水	污水处理厂	日处理量≥5万t，单项工程合同额≥3000万元	日处理量3万～5万t，单项工程合同额1000万～3000万元	日处理量<3万t，单项工程合同额<1000万元	含泵站
		排水管道工程	管径≥1.5m，单项工程合同额≥3000万元	管径0.8～1.5m，单项工程合同额1000万～3000万元	管径<0.8m，单项工程合同额<1000万元	含小型泵站，本表中的管径为公称直径DN
7	城市供气	燃气源工程	日产气量≥30万m³，单项工程合同额≥3000万元	日产气量10万～30万m³，单项工程合同额1000万～3000万元	日产气量<10万m³，单项工程合同额<1000万元	
		燃气管道工程	高压以上管道，单项工程合同额≥3000万元	次高压管道，单项工程合同额1000万～3000万元	中压以下管道，单项工程合同额<1000万元	
		储备厂（站）工程	设计压力＞2.5MPa或总贮存容积＞1000m³的液化石油气或＞400m³的液化天然气贮罐厂（站）或供气规模＞15万m³/d的燃气工程，单项合同额≥3000万元的工程	设计压力2.0～2.5MPa或总贮存容积500～1000m³的液化石油气或200～400m³的液化天然气贮罐厂（站）或供气规模5万～15万m³/d的燃气工程，单项合同额为1000万～3000万元的工程	设计压力＜2.0MPa或总贮存容积＜500m³的液化石油气或＜200m³的液化天然气贮罐厂（站）或供气规模＜5万m³/d的燃气工程，单项合同额＜1000万元的工程	含调压站、混气站、气化站、压缩天然气站、汽车加气站等
8	城市供热	热源工程	产热量≥250t/h或供热面积≥30万m²，单项工程合同额≥3000万元	产热量80～250t/h或供热面积10万～30万m²，单项工程合同额1000万～3000万元	产热量<80t/h或供热面积<10万m²，单项工程合同额<1000万元	
		管道工程	管径≥500mm，单项工程合同额≥3000万元	管径200～500mm，单项工程合同额1000万～3000万元	管径<200mm，单项工程合同额<1000万元	本表中的管径为公称直径DN
9	生活垃圾	填埋场工程	日处理量≥800t，单项工程合同额≥3000万元	日处理量400～800t，单项工程合同额1000万～3000万元	日处理量<400t，单项工程合同额<1000万元	填埋面积应折成处理量计
		焚烧厂工程	日处理量≥300t，单项工程合同额≥3000万元	日处理量100～300t，单项工程合同额1000万～3000万元	日处理量<100t，单项工程合同额<1000万元	
10	轻轨交通	路基工程	路基工程≥2km，单项工程合同额≥3000万元	路基工程1～2km，单项工程合同额1000万～3000万元	路基工程<1km，单项工程合同额<1000万元	不含轨道铺设
		桥涵工程	单跨跨度≥40m，单项工程合同额≥3000万元	单跨的跨度20～40m，单项工程合同额1000万～3000万元	单跨跨度<20m，单项工程合同额<1000万元	不含轨道铺设
11	城市园林	庭院工程	单项工程合同额≥1000万元	单项工程合同额500万～1000万元	单项工程合同额<500万元	含厅阁、走廊、假山、草坪、广场、绿化、景观
		绿化工程	单项工程合同额≥500万元	单项工程合同额300万～500万元	单项工程合同额<300万元	

　　根据《陕西省建筑施工企业主要负责人项目负责人和专职安全生产管理人员安全生产管理规定实施意见》关于安全员配备标准为：

1）建筑工程、装修工程按照建筑面积配备：

（1）1 万 m² 以下的工程不少于 1 人（综合类）；

（2）1 万～5 万 m² 的工程不少于 2 人（综合类 2 人或土建类 1 人和机械类 1 人）；

（3）5 万 m² 及以上的工程不少于 3 人（综合类 3 人或土建类 2 人和机械类 1 人）。

2）土木工程、线路管道、设备安装工程按照工程合同价配备：

（1）5000 万元以下的工程不少于 1 人（综合类）；

（2）5000 万～1 亿元的工程不少于 2 人（综合类 2 人或土建类 1 人和机械类 1 人）；

（3）1 亿元及以上的工程不少于 3 人（综合类 3 人或土建类 2 人和机械类 1 人）。

1.3.2　安全生产责任制签订、考核及各类规程

《建筑施工安全检查标准》JGJ 59—2011 第 1.1 条规定：

（1）工程项目部应建立以项目经理为第一责任人的各级管理人员安全生产责任制；

（2）安全生产责任制应经责任人签字确认；

（3）工程项目部应有各工种安全技术操作规程；

（4）工程项目部应按规定配备专职安全员；

（5）对实行经济承包的工程项目，承包合同中应有安全生产考核指标；

（6）工程项目部应制定安全生产资金保障制度；

（7）按安全生产资金保障制度，应编制安全资金使用计划并按计划实施；

（8）工程项目部应制定以伤亡事故控制、现场安全达标、文明施工为主要内容的安全生产管理目标；

（9）按安全生产管理目标和项目管理人员的安全生产责任制，应进行安全生产责任目标分解；

（10）应建立对安全生产责任制和责任目标的考核制度；

（11）按考核制度，应对项目管理人员定期进行考核。

1.3.3　工伤保险和安全生产责任保险

《中华人民共和国安全生产法》第五十一条规定，生产经营单位必须依法参加工伤保险，为从业人员缴纳保险费。国家鼓励生产经营单位投保安全生产责任保险；属于国家规定的高危行业、领域的生产经营单位，应当投保安全生产责任保险。具体范围和实施办法由国务院应急管理部门会同国务院财政部门、国务院保险监督管理机构和相关行业主管部门制定。

工伤保险是指职工在劳动过程中发生生产安全事故以及职业病，暂时或者永久地丧失劳动能力时，在医疗和生活上获得物质帮助的一种社会保险制度。工伤保险由单位缴费，个人不缴费。陕西省境内缴纳比例、工伤鉴定、劳动能力鉴定、工伤保险待遇等具体内容

可参考陕西省实施《工伤保险条例》相关办法，其他地区参考《工伤保险条例》（中华人民共和国国务院令第 375 号）。

《陕西省建筑施工安全生产责任保险实施方案》规定：建筑施工安全生产责任保险实施范围为全省所有新建、扩建、改建、拆除及在建的房屋建筑和市政基础设施工程（含城市轨道交通工程）项目。建筑施工安全生产责任保险按照保本微利的原则，确定房屋建筑和市政基础设施建设工程（含城市轨道交通建设工程）项目费率为 1.5‰，拆除工程项目费率为 2‰，在工程造价中作为不可竞争费用单独列支，专款专用，任何单位和个人不得以任何方式或形式摊派给从业人员个人。

《陕西省住房和城乡建设厅关于做好全省建筑施工安全生产责任保险启动相关工作的通知》对新老企业项目参保、项目信息录入及承保机构作了明确要求，此文件的发布标志着安全生产责任保险在陕西省建筑施工领域的全面落地。

1.3.4　项目负责人现场带班制度资料编制说明

《建筑施工企业负责人及项目负责人施工现场带班暂行办法》第十一条规定：项目负责人每月带班生产时间不得少于本月施工时间的 80%。因其他事务需离开施工现场时，应向工程项目的建设单位请假，经批准后方可离开。离开期间应委托项目相关负责人负责其外出时的日常工作。

渭南市 2024 年 6 月 13 日印发《渭南市房屋市政工程施工项目经理和总监理工程师在岗履职记分管理办法》对项目经理及总监理工程师的在岗履职提出了积分管理制度，其中第十二条规定：

一个记分周期（12 个月）内，根据项目经理、总监理工程师累计记分情况，采取以下措施：

（1）累计记分达到 6 分以上（含）不满 9 分的，市、区质量安全监督机构将项目列为重点监管对象，对项目经理或总监理工程师进行警示约谈；市住房和城乡建设局定期组织项目经理、总监理工程师参加培训和考核。

（2）累计记分达到 9 分以上（含）不满 12 分的，市、区质量安全监督机构将项目经理或总监理工程师未履职行为通知所在企业，并对企业主要负责人进行警示约谈。

（3）累计记分满 12 分的，质量安全监督机构将建议施工企业或监理企业更换项目经理、总监理工程师，并取消该项目当年文明工地、优质工程等评优活动资格。

安全生产责任制资料总计 11 项内容，需单独建档并编号存放。其中 1~8 项为固定内容，项目没有大的变动，一次收集整理完成之后不再变动，可一次装订成册，永久使用。9~11 项为可变动内容，需单独归档。项目安全例会每周进行一次，资料按照一个月（4 次）进行汇总，按照季度进行整编、装订、归档。

附件

项目部管理人员配备名册（样本）

工程名称：

序号	姓名	性别	年龄	岗位/职务	岗位或执业资格证书	证书编号	发证机关	备注

审核人：　　　　　　　　填表人：　　　　　　　　　　　　填表日期：

1.3.5　全员安全生产责任制样本

项目经理（样本）

1. 项目经理是项目安全生产的第一责任人，对项目的安全生产全面负责。

2. 组建和领导项目安全领导小组，配备专职安全管理人员。

3. 负责法律法规、标准规范和政策及企业的安全制度在项目的实施，并检查执行情况。

4. 项目经理是企业各项安全规章制度在项目实施中的执行人，负责建立和落实项目安全生产规章制度，结合项目人员配备分解落实项目安全生产责任制和安全管理目标。

5. 组织实施对作业人员的安全教育培训。

6. 组织危险源的辨识和风险评价；组织制定、实施工程安全技术措施和危险性较大工程安全专项施工方案，组织工程安全技术措施实施验收。

7. 定期组织项目安全检查和隐患排查，针对存在的事故隐患制定相应的整改、预防措施，并组织实施。

8. 组织编制、审批项目安全文明施工措施费计划，并确保安全费用的有效使用。

9. 组织制定项目生产安全事故应急救援预案、配备应急救援器材和应急人员，组织演练。

10. 负责按规定及时、如实上报和处理生产安全事故。

项目经理（签名）：

日　　期：

项目生产副经理（样本）

1. 对项目的施工安全负主管领导责任。

2. 协助项目经理领导项目安全生产领导小组，定期召开安全例会，协调解决各分包单位和作业班组在安全生产过程中存在的问题。

3. 组织实施国家、地方有关安全生产的法律法规、标准规范和企业及项目安全生产规章制度，并检查执行情况。

4. 协助项目经理审查分包和服务单位进场人员的资格，组织落实项目各项安全管理措施。对不符合安全要求或不服从管理的分包提出清退或处理意见。

5. 组织实施经审批的工程安全技术措施和专项施工方案，参加危险性较大工程专项施工方案和工程安全技术措施实施验收。

6. 协助项目经理组织项目定期安全检查，对检查出的事故隐患，负责组织落实整改措施；对发现的重大事故隐患，及时报告项目经理协调解决。

7. 发生生产安全事故应亲临现场，协助项目经理组织实施经批准的事故应急预案，参与事故的调查处理。

8. 向项目经理汇报安全生产工作。

项目生产副经理（签名）：

日　　期：

项目技术负责人（样本）

1. 对项目的施工安全技术负主管领导责任。

2. 具体负责国家和地方有关安全生产的技术标准和政策在项目的贯彻实施。

3. 组织危险性较大工程的识别，组织编制、审核工程安全技术措施和专项施工方案，履行相应论证、审批程序，并对超过一定规模的危险性较大工程专项施工方案实施过程进行监测和预警。

4. 组织新技术、新设备、新材料、新工艺安全技术措施的制定，监督指导安全技术措施的实施。

5. 参与项目安全技术教育。工程开工前，负责对项目和分包单位施工管理及相关人员进行安全技术总交底；结构复杂、危险性较大分项工程施工前，负责对项目和分包单位管理人员和操作人员进行专项施工方案的技术交底。

6. 协助项目经理组织危险性较大工程专项施工方案实施的验收，并签署意见。

7. 根据建设单位或监理单位签发的变更及施工环境变化，及时补充完善工程安全技术措施或专项施工方案。

8. 组织编制项目生产安全事故应急预案并指导演练。发生生产安全事故，应亲临现场指导实施救援。

项目技术负责人（签名）：

日　　期：

项目行政保卫员（样本）

1. 对项目的治安保卫、饮食卫生和办公生活区安全工作具体负责。

2. 负责施工现场办公、生活设施及围墙等临时设施使用过程的安全管理。

3. 组织建立项目食堂、宿舍的安全管理制度，并督促实施。

4. 组织建立项目的治安保卫、消防等管理制度，并督促实施。

5. 组织建立和落实项目门卫制度和施工区封闭管理，建立项目人员身份信息；督促门卫对外来人员进行登记、发放安全防护用品、通知项目有关人员接待。

6. 组织配置项目消防器材、保健医药箱和急救器材，负责与驻地社区、公安机关、医院建立治安、医疗等服务协议。

7. 组织实施项目防暑降温辅助措施。

项目行政保卫员（签名）:

日　　期:

项目安全员（样本）

1. 宣传法律法规、标准规范和企业、项目的安全生产规章制度，并监督检查执行情况，对项目的安全生产负监督管理责任。

2. 协助项目经理建立安全管理制度、实施职业健康安全教育培训。

3. 参加危险性较大工程专项方案论证和分项工程安全技术交底会，监督检查安全技术措施的实施，参加安全技术措施实施验收和危险性较大工程验收。

4. 参加项目定期安全检查，对发现的事故隐患下发书面整改通知、告知操作人员，涉及分包单位的，书面通知分包单位限期整改，并负责跟踪验证。

5. 负责施工现场日常安全监督检查并做好检查记录，对发现的事故隐患督促立即整改，必要时报告项目经理；对于发现的重大事故隐患，有权采取局部停工措施，立即报告项目经理，同时书面通知分包单位限期整改，并有权向企业安全生产管理机构报告。

6. 现场监督危险性较大工程安全专项施工方案实施，发现未严格执行专项方案的情况应立即向项目技术负责人报告。

7. 监督检查劳保用品的发放和正确使用。

8. 监督指导施工现场安全警示标志和操作规程牌的设置和维护。

9. 对管理人员和作业人员违章违规行为进行纠正或查处。

10. 依照企业制度报告安全生产信息，参与事故应急救援和处理。

11. 负责安全管理内业资料的收集、整理、归档工作。

项目安全员（签名）：

日　　期：

项目施工员（样本）

1. 对所管的分项工程、分包和作业班组的安全生产负直接管理责任。

2. 组织实施所管分项工程安全技术措施和专项安全施工方案，落实各项安全监控、监测措施。在所管危险性较大工程施工中，组织分包单位实施班前安全确认。

3. 组织核查所管分包和作业人员的安全资格，发现不具备相应资格和未经安全教育的，有权拒绝安排任务和采取停工措施。

4. 组织对所管分包单位和作业班组的人员实施进场和经常性安全教育培训。

5. 对所管理的作业班组，结合分项工程特点和专项施工方案规定，实施施工前和季节性的安全技术交底，并督促落实安全技术措施。

6. 对所管分项工程所使用的设备、设施、安全措施所需材料组织进场和使用前的验收。

7. 参加所管分项工程安全技术措施和危险性较大工程实施验收，必要时向分包单位办理设施及施工区域移交手续。

8. 参加安全检查，对检查出的问题和隐患，按照分工负责限期落实整改措施。

9. 协调所管施工区域多个分包单位的安全管理和施工平面布置的动态管理。

10. 发生生产安全事故，应立即组织抢救、保护现场，并及时报告项目经理。

项目施工员（签名）：

日　　期：

项目质量员（样本）

1. 对工程措施项目的施工质量负责监督检查，发现隐患督促整改，必要时采取局部停工措施。

2. 对特种设备基础、模板支架、基坑支护、挡墙、临时设施、筏板钢筋绑扎等与安全有关的分项工程施工质量监督检查，发现问题督促整改，必要时报告项目技术负责人；涉及分包单位的，书面通知分包单位限期整改。

3. 参加安全设施所需材料、安全技术措施和危险性较大工程实施验收，从原材料和施工质量方面把关。

项目质量员（签名）：

日　　期：

项目机械员（样本）

1. 对项目机械设备的安全负直接管理责任。协助项目经理制定项目机械设备安全管理制度，并检查监督执行情况。

2. 协助项目经理审查机械设备产权单位的资格、机械设备的技术文件和性能、操作人员的资格等；负责审查、收集产权单位、操作人员及机械设备的相关有效技术档案。收集租赁合同和安全管理协议。

3. 协助项目经理审查、收集起重设备产权单位的资质、安全许可证和人员的资格，组织实施安装拆卸人员的安全交底和进场安全教育。

4. 参与组织设备进场安装前的联合验收，防止报废、淘汰或禁止使用的设备进场。

5. 负责进场建筑起重设备作业人员资格的审查。组织机械设备操作、指挥、检修等人员的安全交底和安全教育，并监督安全技术操作规程的执行。

6. 督促产权单位实施建筑起重设备安装/拆卸告知和使用前的检测、验收及使用登记等工作。

7. 检查机械设备的安全使用、维修保养；监督建筑起重设备产权单位实施设备的定期检查、维修保养制度，收集相应记录。

8. 负责对机械设备及其安全装置、吊具、索具等进行经常性和定期检查，发现隐患书面通知产权单位整改，必要时有权采取停用措施。

9. 负责进场机械设备的安全管理，并建立相应的技术档案。参与机械设备事故的调查处理。

项目机械员（签名）:

日　　期:

项目材料员（样本）

1. 对项目采购和租赁的安全防护用品质量负责，负责索取防护用品的相关资料，组织进场查验，建立防护用品的发放记录。

2. 负责经批准的安全设施所需材料的采购供应，并组织实施进场材料材质确认。

3. 负责实施项目部有毒、易燃易爆物品的保管、发放等管理工作。

4. 组织材料供方人员的进场安全、文明施工交底或教育。

5. 监督检查进场材料和半成品的装卸、堆放，发现问题和隐患督促整改。

6. 负责项目生产安全事故应急救援物资的供应。

项目材料员（签名）：
日　　期：

项目会计（样本）

1. 协助项目经理编制项目安全文明施工费使用计划。

2. 监督检查项目安全文明施工费的使用，建立使用台账，填报季度使用情况报表。

3. 在对分包、服务单位进行财务结算时，应扣除各项安全违约金。

项目会计（签名）：

日　　期：

项目劳务员（样本）

1. 协助项目经理组织劳务分包资格评审和业绩评价，收集劳务分包单位和相关人员的有效资格证件和任命文件；收集劳务分包合同和安全管理协议。

2. 负责核实进场劳务人员的身份和资格，并按照工程工伤保险经办机构的要求，及时办理申报备案和进出场动态管理。

3. 建立进场劳务人员花名册，协助组织进场人员的劳动纪律和安全教育培训。

4. 审查进场特种作业人员的安全资格，对不具备安全资格的人员，书面通知分包单位更换。

5. 负责监督分包单位操作人员的管理，对不适宜从事有关作业、多次违章操作的人员督促予以换岗或辞退。

6. 指导分包单位合理安排作业人员的加班，防止疲劳操作、带病操作。

7. 组织项目管理人员和自聘人员的进场安全教育培训和年度安全培训。

8. 负责工伤人员的申报和有关工伤保险待遇的办理，参与工伤事故的处理。

项目劳务员（签名）:

日　　　期:

项目合同预算员（样本）

1. 在组织签订分包合同时应明确安全生产责任和合同价款中安全生产措施费的比例，并收集保存分包单位的有效资格证件和合同有效文本。

2. 协助项目经理组织合同交底，明确项目相关方安全管理的界面和安全责任范围。

3. 在与建设单位办理变更签证和工程结算时，应按合同约定计取和结算安全生产措施费。

4. 参与编制项目安全生产措施费使用计划。

5. 在审核分包单位的工程结算书时，同时审核安全生产措施费的使用情况。

项目合同预算员（签名）：

日　　期：

<h1>班组长（样本）</h1>

1. 对本班组的安全生产工作全面负责。在安排施工任务时，向本班组作业人员进行安全交底，核实本班组人员的安全教育培训情况，不得安排未经安全教育培训合格的人员上岗。

2. 带领本班组人员严格执行本工种安全技术操作规程、分项安全措施和交底，不违章指挥。

3. 每班作业前，组织对本次作业所使用的机具、设备、防护用具及作业环境进行安全检查确认，检查安全标牌是否按规定设置、标识方法和内容是否正确完整、安全防护措施是否到位等，发现问题和隐患及时消除并报告分管施工员。

4. 组织班组开展安全活动，主持召开班前安全会和每周的安全讲评活动。

5. 作业过程跟班检查，及时纠正违章作业，排除事故隐患。

6. 发现险情或事故，应立即采取应急措施、组织撤离人员、抢救伤者，并及时报告。

班组长（签名）：

日　　期：

操作工人（样本）

1. 自觉学习并严格执行安全技术操作规程，不违章冒险作业。

2. 接受安全教育培训和危险告知，掌握本职工作所需的安全生产知识，增强事故预防和应急处理能力。

3. 自觉遵守安全生产规章制度和劳动纪律，严格执行安全技术交底和有关安全措施。作业前，参加班前安全活动，了解作业场所和工作岗位存在的危险源、防范措施及事故应急措施，并对作业环境进行安全确认。

4. 服从安全员和现场管理人员的指导和监督，及时纠正违章行为。

5. 正确使用防护用品、用具，爱护安全设施。

6. 发现事故隐患或其他不安全因素，应当立即向班组长、安全员或项目经理报告；对直接危及人身安全的情况，有权拒绝接受任务、停止作业、撤离到安全区域。

7. 有权拒绝违章指挥和强令冒险作业，对不安全作业有权提出批评和改进意见。

操作工人（签名）：

日　　期：

1.3.6 项目安全生产目标责任书编制说明

项目安全生产目标责任书（样本）

甲方：××××××集团公司

乙方：××××××××××××项目部

为了认真贯彻《中华人民共和国安全生产法》《建设工程安全生产管理条例》和《陕西省建设工程质量和安全生产管理条例》，落实"安全第一，预防为主，综合治理"的方针和公司各项安全生产责任制度，根据集团公司确定的年度安全控制目标，与你项目部签订本目标责任书。

一、定量目标

1. 杜绝重伤、死亡和较大及其以上生产安全事故；全年从业人员事故负伤率控制在×‰以内。（从业人数以月报表平均人数为准）

2. 施工现场安全管理按《建筑施工安全检查标准》JGJ 59—2011由工程部月度检查评定，合格率100%，优良率80%以上。

3. 专职安全管理人员、特种作业人员持证上岗率达到100%。

4. 施工项目安全生产标准化考评等级达到_____。

二、定性目标

（一）认真贯彻执行国家、地方有关安全生产的法律法规、政策和企业职业健康安全管理体系文件、安全生产规章制度。

1. 建立健全项目管理人员安全生产责任制，明确项目每位管理人员的安全责任和安全责任目标，并采取措施确保目标实现。

2. 建立健全并落实项目安全生产管理制度，健全职业健康安全保证体系。

（二）加强安全生产管理：

1. 按照规定配备项目专职安全生产管理人员，做到持《安全生产考核合格证书》上岗。

2. 落实安全生产的投入，建立安全生产措施费提取、使用台账，确保投入到位、有效使用，各项安全防护措施落实到位并符合标准要求。

3. 严格分包和特种设备租赁安全管理，切实做到采用有资质的分包队伍和有安装资质的设备出租单位，进场前及时签订合同和安全协议，履行总包管理职责。特种作业人员必须做到持证上岗，个体安全防护用品发放到位。

4. 严格执行施工安全措施和专项方案审批备案制度，及时办理特种设备的安装拆卸告知和使用登记，及时办理项目安全备案登记、建设项目工伤保险参保证明等手续。

5. 严格实施"三级安全教育"和经常性安全教育培训，并按照地方政府规定实施开工前的集中安全教育培训，加强对操作人员的经常性安全教育培训，提高操作人员的安全防范意识，及时制止违章行为。

6. 深入开展项目安全生产标准化工作，每月开展安全生产标准化自评和隐患排查治理工作，建立健全隐患排查治理的长效机制，明确排查治理责任，杜绝事故的发生。

7. 完善项目生产安全事故应急预案和应急响应机制，建立现场处置方案，配备必要的应急救援器材，按照要求组织应急救援演练。

8. 严格执行生产安全事故报告制度，发生生产安全事故按照规定程序和时限报告，积极配合做好事故的调查和处理。

三、奖惩

1. 实行安全生产一票否决制，对未完成控制目标的，取消先进单位、先进个人的评优资格，并在经济目标责任兑现时予以扣分。

2. 因安全管理不到位、施工现场存在事故隐患和违章行为受到建设单位投诉、政府主管部门通报批评或发生生产安全事故的，对项目部和相关责任人按照规定处罚。

甲　　　方：（签章）　　　　　　　　　乙　　　方：（签章）

代　　　表：　　　　　　　　　　　　　负 责 人：

年　　月　　日

本责任书一式两份，甲、乙双方各执一份。

1.3.7 项目安全生产责任制和责任目标考核办法编制说明

项目安全生产责任制和责任目标考核办法（样本）

为了项目各岗位管理人员认真落实安全生产责任制，充分调动全体人员做好安全生产的积极性，按照安全生产"一岗双责"和"管生产经营必须管安全"的原则，确保项目安全生产管理目标的实现，制定本办法。

一、适用范围

适用于对项目全体管理人员安全生产责任制和安全目标实现情况的考核。

项目安全生产责任制和安全管理目标，由项目经理负责组织制定和分解，从每位管理人员签字确认之日起生效。

二、考核范围

考核包括项目经理、副经理、技术负责人、施工员、安全员、机械员、材料员等管理岗位。兼职人员根据岗位按照就高不就低的原则进行考核，出现兼职岗位考核不合格的，不得考核为优秀。

三、考核组织及程序

1. 项目成立由项目经理为组长，项目副经理、技术负责人、安全员参加的考核小组，负责实施考核。

2. 项目安全生产责任制和安全目标考核每季度开展一次，并于下个季度首月 5 日前完成上季度的考核。

3. 考核内容由项目考核小组结合项目安全管理目标和安全生产责任制确定。考核评分表总分为 100 分，其中安全管理目标考核占 20 分，安全生产责任制考核占 80 分。

4. 每次考核结束，由项目安全员填写《项目安全生产责任制及目标考核汇总表》。考核小组应将考核结果以书面形式公布。

四、奖惩

1. 考核结果分为优秀、合格、不合格。得分 90 分及以上者为优秀，70 分～90 分为合格，70 分以下为不合格。

2. 考核结果纳入项目管理人员岗位绩效工资和奖金评定，一并考核兑现。

3. 考核结果第一次为不合格的，由项目经理对其本人进行约谈，对于连续两次考核结果为不合格的，给予扣罚季（年）度奖金、调换岗位等处罚。对于未认真履行安全生产职责，发生生产安全事故的，依据事故调查报告追究责任。

4. 安全生产考核奖惩兑现由项目经理负责落实，安全员负责监督。

1.3.8　安全生产责任制和目标考核表及汇总表

项目安全生产责任制及目标考核汇总表（样本）

项目名称：_____　　　　　考核时间：　　年　月　日

序号	被考核人	岗位	安全生产职责考核（80分）	安全管理目标考核（20分）	总分	考核结果	奖惩	备注

填表人：　　　　　　　　　　批准人：

项目经理安全生产责任制及目标考核表（样本）

工程名称：_____   考核日期：_____

序号	考核内容	扣分标准	应得分数	扣减分数	实得分数
1	安全生产管理	未制定项目部安全责任制和各项规章制度的扣10分； 未按规定配备项目专职安全员的扣10分； 未进行管理人员安全责任制考核的扣5分； 未建立项目安全领导小组或未定期召开协调会的扣5分	10		
2	目标管理	未制定项目安全管理目标的扣10分； 未进行责任目标分解的扣5分； 未定期考核责任目标的扣5分	10		
3	分包管理	分包单位无资质、无安全生产许可证的扣10分； 分包安全员、专业分包项目经理无安全考核合格证和任职文件的扣5分； 分包进场前未签订分包合同和安全协议的扣10分	10		
4	施工组织设计及专项方案	未组织编制施工组织设计/专项方案的扣5分； 施工组织设计/专项方案未履行审批程序的扣5分； 各项安全技术措施落实不到位的扣5分	10		
5	安全检查及验收	未组织定期安全检查的扣10分； 发现隐患和问题，未定人、定时、定措施及时解决的扣5分； 未组织安全技术措施实施验收或起重机械、附着架、高大模板支架验收的扣5分	10		
6	安全教育	三级及经常性安全教育落实不到位的扣5分； 管理人员未按规定进行岗位年度安全培训的扣5分	10		
7	带班生产	项目负责人带班生产制度未建立的扣3分； 无带班公示牌和带班记录的扣2分	5		
8	安全投入	现场安全防护措施不到位的扣5分； 未建立安全生产措施费使用台账的扣5分	10		
9	应急救援	未组织编制项目生产安全事故应急预案的扣3分； 未按规定报告统计生产安全信息的扣2分； 未配备应急救援器材或未组织预案演练的扣3分	5		
10	安全目标考核	发生重伤及以上生产安全事故的扣20分； 月度安全标准化考评结果未达到控制目标的扣10分	20		
合计			100		

考核人：   被考核人：

项目技术负责人安全生产责任制及目标考核表（样本）

工程名称：＿＿＿＿＿＿＿＿＿＿＿＿＿＿　　　　　　　考核日期：＿＿＿＿＿＿＿＿

序号	考核内容	扣分标准	应得分数	扣减分数	实得分数
1	安全技术管理	未制定各工种安全技术操作规程的扣 15 分； 现场使用属淘汰、禁用安全技术、工艺和设备的扣 10 分； 安全技术标准和规范未认真执行的扣 5 分	15		
2	施工组织设计专项方案	无施工组织设计/专项施工方案的扣 15 分； 施工组织设计/专项施工方案未按规定履行审批程序的扣 10 分； 未编制季节性施工方案的扣 10 分	15		
3	安全检查	未参加项目定期安全检查的扣 5 分	10		
4	安全教育	未组织对项目新材料、新技术、新工艺、新设备应用安全技术培训的扣 5 分	10		
5	分部分项工程安全技术交底	工程开工前未组织管理人员及分包单位实施安全技术总交底的扣 10 分； 未组织危险性较大分项工程施工前安全技术交底的扣 5 分； 无书面安全技术交底记录的扣 5 分	10		
6	安全验收	未参加安全技术措施实施验收或起重机械、附着架、高大模板支架验收的扣 10 分； 未经验收合格的防护设施、设备投入使用的扣 10 分	10		
7	应急预案	未编制项目应急预案的扣 10 分； 未参加应急预案演练的扣 5 分	10		
8	安全目标考核	发生重伤及以上生产安全事故的扣 20 分； 月度安全标准化考评结果未达到控制目标的扣 10 分	20		
合计			100		

考核人：　　　　　　　　　　　　　　　被考核人：

项目生产副经理安全生产责任制及目标考核表（样本）

工程名称：_____   考核日期：_____

序号	考核内容	扣分标准	应得分数	扣减分数	实得分数
1	安全生产管理	未及时组织贯彻安全管理制度的扣5分； 未协助制定各工种安全技术操作规程的扣2分； 未组织对分包单位资格和关键岗位到岗情况审查的扣8分； 未组织对进场分包单位签订安全协议的扣8分	10		
2	施工组织设计	未严格执行施工组织设计或专项安全施工方案的扣5分； 危险性较大工程实施过程未安排专人现场监督的扣3分	10		
3	遵章守纪	有违章指挥的扣3分； 不督促施工班组遵章守纪的扣2分； 未组织审查特种作业人员资格的扣3分	5		
4	安全检查	未协助组织或未参加安全检查的每次扣5分； 检查出隐患未提出整改意见的扣5分； 事故隐患未按期整改的扣10分	15		
5	安全验收	未协助组织安全技术措施实施验收或起重机械、模板支架、附着升降脚手架使用前验收的扣6分； 未按规定做好基坑支护变形监测的扣5分	10		
6	安全技术交底	未组织危险性较大工程实施前安全技术交底的扣3分； 交底未形成书面记录的扣2分	5		
7	安全教育	未组织进场安全教育的扣10分； 未组织季节性安全教育的扣5分	10		
8	文明施工	现场未实施封闭管理或现场脏乱差的扣10分； 现场主要道路、材料堆放区未硬化的扣5分； 噪声敏感区施工未办理夜间施工手续施工的扣5分； 办公、生活设施建筑不符合要求的扣5分	10		
9	工伤事故处理	未参加应急演练的扣3分； 未组织应急预案培训的扣3分	5		
10	安全目标考核	发生重伤及以上生产安全事故的扣20分； 月度安全标准化考评结果未达到控制目标的扣10分	20		
合计			100		
考核人：		被考核人：			

项目预算员安全生产责任制及目标考核表（样本）

工程名称：＿＿＿＿＿＿＿＿＿＿＿＿＿＿＿＿　　　　　　　　考核日期：＿＿＿＿＿＿＿＿

序号	考核内容	扣分标准	应得分数	扣减分数	实得分数
1	遵章守纪	未能按安全保证计划要求把劳动保护技术经费列入预算中，扣 20 分，经费列入项目不合理扣 10 分	20		
2	费用列支	未能建立分包单位清单，扣 20 分，未能严格审查分包单位的资质及安全生产许可证，扣 10 分	20		
3	费用投入	未能把所需经费列入计划，扣 5 分；未能按计划支付，扣 5 分。未能合理控制和使用劳动保护技术经费，扣 5 分；对安全教育经费未合理支付，扣 5 分	20		
4	应急预案	未按照应急预案分工，做好应急处置工作，扣 10 分；未参与项目应急救援演练及教育，扣 10 分	20		
5	合规性管理	严重违反劳动纪律和操作规程，扣 20 分；不参加各项安全活动，扣 10 分	20		
		合计	100		
考核人：			被考核人：		

项目机械管理员安全生产责任制及目标考核表（样本）

工程名称：_____   考核日期：_____

序号	考核内容	扣分标准	应得分数	扣减分数	实得分数
1	安全生产管理	未能认真执行有关安全生产的规定要求，扣10分；未对现场的机电起重设备、受压容器及自制机械设备的安全运行负责，扣10分	20		
2	机械日常管理	未能按照安全技术规范对机械组织好使用前的验收与日常保养维修工作，无记录扣15分；记录不全，缺一次扣5分	15		
3	遵章守纪	对设备的租赁未建立安全管理制度，扣10分；未能保证租赁设备的完好、安全可靠，扣10分	15		
4	安全检查	对新购进的机械、受压容器及大修、维修、外借回现场后的设备未能严格检查和把关，扣15分；新购进的无出厂合格证及技术资料不完整的，扣10分；使用前未指定安全操作规程，扣5分；未组织专业技术培训，扣5分；未向有关人员交底，扣5分；未进行鉴定验收，扣10分	15		
5	施工组织设计	未参加施工组织设计、安保计划的编制，未提出涉及安全的具体意见，扣10分；未能负责督促班组落实且保证实施的各扣10分	15		
6	安全教育培训	未对特种作业人员及中小型机械操作人员定期培训、考核，无记录扣10分；记录不全，缺一人扣5分	10		
7	事故调查	未参加因工伤亡及重大未遂事故的调查，扣10分；从事故设备方面，未能认真分析事故原因，提出处理意见，制定防范措施，扣10分	10		
		合计	100		

考核人：   被考核人：

项目资料员安全生产责任制及目标考核表（样本）

工程名称：_____　　　　　　　考核日期：_____

序号	考核内容	扣分标准	应得分数	扣减分数	实得分数
1	遵章守纪	未能按安全保证计划要求做好运行文件的收集、登记、发放工作，扣20分，记录不全扣10分；未对变换工种教育做好记录的扣10分，记录不全的发现一个扣5分	20		
2	安全教育培训	未能配合项目经理抓好现场的安全宣传、培训教育工作，发现一次扣10分；未能制定项目安全培训教育计划，扣10分	20		
3	文明施工	未能负责开展多样化的安全教育，扣20分；未能结合形势的需要，定期用黑板报、标语、宣传画等形式开展宣传工作，发现一次扣10分	20		
4	人员证件管理	未能检查、确认项目部特殊作业人员持证情况，扣20分；未能做到特殊作业人员持证上岗，发现一人扣10分	20		
5	应急管理	未按照应急小组职责分工，做好应急处置工作，扣10分；未参与应急救援演练，扣10分	20		
合计			100		
考核人：			被考核人：		

项目质量员安全生产责任制及目标考核表（样本）

工程名称：_____　　　　　　　考核日期：_____

序号	考核内容	扣分标准	应得分数	扣减分数	实得分数
1	安全生产管理	质量导致安全问题隐患每缺一项扣20分；对安全技术问题不能及时解决的扣20分	20		
2	机械日常管理	不对应该验收的分项工程验收扣15分，验收不严格的扣5分	20		
3	履职行为	不对安全技术交底内容实施监督的扣10分	10		
4	安全检查	不对不懂安全技术操作规程进行禁止的，扣5分；对发现的质量行为进行制止的，扣5分	10		
5	隐患整改	对查出安全技术方面的事故隐患未按"三定"要求整改的，扣10分；未做好整改复查的，扣5分；无阶段安全检查评分的，扣5分	15		
6	专项方案	未按规定进行基坑支护变形监测的，扣15分；未对支模系统按施工方案检查验收的，扣15分	15		
7	事故调查	消防设施不符合要求不指出的，扣10分；事故发生后未认真从技术质量方面分析事故原因的，扣5~10分	10		
合计			100		

考核人：　　　　　　　　　　　　　　　被考核人：

项目劳资员安全生产责任制及目标考核表（样本）

工程名称：＿＿＿＿＿＿＿＿＿＿＿＿＿　　　　　　　考核日期：＿＿＿＿＿＿＿

序号	考核内容	扣分标准	应得分数	扣减分数	实得分数
1	履职尽责	未协助项目负责人审查劳务分包人资格，收集分包人和相关人员的有效资格；在与分包人签订分包合同时，应同时签订安全管理协议，明确双方安全生产责任，无资质证件扣20分，记录不全扣10分	20		
2	实名制管理	未建立进场劳务人员花名册，落实项目人员实名制管理。缺少一次扣10分；未协助组织进场人员的安全教育培训，对经安全教育合格人员录入实名制管理系统，扣10分	20		
3	进场教育	未能制定项目安全培训教育计划，扣10分；未审查进场特种作业人员的安全资格，对不具备安全资格的人员，责令退场，不得录入实名制管理系统，发现一次扣10分	20		
4	人员合规性管理	未负责监督分包方操作人员的管理，对不适宜从事有关作业、多次违章操作的人员，应责令分包人予以换岗或辞退，扣20分	20		
5	应急管理	未指导分包单位合理安排作业人员的加班，防止疲劳操作、带病操作，扣10分；未负责工伤和意外伤害保险参保人员名册的编制和更新，发生保险事件未按规定办理理赔工作，扣10分	20		
合计			100		
考核人：		被考核人：			

项目安全员安全生产责任制及目标考核表（样本）

工程名称：_____　　　　　考核日期：_____

序号	考核内容	扣分标准	应得分数	扣减分数	实得分数
1	安全生产管理	安全责任制度不健全或未定期考核扣 10 分； 分包安全协议未及时收集扣 10 分； 分包项目经理（专业分包）、安全员考核合格证未收集每个扣 5 分	20		
2	施工组织设计及专项方案	未参加超过一定规模危险性较大工程专项方案论证会扣 5 分； 未按照规定对危险性较大工程实施过程进行现场巡查扣 10 分	10		
3	分部（分项）工程安全技术交底	未收集分部分项安全技术交底每项扣 3 分； 交底未履行签字手续或危险性较大工程安全技术交底操作人员未签字扣 5 分	5		
4	安全教育	新进场工人未进行三级安全教育每人次扣 5 分； 未组织进场人员观看集团进场安全教育片扣 5 分； 未组织书面考试每人次扣 2 分	10		
5	安全验收	安全设施未验收投入使用扣 5 分； 模板支架、脚手架、起重机械未经验收投入使用或加载扣 10 分； 由分包使用或管理的设施、施工区域未办理书面移交手续扣 5 分	10		
6	安全检查	定期安全检查无记录或未验证整改情况扣 10 分； 检查出安全事故隐患未督促按期整改也未向项目经理报告扣 5 分； 分包整改的隐患未书面分发至分包单位扣 5 分	10		
7	遵章守纪	未收集特种作业人员操作资格证书每人次扣 2 分； 未及时制止违章指挥、违章作业扣 5 分； 未对违章行为进行处罚扣 3 分	5		
8	文明施工班组活动	未开展文明施工、治安防火宣传教育扣 3 分； 安全标志、操作规程牌不齐全每个扣 2 分； 施工班组不开展班前安全活动扣 2 分	5		
9	安全信息报告	未建立生产安全事故报告制度扣 3 分； 未及时填报安全生产信息扣 2 分	5		
10	安全目标考核	发生重伤及以上生产安全事故扣 20 分； 月度安全标准化考评结果未达到控制目标扣 10 分	20		
合计			100		
考核人：			被考核人：		

项目施工员安全生产责任制及目标考核表（样本）

工程名称：＿＿＿＿＿＿＿＿＿＿＿＿＿　　　　　　　　考核日期：＿＿＿＿＿＿＿

序号	考核内容	扣分标准	应得分数	扣减分数	实得分数
1	现场管理	主管分项工程安全设施未及时到位扣 8 分； 未核查特种作业人员资格扣 5 分； 对操作人员的违章行为未及时制止扣 3 分	10		
2	安全技术交底	交底针对性不强扣 3 分； 交底未履行签字手续扣 5 分； 危险性较大工程交底操作人员未签字每人扣 2 分； 主管班组未做交底施工扣 8 分	10		
3	安全教育	操作人员未经三级安全教育就安排上岗扣 8 分； 未组织经常性、季节性安全教育扣 5 分； 未组织主管班组开展班前安全活动扣 3 分	10		
4	安全验收	未对主管范围内的安全设施、设备组织验收扣 5 分； 安全设施不按规定维护扣 5 分	10		
5	安全检查	未参加项目定期安全检查或检查出问题未整改扣 8 分； 主管的分项安全检查表得分值未达到 75 分以上扣 5 分； 未对主管分包单位关键岗位人员到岗情况检查扣 5 分	10		
6	生活设施	未建立治安、防火措施的扣 5 分； 生活设施未与作业区明显划分的扣 6 分	10		
7	文明施工	主管区域未按总平面图设置扣 10 分； 未做到工完场清扣 5 分； 夜间施工未经许可的扣 5 分	20		
8	安全目标考核	发生重伤及以上生产安全事故扣 20 分； 月度安全标准化考评结果未达到控制目标扣 10 分	20		
合计			100		
考核人：		被考核人：			

项目材料员安全生产责任制及目标考核表（样本）

工程名称：_____　　　　　　　　考核日期：_____

序号	考核内容	扣分标准	应得分数	扣减分数	实得分数
1	安全设施物资	进场安全设施材料无合格证明的扣10分； 进场机械设备无合格证、使用说明书的扣10分； 未对钢管、扣件等安全设施材料组织进场确认的扣10分	20		
2	"三宝"	安全帽、安全带、安全网进场未组织验收或材质不符合要求的扣20分； 每发现一顶安全帽不符合标准扣5分； 每发现一条安全带不符合标准扣10分	20		
3	材料堆放及文明施工	材料堆放不按总平面布置图的扣10分； 未挂名称、品种、规格等标牌的每处扣5分； 材料堆放在出入通道口扣5分； 堆放高度不符合安全要求的扣10分； 未对散粒状材料覆盖或建筑垃圾未及时清运扣5分	15		
4	运输、储存	无仓库安全防火管理制度扣8分； 易燃易爆物品未分类分库存放扣5分； 对运送、装卸材料人员未做安全交底或未配发安全帽扣5分； 易燃材料存放处未设置灭火器材扣5分	15		
5	物资供应	工程安全设施所需材料供应不及时扣5分； 未建立安全防护用品发放台账的扣3分	10		
6	安全目标考核	发生重伤及以上生产安全事故扣20分； 月度安全标准化考评结果未达到控制目标扣10分	20		
合计			100		
考核人：			被考核人：		

1.3.9　现场管理的一般规定及各工种的安全技术操作规程

第一部分　一般规定

（一）施工现场

1. 参加施工的工人（包括学徒工、实习生、代培人员和民工），要熟知本工种的安全技术操作规程。在操作中，应坚守工作岗位，严禁酒后操作。

2. 电工、焊工、司炉工、爆破工、起重机司机和各种机动车辆司机，必须经过专门训练，考试合格发给操作证，方准独立操作。

3. 正确使用个人防护用品和安全防护措施，进入施工现场，必须戴安全帽，禁止穿拖鞋或光脚。在没有防护设施的高空、悬崖和陡坡施工，必须系安全带。上下交叉作业有危险的出入口要有防护棚或其他隔离设施。距地面 3m 以上作业要有防护栏杆、挡板或安全网。安全帽、安全带、安全网要定期检查，不符合要求的，严禁使用。

4. 施工现场的脚手架、防护设施、安全标志和警告牌，不得擅自拆动。需要拆动的，要经工地施工负责人同意。

5. 施工现场的洞、坑、沟、升降口、漏斗等危险处，应有防护设施或明显标志。

6. 施工现场要有交通指示标志。交通频繁的交叉路口，应设指挥；火车道口两侧，应设落杆；危险地区，要悬挂"危险"或"禁止通行"牌。夜间设红灯示警。

7. 工地行驶斗车、小平车的轨道坡度不得大于 3%。铁轨终点应有车挡，车辆的制动闸和挂钩要完好可靠。

8. 坑槽施工，应经常检查边壁土质稳固情况，发现有裂缝、疏松或支撑松动，要随时采取加固措施。根据土质、沟深、水位、机械设备重量等情况，确定堆放材料和施工机械距坑边距离。往坑槽运材料，应用信号联系。

9. 调配酸溶液，应先将酸缓慢注入水中，搅拌均匀，严禁将水倒入酸中。贮存酸液的容器应加盖和设有标志。

10. 做好女工在月经、怀孕、生育和哺乳期间的保护工作。女工在怀孕期间对原工作不能胜任时，根据医生的证明，应调换轻便工作。

（二）机电设备

1. 机械操作，要束紧袖口，女工发辫要挽入帽内。

2. 机械和动力机的机座必须稳固。转动的危险部位要安设防护装置。

3. 工作前必须检查机械、仪表、工具等，确认完好方准使用。

4. 电气设备和线路必须绝缘良好，电线不得与金属物绑在一起；各种电动机具必须按规定接零接地，并设置单一开关；遇有临时停电或停工休息时，必须拉闸加锁。

5. 施工机械和电气设备不得带病运转和超负荷作业。发现不正常情况应停机检查，不得在运转中修理。

6. 电气、仪表、管道和设备试运转，应严格按照单项安全技术措施进行。运转时不准擦洗和修理，严禁将头、手伸入机械行程范围内。

7. 在架空输电线路下面工作应停电。不能停电时，应有隔离防护措施。起重机不得越过无防护设施的外电架空线路作业。在外电架空线路附近吊装时，塔式起重机的吊具或被吊物体端部与架空线路边线之间的最小安全距离应符合下表规定。

最小安全距离

电压（kV）	<1	10	35	110	220	330	500
沿垂直方向（m）	1.5	3	4	5	6	7	8.5
沿水平方向（m）	1.5	2	3.5	4	6	7	8.5

8. 行灯电压不得超过 36V，在潮湿场所或金属容器内工作时，行灯电压不得超过 12V。

9. 受压容器应有安全阀、压力表，并避免暴晒、碰撞；氧气瓶严防沾染油脂；乙炔发生器、液化石油气，必须有防止回火的安全装置。

10. X 光或 γ 射线探伤作业区，非操作人员不准进入。

11. 从事腐蚀、粉尘、放射性和有毒作业，要有防护措施，并进行定期体检。

（三）高空作业

1. 从事高空作业要定期体检。经医生诊断，凡患高血压、心脏病、贫血病、癫痫病以及其他不适于高空作业的，不得从事高空作业。

2. 高空作业衣着要灵便，禁止穿硬底和带钉易滑的鞋。

3. 高空作业所用材料要堆放平稳，工具应随手放入工具袋（套）内。上下传递物件禁止抛掷。

4. 遇有恶劣气候（如风力在六级以上）影响施工安全时，禁止进行露天高空、起重和打桩作业。

5. 梯子不得缺挡，不得垫高使用。梯子横挡间距以 30cm 为宜。使用时上端要扎牢，下端应采取防滑措施。单面梯与地面夹角以 60°～70° 为宜，禁止二人同时在梯上作业。如需接长使用，应绑扎牢固。人字梯底脚要拉牢。在通道处使用梯子，应有人监护或设置围栏。

6. 没有安全防护设施，禁止在屋架的上弦、支撑、桁条、挑架的挑梁和未固定的构件上行走或作业。高空作业与地面联系，应设通信装置，并由专人负责。

7. 乘人的外用电梯、吊笼，应有可靠的安全装置。除指派的专业人员外，禁止攀登起重臂、绳索和随同运料的吊篮、吊装物上下。

（四）季节施工

1. 暴雨台风前后，要检查工地临时设施、脚手架、机电设备、临时线路，发现倾斜、变形、下沉、漏雨、漏电等现象，应及时修理加固，有严重危险的，立即排除。

2. 高层建筑、烟囱、水塔的脚手架及易燃、易爆仓库和塔式起重机、打桩机等机械，应设临时避雷装置，对机电设备的电气开关，要有防雨、防潮设施。

3. 现场道路应加强维护。斜道和脚手板应有防滑措施。

4. 夏季作业应调整作息时间。从事高温工作的场所，应加强通风和降温措施。

5. 冬期施工使用煤炭取暖，应符合防火要求和指定专人负责管理，并有防止一氧化碳中毒的措施。

第二部分　安全操作规程（样本）

（一）木工（支模、拆模）安全操作规程

1. 模板支撑，必须按施工组织设计（方案）严格执行。

2. 模板支撑不得使用腐朽、扭裂、弯曲的材料。立杆要垂直，底端平整结实，并应设置底座或垫板，必须设置纵、横向扫地杆，接长必须采用对接扣件连接，扣件要拧紧。

3. 采用桁架支模应严格检查，发现严重变形、螺栓松动等应及时修复。

4. 支模应按工序进行，模板没有固定前，不得进行下道工序。禁止利用拉杆、支撑攀登上下。

5. 支设高度在 2m 以上的柱模板，四周应设斜撑，并应设立操作平台，低于 2m 的可用马镫操作。

6. 支设悬挑形式的模板时，应有可靠的立足点。不得站在柱模上操作和在梁底模上行走。

7. 模板支撑拆除前，混凝土强度必须达到设计要求，并经申报批准后，才能进行。

8. 拆除模板应按顺序分段进行，严禁猛撬和拉倒。拆除平台底模板时，不得一次将顶撑全部拆除，应分批拆除，然后按顺序拆下搁栅、底模，以免模板在自重荷载下一次性大面积塌落。

9. 拆除薄腹梁、吊车梁、桁架等预制构件模板，应随拆随加顶撑支牢，防止构件倾倒。

10. 拆模时必须设置警戒区域，并派人监护。拆模必须干净彻底，不得留下松动和悬空的模板，拆下的模板要及时清理干净，堆放整齐。

（二）钢筋工（制作、绑扎）安全操作规程

1. 钢材、半成品等应按规格、品种分别堆放整齐，制作场地要平整，工作台要稳固，照明灯具必须加网罩。

2. 拉直钢筋，卡头要卡牢，防止回弹，切断时要先用脚踩紧。地锚要坚实牢固，拉筋占线区禁止行人。

3. 人工断料，工具必须牢固，切断小于 30cm 的短钢筋，应用钳子夹牢，禁止用手扶。

4. 多人合运钢筋，起、落、转、停动作要一致，人工上下传送不得在同一垂直线上。钢筋堆放要分散、稳当，防止倾倒和塌落。

5. 绑扎高层建筑的圈梁、挑檐、外墙、边柱钢筋，应搭设外挂架或安全网，绑扎时挂好安全带。

6. 绑扎立柱、墙体钢筋不得站在钢筋骨架上和攀登骨架上下，柱筋在 4m 以内，重量不大，可在地面或楼面上绑扎，整体竖起。柱筋在 4m 以上应搭设工作平台，柱梁骨架应用临时支撑拉牢，以防倾倒。

7. 绑扎基础筏板钢筋时，应按施工组织设计规定摆放钢筋支架或使用马镫架起上部钢筋，不得任意减少支架或马镫。

8. 起吊钢筋骨架下方禁止站人，必须待骨架降落至离地 lm 以内始准靠近，就位支撑可靠，方可卸钩。

9. 使用的钢筋机械，要运转正常后方可操作，禁止超过机械的负载使用。

10. 钢筋机械上不准堆放物体，以防机械振动落入机体。

（三）混凝土工安全操作规程

1. 车子向料斗倒料，应有挡车措施，不得用力过猛和撒把。禁止车子堆料过多和推到挑檐、阳台上直接倒料。

2. 用提升机或施工升降机运输时，小车把不得伸出笼外，车轮前后要挡牢，稳起稳落。

3. 混凝土输送泵的管道，应连接和支撑牢固，不得与脚手架等连接，作业人员不得用肩扛、手抱输送管，应使用溜绳拖拽，试送确认安全后，方可正式输送，检修时必须卸压。混凝土的浇筑应按照方案规定的顺序进行，混凝土在操作面不得集中堆放。

4. 浇筑框架梁、柱混凝土，应设操作平台，不得直接站在模板或支撑上操作。浇筑深基础时，应检查边坡土质安全，如有异常，应报告施工负责人及时处理、加固。

5. 振动器必须采取"一机一箱一闸一漏电保护"措施。

6. 使用振动器时应穿胶鞋，湿手不得接触开关，电源线不得有接头和破损。

7. 振动器移动时，不能硬拉硬拖，更不能在钢筋和其他锐利物上拖拉，电源开关箱及电源线的装拆及电气故障的排除应由电工进行。

8. 浇水养护，不得倒退工作，并注意梯口、预留洞口和建筑物边沿，防止坠落事故。覆盖养护时，应先将预留孔洞采取可靠措施封盖。

9. 使用混凝土外加剂时，如遇有毒、有刺激性挥发性物质，要保持通风，操作人员应戴防毒面具。

10. 预应力灌浆，应严格按照规定压力进行，输送管应畅通，阀门接头要严密、牢固。

（四）抹灰工安全操作规程

1. 上下脚手架应走斜道。不准站在砖墙上进行砌筑、划线（勒缝）、检查大角垂直度和清扫墙面等工作。

2. 砌砖、粉刷使用的工具应放在稳妥的地方。斩砖应面向墙面，工作完毕应将脚手架和砖墙上的碎砖、灰浆清扫干净，防止掉落伤人。

3. 室内抹灰使用的支架应搭设平稳牢固，脚手板跨度不得大于 2m。架上堆放材料不得过于集中，在同一跨度内不应超过两人。

4. 不准在门窗及其他器物上搭设脚手板。严禁踩踏在脚手架的栏杆和阳台栏板上进行操作。

5. 不准随意拆除、斩断脚手架上的拉接。不得随意拆除脚手架上的安全设施。如脚手架有妨碍施工处，必须经施工负责人批准后由项目部指派专人进行拆除加固。

6. 脚手架上的堆料量不得超过规定荷载，堆砖高度不得超过3皮侧砖，同一块脚手板上的操作人员不得超过2人。

7. 晚上施工要有足够的照明。不得随便移动临时照明线，不要把衣物等挂在电线上。

8. 冬期施工时，脚手架上有冰霜、积雪，应清除后才能上架子进行操作。

9. 如遇雨天及每天下班时，要做好防雨措施，以防雨水冲走砂浆，使得砌体倒塌。

10. 同一垂直面内上下交叉作业时，必须设置安全隔板。

（五）电工（现场维修）安全操作规程

1. 施工现场的电工必须经有关部门培训，考试合格后，持证上岗。学徒工未培训人员，不准从事电气安装、维修和电气设备操作。

2. 现场施工所用的高、低压设备及线路，必须按照施工现场临时用电施工组织设计及《建筑与市政工程施工现场临时用电安全技术标准》JGJ/T 46—2024 和有关电气安装技术规程安装和架设。

3. 电工应掌握用电安全基本知识和所有设备性能。

4. 上岗前按规定穿戴好个人防护用品。

5. 停用设备应拉闸断电，锁好开关箱。

6. 负责保护用电设备的负荷线、保护零线（重复接地）和开关箱。

7. 移动用电设备必须切断电源，一般情况下不许带电维修作业，带电维修作业要设监护人。

8. 按规定定期（工地每月、公司每季）对用电线路进行检查，发现问题及时处理，并做好检查和维修记录。

9. 应懂得触电急救常识和电器灭火常识。

（六）电工（施工安装）安全操作规程

1. 施工现场的电工必须经有关部门培训，考试合格后，持证上岗。学徒工未培训人员，不准从事电气安装、修理和电气设备操作。

2. 现场施工所用的高、低压设备及线路，必须按照施工现场临时用电施工组织设计及现行行业标准《建筑与市政工程施工现场临时用电安全技术标准》JGJ/T 46—2024 和有关电气安装技术规程安装和架设。

3. 所有绝缘检验工具，应妥善保管，严禁他用，并应定期检查检验。

4. 线路上禁止带负荷接电或断电，并禁止带电操作。

5. 熔化焊锡、锡块，工具要干燥，防止爆溅。

6. 剔槽打眼时，锤头不得松动，铲子应无卷边、裂纹，戴好防护眼镜。楼板、砖墙打透孔时，板下、墙后不得有人靠近。

7. 人力弯管器弯管，应选好场地，防止滑倒和坠落，操作时面部要避开。

8. 管子煨管砂子必须烘干，装砂架子搭设牢固，并设栏杆。用机械敲打时，下面不得站人，人工敲打上下要错开，管子加热时，管口前不得站人。

9. 管子穿线时，不得对管口呼唤、吹气，防止带线弹力勾眼。穿导线时，应互相配合防止挤手。

10. 安装管线不准直接在平顶吊筋或隔声板上通行及堆放材料。

11. 用锯床、锯弓、切管机、砂轮切管机切割管子，要垫平卡牢，用力不得过猛，临近切断时，用手或支架托住。砂轮切关机砂轮片应完好，操作时应站侧面。

12. 套丝工作要支平夹牢，工作台要平稳，两人以上操作，动作应协调，防止柄把打人。

13. 手提式砂轮机应有防护罩，操作时站在砂轮片径向侧面。

（七）架子工安全操作规程

1. 架子工必须经有关部门培训、考核合格后，持证作业。

2. 钢管扣件脚手架的搭设，必须严格按现行行业标准《建筑施工扣件式钢管脚手架安全技术规范》JGJ 130—2011 及专项施工方案的要求执行，搭设前应对钢管、扣件、竹笆等进行检查验收，不合格产品不得使用。

3. 脚手架必须搭设在根据现场地基承载力情况设计的混凝土地坪上，脚手架基础必须设置有效的排水系统。

4. 脚手架立杆底部，应设置底座或垫板，必须设置纵、横向扫地杆，纵向扫地杆应采用直角扣件固定在距底座上皮不大于 200mm 处的立杆上，横向扫地杆亦应采用直角扣件固定在紧靠纵向扫地杆下方的立杆上。

5. 立杆接长除顶层顶步可采用搭接外，其余各层各步接头必须采用对接扣件连接。立杆上的对接扣件应交错布置，搭接长度不应小于 1m，不少于 2 个旋转扣件固定，端部扣件盖板的边缘至杆端距离不应小于 100mm。

6. 立杆必须采用刚性材料的连墙件与建筑物连接，并从第一步起按隔步隔纵设置，连墙件必须采用可承受拉力和压力的构造。

7. 纵向水平杆宜设置在立杆内侧，其长度不宜小于 3 跨，间距不得大于 400mm；纵向水平杆宜采用对接扣件连接，也可采用搭接，对接扣件应交错布置；搭接长度不应小于 1m，应等间距设置 3 个旋转扣件固定。

8. 主节点处必须设置一根横向水平杆，用直角扣件扣接且严禁拆除；非主节点处的横向水平杆须等间距设置，最大间距不应大于纵距的 1/2。

9. 横向水平杆靠墙一端的外伸长度不应大于 0.4 倍横向间距，且不应大于 500mm；外伸端应每隔三步设置隔离措施。

10. 脚手板应铺满、铺稳。脚手板对接平铺时，接头处必须设两根横向水平杆，脚手板外伸长度应取 130mm～150mm，两块脚手板外伸长度的和不应大于 300mm。脚手板搭接铺设时，接头必须在横向水平杆上，搭接长度应不大于 200mm，其伸出横向水平杆的长度不应小于 100mm。

11. 脚手架外侧应设置剪刀撑，剪刀撑宽度不应小于 4 跨，且不应大于 6m，斜杆与地面倾角宜在 45°～60°之间，必须连续设置；剪刀撑斜杆的接长宜采用搭接，搭接长度不应小于 1m，不少于两个旋转扣件固定，端部扣件盖板的边缘至杆端距离不应小于 100mm。

12. 落地脚手架应同步搭设上下通行的斜道，并应每隔 250～300mm 设置一根防滑木条，两侧设置防护栏杆及不低于 18cm 的刚性挡脚板，挡脚板必须用醒目的安全色加以警示；人行斜道宽度不小于 1m，坡度采用 1：3。运料斜道宽度不小于 1.5m，坡度采用 1：6。

13. 脚手架外侧必须用密目安全网全封闭隔绝；作业层面底部外侧，必须设置不少于 3 步且高度不低于 18cm 的刚性挡脚板，挡脚板必须用醒目的安全色加以警示。

14. 脚手架必须配合施工进度高于作业层一步搭设，一次搭设高度不应超过相邻连墙件以上 2 步；脚手架封顶，里立杆应高于建筑物 50cm，外立杆应高于建筑物 100cm。

15. 严禁将外径 48.3mm 与 51mm 的钢管混合使用。所有扣件紧固力矩，应达到 40N·m～65N·m。

16. 脚手架拆除前，应全面检查脚手架的扣件连接、连墙件、支撑体系等是否符合构造要求；根据检查结果补充完善施工组织设计中的拆除顺序和措施，经主管部门批准后方可实施。

17. 拆除作业必须由上而下逐层进行，严禁上下同时作业。

18. 连墙件必须随脚手架逐层拆除，严禁先将连墙件整层或数层拆除后再拆脚手架；分段拆除高差不应大于两步，如高差大于两步，应增设连墙件加固。

19. 各构配件严禁抛掷至地面，运至地面的构配件应及时检查、整修与保养，并按品种、规格堆放整齐。

（八）油漆工安全操作规程

1. 各类油漆和其他易燃、有毒材料，应放在专用库房内，不得与其他材料混放。挥发性油料应装入密闭容器，妥善保管。

2. 在用钢丝刷、板锉、气动、电动工具清除铁锈、铁鳞时，为避免眼睛沾污和受伤，必须戴好防护眼镜。

3. 使用挥发性、易燃性溶剂调配油料，戴好防护用品，严禁吸烟。

4. 沾染油漆的棉纱、布料、油纸等废物，应收集存放在有盖的金属容器内，及时处理。

5. 在室内或容器内喷涂，要保持通风良好，喷漆作业周围不准有火种。

6. 为避免静电聚集引起事故，对罐体涂漆或喷涂应安装外壳接地装置。

7. 涂刷大面积场地时，（室内）照明和电器设备必须按防火等级规定进行安装。

8. 使用人字梯不准有断挡，拉绳必须结牢并不得站在最上一层操作，人不得站在高梯上移动，在光滑地面操作时，梯子脚下要绑布和胶布。

9. 不得在同一脚手板上交换操作面。

10. 作业完毕后，所有材料、工具应及时清理干净，妥善保管。

（九）电焊工安全操作规程

1. 进入现场必须遵守安全生产六大纪律，严格遵守"十不烧"规程。

2. 焊割工必须持证上岗，作业前必须办好动火审批手续。

3. 施焊场地周围应清除易燃易爆物品，或进行覆盖、隔离。

4. 电焊机外壳，必须接地良好，其电源的装拆应由电工操作。

5. 电焊机电源，必须单独使用自动开关，必须安装二次侧空载降压保护装置；开关应放在防雨的闸箱内，拉合时应戴手套侧向操作。

6. 焊钳与把线必须绝缘良好，连接牢固，更换焊条应戴手套；在潮湿地点工作，应站在绝缘板或木板上。

7. 严禁在带压力的容器或管道上施焊，焊接带电的设备必须切断电源。

8. 焊接贮存过易燃、易爆、有毒物品的容器或管道，必须清除干净，并将所有孔、口打开。

9. 在密封金属容器内施焊时，容器必须可靠接地、通风良好，并应有人监护；严禁向容器内输入氧气。

10. 焊接预热工件时，应有石棉布式挡板等隔热措施。

11. 把线、地线禁止与钢丝绳接触，更不得用钢丝绳或机电设备代替零线。所有地线接头必须连接牢固。

12. 更换场地移动把线时，应切断电源，并不准手持把线爬梯登高。

13. 清除焊渣、采用电弧气刨清根时，应戴防护眼镜或面罩，防止铁渣飞溅伤人。

14. 多台焊机在一起集中施焊时，焊接平台或焊件必须接地，并应有隔光板。

15. 高处作业时，焊工不准手持焊把脚登梯子焊接；焊条应装入焊条桶或工具袋内，焊条头要妥善处理，不准随意投扔。

16. 雷雨时，应停止露天焊接作业。

17. 施焊工作结束，应切断焊机电源，并检查操作地点，确认无起火危险后，方可离开。

（十）气焊工安全操作规程

1. 进入现场必须遵守安全生产六大纪律，严格遵守"十不烧"规程。

2. 焊割工必须持证上岗，作业前必须办好动火审批手续。

3. 施焊场地周围应清除易燃易爆物品或进行覆盖、隔离。

4. 必须在易燃易爆气体或液体扩散区施焊时，应经有关部门检验许可后，方可进行。

5. 乙炔瓶上表面必须完好可靠，气管上必须设有防止回火的安全装置。

6. 氧气瓶、氧气表及焊割工具上，严禁沾染油脂。

7. 氧气瓶应用热水加热，不准用火烤，与乙炔瓶放置距离不少于2m，使用距离不少于5m。

8. 乙炔气管用后需清除管内积水，胶管、防止回火的安全装置冻结时，应用热水或蒸汽加热解冻，严禁用火烘烤。

9. 点火时，焊枪口不准对人，正在燃烧的焊枪不得放在工件或地面上。带有氧气和乙炔时，不准放在金属容器内，以防气体逸出，发生燃烧事故。

10. 不得手持连接胶管的焊枪爬梯、登高。

11. 严禁在带压的容器或管道上焊、割，带电设备应先切断电源。

12. 在贮存过易燃、易爆、有毒物品的容器或管道上焊、割时，必须清除干净，并将所有孔、口打开。

13. 工作完毕，应将氧气瓶、乙炔瓶气阀关好，拧上安全罩。检查操作场地，确认无着火危险后，方可离开。

14. 气割、电焊"十不烧"规定

（1）焊工必须持证上岗，无特种作业人员安全操作证的人员，不准进行焊、割作业。

（2）凡属一、二、三级动火范围的焊、割，未经办理动火审批手续，不准进行焊、割。

（3）焊工不了解焊、割现场周围情况，不得进行焊、割。

（4）焊工不确定焊件内部是否安全时，不得进行焊、割。

（5）各种装过可燃气体、易燃液体和有毒物质的容器，未经彻底清洗，排除危险性之前，不准进行焊、割。

（6）用可燃材料作保温层、冷却层、隔热设备的部位，或火星能飞溅的地方，在未采取切实可靠的安全措施之前，不准焊、割。

（7）有压力或密闭的管道、容器，不准焊、割。

（8）焊、割部位附近有易燃易爆物品，在未作清理或未采用有效的安全措施之前，不准焊、割。

（9）附近有与明火作业相抵触的工种在作业时，不准焊、割。

（10）与外单位相连的部位，在没有弄清有无险情，或明知存在危险而未采取有效措施之前，不准焊、割。

（十一）机械修理工安全操作规程

1. 修理工作环境应干燥整洁，不得堵塞通道。

2. 多人操作的工作台，中间应设防护网，对面方向操作时应错开。

3. 清洗用油、润滑油脂及废油脂，必须存放在指定地点。废油、废棉纱不准随地乱丢。

4. 扁铲、冲子等尾部不准淬火，出现卷边裂纹时应及时处理，剔铲工作时应防止铁屑飞溅伤人；活动扳手不准反向使用；打大锤时不准戴手套，在大锤甩转方向上不准有人。

5. 用台钳夹工件，应夹紧夹牢，所夹工件不得超过钳口最大行程的2/3。

6. 机械解体要用支架架稳架实，有回转机构者要卡死。

7. 修理机械应选择平坦坚实地点停放，并支撑牢固和楔紧，使用千斤顶时，必须用支架垫稳。

8. 检修有毒、易燃、易爆物的容器或设备时，应先严格清洗，经检查合格，并打开空气通道方可操作。在容器内操作，必须通风良好，外面应有监护。

9. 检修中的机械，应有"正在修理，禁止开动"的警示标志；非检修人员，一律不准发动或转动；检修中，不准将手伸进齿轮箱或用手指找正对孔。

10. 试车时应随时注意各种仪表、声响等，发现不正常情况，应立即停车。

（十二）机操工（混凝土、砂浆搅拌机）安全操作规程

1. 搅拌机必须安置在坚实的地方，用支架或支架筒架稳，不准以轮胎代替支撑。并应经验收合格后，挂牌使用。

2. 开机前，先检查电气设备的绝缘和接地是否良好，各类保护装置是否完好。

3. 工作时，机械应先启动进行试运转，待机械运转正常后再加料搅拌，要边加料边加水，若遇中途停机停电，应立即将料卸出；不允许中途停机后，再重载启动。

4. 砂浆搅拌机加料时，不准用脚或铁锹、木棒往下拨、刮拌筒口，工具不能碰撞搅拌叶，更不能在转动时，把工具伸进料斗里扒浆。搅拌机下方不准站人，起斗停机时，必须挂上安全钩。

5. 现场检修时，应固定好料斗，切断电源。进入料斗时，外面应有人监护。

6. 非操作人员，严禁开动机械。

7. 操作手柄应有保险装置，料斗应有保险挂钩。

（十三）机操工（塔机驾驶）安全操作规程

1. 司机必须熟悉所操作的起重机的性能，并应严格按说明书的规定作业，必须遵守"十不吊"规定。

2. 起重机开始作业时，司机应首先发出信号，以提醒其他作业人员注意。

3. 重物的吊挂必须符合有关要求。严禁用吊钩直接吊挂物料；起吊短碎物料时，必须用强度足够的网袋或金属箱体包装，不得直接捆扎起吊；起吊的物料在整个吊运过程中，不得摆动、旋转；细长物料，最少捆扎两点，并且在整个吊运过程中物料处于水平状态。

4. 操作控制器时，必须从零挡开始，逐级推到所需要的挡位。传动装置作反向运动时，控制器先回零位，然后再逐挡逆向操作，禁止越挡操作和急停急开。

5. 吊运物料时，不得猛起猛落，以防吊运过程中物料发生散落、松绑、偏斜等情况。起吊时必须先将物料吊离地面 1m 左右停住，确定制动、物料捆扎、吊点和吊具都处于安全状态后，方可继续操作。

6. 在起吊过程中，当吊钩滑轮组接近起重臂 5m 时，应低速操作，严禁利用超高限位装置停车。

7. 严禁采用自由下降的方法下降吊钩或物料，当物料下降距就位点约 1m 处时，必须采用慢速就位。

8. 起重机行走到距限位开关碰块约 3m 处，应提前减速停车，严禁利用限位停车。

9. 作业中平移起吊物料时，物料高出其所跨越障碍物的高度不得小于 1m。

10. 作业中临时停电或停歇时，必须将物料卸下，升起吊钩，将各操作手柄（钮）置于"零"位。如因停电无法升、降物料，则应根据现场具体情况，采取处理措施。

11. 遇下列情况应停止作业：

（1）恶劣气候：如：大雾、大雪、大雨，超过允许工作风力等影响安全作业；

（2）起重机出现漏电现象；

（3）安全保护装置失效；

（4）钢丝绳磨损严重、扭曲、断股、打结或出槽；

（5）各传动机构出现异常现象和有异响；

（6）金属结构部分发生变形；

（7）起重妨碍作业及影响安全的故障等。

12. 司机必须做到：作业前做好例保工作；作业中专心操作，不得离开操作位置；停止作业前，应放下吊物，将各操作手柄（钮）置于"零"位，断电关门上锁。

13. 做好例保记录及交接班记录。

14. 起重吊装"十不吊"规定：

（1）起重臂和吊起的重物下面有人停留或行走不准吊。

（2）起重指挥应由技术培训合格的专职人员担任，无指挥或信号不清不准吊。

（3）钢筋、型钢、管材等细长和多根物件必须捆扎牢靠，多点起吊。单头"千斤"或捆扎不牢靠不准吊。

（4）积灰斗、手推翻斗车不用四点吊或大模板外挂板不用卸甲不准吊。

（5）吊砌块必须使用安全可靠的砌块夹具，吊砖必须使用砖笼，并堆放整齐；木砖、预埋件等零星物件要用盛器堆放稳妥，叠放不齐不准吊。

（6）楼板、大梁等吊物上站人不准吊。

（7）埋入地面的板桩、井点管等以及黏连、附着的物件不准吊。

（8）多机作业，应保证所吊重物距离不小于 3m，在同一轨道上多机作业，无安全措施不准吊。

（9）六级以上强风不准吊。

（10）斜拉重物或超过机械允许荷载不准吊。

（十四）机操工（施工升降机驾驶）安全操作规程

1. 司机必须熟悉所操作的升降机的性能，并应严格按说明书的规定作业。

2. 作业前，司机应当按照原机使用说明书上的要求，及时做好升降机各活动部件的润滑和保养工作，检查升降机的各安全保护装置的灵敏度、可靠性及各部件的状况，并经试运行，确认正常后，方可正式运行。

3. 升降机载物、乘人时，应尽量使荷载均匀分布，并严格按升降机额定荷载和最大乘员人数核定，严禁超载使用。

4. 司机应随时注意楼层门的开闭情况，当楼层门未关闭时，司机不应使吊笼上下运行。

5. 升降机在运行过程中，严禁以碰撞上、下限位开关来实现停车。

6. 司机应当在确认信号后才能开动升降机。作业中不论任何人在任何楼层发出紧急停车信号时，司机应当立即执行。

7. 当升降机顶部风速大于 20m/s 时（风力达 6 级），司机应停止作业，并将吊笼降至地面。

8. 严禁在升降机运行状态下进行维修保养工作，如确需进行维修和调整作业，应设专人监护。

9. 司机因故离开吊笼，应将吊笼降至地面，切断总电源并锁上电箱门。司机下班时，同样按上述要求，并做好相应的清理工作。

10. 司机必须做好例保记录及交接班记录。

（十五）机操工（物料提升机操作工人）安全操作规程

1. 使用前的检查

（1）金属结构有无开焊和明显变形；（2）架体各节点连接螺栓是否紧固；（3）附墙架、缆风绳、地锚位置和安装情况；（4）架体的安装精度是否符合要求；（5）安全防护装置是否灵敏可靠；（6）卷扬机的位置是否合理；（7）电气设备及操作系统是否可靠；（8）信号及通信装置的使用效果是否良好；（9）钢丝绳、滑轮组的固接情况；（10）提升机与输电线路的安全距离及防护情况。

2. 日常检查

（1）地锚与缆风绳的连接有无松动；（2）空载提升吊篮做 1 次上下运动，验证是否正常，并同时碰撞限位器和观察安全门是否灵敏完好；（3）在定额荷载下，将吊篮提升至地面 1m～2m 高度时，检查制动器的可靠性和架体的稳定性；（4）检查安全停靠装置和断绳保护装置是否可靠；（5）检查吊篮运行通道内有无障碍物；（6）检查作业司机的视线或通信装置的使用效果是否良好。

3. 闭合主电源前或作业中突然断电时，应将所有开关扳回零位。在重新恢复作业前，应在确认提升机动作正常后方可继续使用。

4. 发现安全装置、通信装置失灵时，应立即停机修复。作业中不得随意使用极限限位装置。

5. 使用中要经常检查钢丝绳、滑轮工作情况。如发现磨损严重，必须按照有关规定及时更换。

6. 作业后，将吊篮降至地面，各控制开关扳至零位，切断主电源，锁好闸箱。

7. 操作人员必须持证上岗，严禁无证人员开机。

8. 定期进行保养维修，确保机械运转正常。

（十六）木工平刨机安全操作规程

1. 平刨机必须有安全防护装置，并经验收合格挂牌，否则禁止使用。

2. 刨料应保持身体稳定，双手操作。刨大面时，手指不低于料高的一半，并不得少于3cm，禁止手料后推送。

3. 刨削量每次一般不得超过 1.5mm，进料速度保持均匀，经过刨口时用力要轻，禁止在刨刃上方回料。

4. 刨厚度小于 1.5cm、长度小于 30cm 的木料，必须用压板或推棍，禁止用手推进。

5. 遇节疤、戗搓要减慢推料速度，禁止手按节疤上推料，刨旧料必须将铁钉、泥沙等清除干净。

6. 换刀片应拉闸断电卸下皮带。

7. 同一台刨机的刀片重量、厚度必须一致，刀架、夹板必须吻合，刀片焊缝超出刀头和有裂缝的刀具不准使用。紧固刀片的螺钉，应嵌入槽内，并离刀背不少于 10mm。

（十七）木工圆盘锯安全操作规程

1. 圆盘锯必须有安全保护装置，并经验收合格挂牌，否则禁止使用。

2. 操作前应进行检查，锯片不得有裂口、缺齿（二齿），螺钉应上紧。

3. 操作要戴防护眼镜，禁止站在锯片同一直线上，手臂不得跨越锯片。

4. 进料必须紧贴靠山，不得用力过猛，遇硬节慢推。接料要待料出锯片 15cm，不得用手硬拉。

5. 短窄料应用推棍，接料使用刨钩。超过锯片半径的木料，禁止上锯。

（十八）钢筋切断、弯曲机安全操作规程

1. 切断机

（1）机械运转正常，方准送料，断料时，手与刀口距离不得少于 15mm，活动刀片前进

时，禁止送料。

（2）切断钢筋禁止超过机械的负载能力；切断合金钢等特种钢筋，应用高硬度刀片。

（3）切长钢筋应有专人扶住，操作时动作要一致，不得任意拖拉。切短钢筋须用套管或钳子夹料，不得用手直接送料。

（4）切断机旁应放料台，机械运行中，严禁用手直接清除刀口附近的短头和杂物，在钢筋摆动和刀口附近，非操作人员不得停留。

（5）铁屑铁末等脏物不得用手抹除。

（6）切断机的电气线路必须由电工安装，设备必须经验收合格后，挂牌使用。

2. 弯曲机

（1）钢筋要贴紧挡板，注意放入插头的位置和回转方向。

（2）弯曲长钢筋，应有专人扶住，并站在弯曲钢筋的外面，互相配合，不得拖拉。

（3）调头弯曲，防止碰撞人和物。更换插头、加油和清理，必须停机后进行。

（4）不直钢筋禁止在钢筋弯曲机上弯曲。

（5）弯曲钢筋时，严禁超过本机指定的钢筋直径、根数及机器转速。

（6）严禁在弯曲钢筋的作业半径内和机身设挡板的一侧站人。

（7）弯曲机的电气线路必须由电工安装，设备必须经验收合格后，挂牌使用。

（十九）对焊机安全操作规程

1. 对焊机的使用应执行《建筑机械使用安全技术规程》JGJ 33—2012 的规定。

2. 对焊机应放置在室内，并应有可靠的接地或接零。当多台对焊机并列安装时，相互间距不得小于3m，应分别接在不同相位的电网上，并应分别有各自的刀型开关。导线的截面面积不应小于下表所列规定。

导线的截面面积规定

对焊机的额定功率（kVA）	25	50	75	100	150	200	500
一次电压为220V时导线截面面积（mm²）	0	25	35	45	—	—	—
一次电压为380V时导线截面面积（mm²）	6	16	25	35	50	70	150

3. 焊接前，应检查并确认对焊机的压力机构灵活，夹具牢固，气压、液压系统无泄漏，一切正常后，方可施焊。

4. 焊接前，应根据所焊接钢筋截面，调整二次电压，不得焊接超过对焊机规定直径的钢筋。

5. 断路器的接触点、电极应定期磨光，二次电路全部连接螺栓应定期紧固。冷却水温度不得超过40℃；排水量应根据温度调节。

6. 焊接较长钢筋时，应设置托架，配合搬运钢筋的操作人员，在焊接时应防止火花烫伤。

7. 闪光区应设挡板，与焊接无关的人员不得入内。

8. 焊接操作及配合人员必须按规定穿戴劳动防护用品，并必须采取防止触电和火灾等事故的安全措施。

9. 现场使用的电焊机，应设有防雨、防潮、防晒的机棚，并应装设相应的消防器材。

10. 在潮湿地带作业时，操作人员应站在铺有绝缘物品的地方，并应穿绝缘鞋。

11. 冬期施焊时，室内温度不应低于8℃。作业后，应放尽机内冷却水。

（二十）竖向钢筋电渣压力焊机安全操作规程

1. 应根据施焊钢筋直径选择具有足够输出电流的电焊机。电源电缆和控制电缆连接应正确、牢固。控制箱的外壳应牢靠接地。

2. 施焊前应检查供电电压并确认正常，定时准确，误差不大于5%，机具的传动系统、夹装系统及焊钳的转动部分灵活自如，焊剂已干燥，所需附件齐全。

3. 当施焊供电电压一次电压降大于8%时，不宜焊接。焊接导线长度不得大于30m，截面面积不得小于50mm²。

4. 施焊前还应按所焊钢筋的直径，根据参数表标定好所需的电源和时间。一般情况下，时间（s）可为钢筋的直径数（mm），电流（A）可为钢筋直径的20倍数（mm）。

5. 起弧前，上、下钢筋应对齐，钢筋端头应接触良好。对锈蚀和粘有水泥的钢筋，应采用钢丝刷清除，并保证导电良好。

6. 施焊过程中，应随时检查焊接质量，当发现倾斜、偏心、未熔合、有气孔等现象时，应重新施焊。

7. 每个接头焊完后，应停留5min～6min保温，寒冷季节应适当延长；当拆下机具时，应扶住钢筋，过热的接头不得过于受力；焊渣应待完全冷却后清除。

8. 焊接操作及配合人员必须按规定穿戴劳动防护用品，并必须采取防止触电、高空坠落和火灾等事故的安全措施。

9. 现场使用的电焊机，应设有防雨、防潮、防晒的机棚，并应装设相应的消防器材。

10. 高空焊接时，必须系好安全带，焊接周围和下方应采取防火措施，并应有专人监护。

11. 当清除焊缝焊渣时，应戴防护眼镜，头部应避开敲击焊渣飞溅方向。

12. 雨天不得露天电焊。在潮湿地带作业时，操作人员应站在铺有绝缘物品的地方，并应穿绝缘鞋。

（二十一）旋转式直流电焊机安全操作规程

1. 新机使用前，应将换向器上的污物擦干净，换向器与电刷接触良好。

2. 启动时，应检查并确认转子的旋转方向符合焊机标志的箭头方向。

3. 启动后，应检查电刷和换向器，当有大量的火花时，应停机查明原因，排除故障后方可使用。

4. 当数台焊机在同一场地作业时，应逐台启动。

5. 运行中，当需调节焊接电流和极性开关时，不得在负荷时进行。调节不得过快、过猛。

6. 焊接操作及配合人员必须按规定穿戴劳动防护用品，并必须采取防止触电、高空坠落、瓦斯中毒和火灾等事故的安全措施。

7. 现场使用的电焊机，应设有防雨、防潮、防晒的机棚，并应装设相应的消防器材。

8. 高空焊接或切割时，必须系好安全带，焊接周围和下方应采取防火措施，并应有专人监护。

9. 当需施焊受压容器、密封容器、油桶、管道、沾有可燃气体和溶液的工件时，应先消除容器及管道内压力，消除可燃气体和溶液，然后冲洗有毒、有害、易燃物质；对存有残余油脂的容器，应先用蒸汽、碱水冲洗，并打开盖口，确认容器清洗干净后，再灌满清水方可进行焊接。在容器内焊接应采取防止触电、中毒和窒息的措施。焊、割密封容器应留出气孔，必要时在进、出气口处装设通风设备；容器内照明电压不得超过 12V，焊工与焊件间应绝缘；容器外应设专人监护。严禁在已喷涂过油漆和塑料的容器内焊接。

10. 对承压状态的压力容器及管道、带电设备、承载结构的受力部位和装有易燃、易爆物品的容器严禁进行焊接或切割。

11. 焊接铜、铝、锌、锡等有色金属时，应通风良好，焊接人员应戴防毒面具、呼吸滤清器或其他防毒措施。

12. 当清除焊缝焊渣时，应戴防护眼镜，头部应避开敲击焊渣飞溅方向。

13. 雨天不得在露天电焊。在潮湿地带作业时，操作人员应站在铺有绝缘物品的地方，并应穿绝缘鞋。

（二十二）附着式、平板式振动器安全操作规程

1. 附着式、平板式振动器轴承不应承受轴向力，在使用时，电动机轴应保持水平状态。

2. 在一个模板上同时使用多台附着式振动器时，各振动器的频率应保持一致，相对面的振动器应错开安装。

3. 作业前，应对附着式振动器进行检查和试振。试振不得在干硬土或硬质物体上进行。安装在搅拌站料仓上的振动器，应安置橡胶垫。

4. 安装时，振动器底板安装螺孔的位置应正确，应防止底脚螺栓安装扭斜而使机壳受损。底脚螺栓应坚固，各螺栓的紧固程度应一致。

5. 使用时，引出电缆线不得拉得过紧，更不得断裂。作业时，应随时观察电气设备漏电保护器和接地或接零装置并确认合格。

6. 附着式振动器安装在混凝土模板上时，每次振动时间不应超过 1min，当混凝土在模内泛浆流动或成水平状时即可停振，不得在混凝土初凝状态时再振。

7. 装置振动器的构件模板应坚固牢靠，其面积应与振动器额定振动面积相适应。

8. 平板式振动器作业时，应使平板与混凝土保持接触，使振波有效地振实混凝土，待表面出浆，不再下沉后，即可缓慢向前移动，移动速度应能保证混凝土振实出浆。在振的振动器，不得搁置在已凝或初凝的混凝土上。

（二十三）蛙式夯实机安全操作规程

1. 蛙式夯实机应适用于夯实灰土和素土的地基、地坪及场地平整，不得夯实坚硬或软硬不一的地面、冻土及混有碎石碎块的杂土。

2. 作业前重点检查项目应符合下列要求：

（1）除接零或接地外，应设置漏电保护器，电缆线接头绝缘良好；

（2）传动皮带松紧度合适，皮带轮与偏心块安装牢固；

（3）转动部分应有防护装置，并进行试运转，确认正常后，方可作业。

3. 作业时夯实机扶手上的按钮开关和电动机的接线均应绝缘良好。当发现有漏电现象时，应立即切断电源，进行检修。

4. 夯实作业时，应一人扶夯，一人传递电缆线，且必须戴绝缘手套和穿绝缘鞋。递线人员应跟随夯机后或两侧调顺电缆线，电缆线不得扭结或缠绕，且不得张拉过紧，应保持有 3m～4m 的余量。

5. 作业时，应防止电缆被夯击。移动时，应将电缆线移至夯机后方，不得隔机抛扔电缆线，当转向倒线困难时，应停机调整。

6. 作业时，手握扶手应保持机身平衡，不得用力向后压，并随时调整行进方向。转弯时不得用力过猛，不得急转弯。

7. 夯实填高土方时，应在边缘以内 100mm～150mm 夯实 2 遍～3 遍后，再夯实边缘。

8. 在较大基坑作业时，不得在斜坡上夯实，应避免造成夯头后折。

9. 夯实房心土时，夯板应避开房心内地下构筑物、钢筋混凝土基桩、机座及地下管道等。

10. 在建筑物内部作业时，夯板或偏心块不得打在墙壁上。

11. 多机作业时，其平列间距不得小于 5m，前后间距不得小于 10m。

12. 夯机前进方向和夯机四周 1m 范围内，不得站立非操作人员。

13. 夯机连续作业时间不应过长，当电动机超过额定温升时，应停机降温。

14. 夯机发生故障时，应先切断电源，然后排除故障。

15. 作业后，应切断电源，卷好电缆线，清除夯机上的泥土，并妥善保管。

（二十四）手持电动工具安全操作规程

1. 使用刃具的机具，应保持刃磨锋利，完好无损，安装正确，牢固可靠。

2. 使用砂轮的机具，应检查砂轮与接盘间的软垫并安装稳固，螺帽不得过紧，凡受潮、变形裂纹、破碎、磕边缺口或接触过油、碱类的砂轮均不得使用，并不得将受潮的砂轮片自行烘干使用。

3. 在潮湿地区或在金属构架、压力容器、管道等导电良好的场所作业时，必须使用双重绝缘或加强绝缘的电动工具。

4. 非金属壳体的电动机、电器，在存放和使用时不应受压、受潮，并不得接触汽油等溶剂。

5. 作业前的检查应符合下列要求：

（1）外壳、手柄不出现裂缝、破损；

（2）电缆软线及插头等完好无损，开关动作正常，保护接零连接正确、牢固可靠；

（3）各部位防护罩齐全牢固，电气保护装置可靠。

6. 机具启动后，应空载运转，检查并确认机具联动灵活无阻。作业时，加力应平稳，不得用力过猛。

7. 严禁超载使用。作业中应注意声响及温升，发现异常应立即停机检查。在作业时间过长、机具温升超过 60℃时，应停机，自然冷却后再行作业。

8. 作业中，不得用手触摸刃具、模具和砂轮，发现其有磨钝、破损情况时，应立即停机修整或更换，然后再继续进行作业。

9. 机具转动时，不得撒手不管。

10. 使用冲击钻或电锤时，应符合下列要求：

（1）作业时应掌握电钻或电锤手柄，打孔时先将钻头抵在工作表面，然后开动，用力适度，避免晃动；转速若急剧下降，应减少用力，防止电机过载，严禁用木杠加压；

（2）钻孔时，应注意避开混凝土中的钢筋；

（3）电钻和电锤为 40%断续工作制，不得长时间连续使用；

（4）作业孔径在 25mm 以上时，应有稳固的作业平台，周围应设护栏。

11. 使用瓷片切割机时应符合下列要求：

（1）作业时应防止杂物、泥尘混入电动机内，并应随时观察机壳温度；当机壳温度过高及产生炭刷火花时，应立即停机检查处理；

（2）切割过程中用力应均匀适当，推进刀片时不得用力过猛。当发生刀片卡死时，应立即停机，慢慢退出刀片，在重新对正后方可再切割。

12. 使用角向磨光机时应符合下列要求：

（1）砂轮应选用增强纤维树脂型，其安全线速度不得小于 80m/s。配用的电缆与插头应具有加强绝缘性能，并不得任意更换；

（2）磨削作业时，应使砂轮与工件面保持 15°～30°的倾斜位置；切削作业时，砂轮不得倾斜，并不得横向摆动。

13. 使用电剪时应符合下列要求：

（1）作业前应先根据钢板厚度调节刀头间隙量；

（2）作业时不得用力过猛，当遇刀轴往复次数急剧下降时，应立即减小推力。

14. 使用射钉枪时应符合下列要求：

（1）严禁用手掌推压钉管和将枪口对准人；

（2）击发时，应将射钉枪垂直压紧在工作面上；当两次扣动扳机，子弹均不击发时，应保持原射击位置数秒后，再退出射钉弹；

（3）在更换零件或断开射钉枪之前，射枪内均不得装有射钉弹。

15. 使用拉铆枪时应符合下列要求：

（1）被铆接物体上的铆钉孔应与铆钉相配合，并不得过盈量太大；

（2）铆接时，当铆钉轴未拉断时，可重复扣动扳机，直到拉断为止，不得强行扭断或撬断；

（3）作业中，接铆头子或并帽若有松动，应立即拧紧。

（二十五）砂轮机安全操作规程

1. 砂轮机不准装倒顺开关，旋转方向禁止对着主要通道。

2. 工件托架必须安装牢固，托架平面要平整，防护罩必须完好。

3. 操作时，应站在砂轮侧面。不准两人同时使用一个砂轮。

4. 砂轮不圆、有裂纹和磨损，剩余部分不足 25mm 的不准使用。

5. 手提电动砂轮的电源线，不得有破皮漏电。要有可靠的二级漏电保护装置。

6. 使用时，必须先启动，后接触工作。

（二十六）电动液压铆接钳安全操作规程

1. 铆焊设备上的电器、内燃机、电机、空气压缩机等的使用应执行《建筑机械使用安全技术规程》JGJ 33—2012 的规定。并应有完整的防护外壳，一、二次接线柱处应有保护罩。

2. 电焊钳应有良好的绝缘和隔热能力，电焊钳握柄必须绝缘良好，握柄与导线连接应牢靠，接触良好，连接处应采用绝缘布包好并不得外露。操作人员不得用胳膊夹持电焊钳。

3. 作业前，应检查并确认各部位螺栓无松动，高压油泵转动方向正确。

4. 应先空载运转，确认正常后，方可作业；在空载情况下，不得开启液压开关。

5. 不得使用扭曲的高压油管。

6. 安装铆钉时，不得按动手柄的开关。

7. 应随时观察工作压力，工作压力不得超过额定值。

（二十七）弯管机操作规程

1. 弯管机械上的电源电动机，手持液压装置的使用应执行《建筑机械使用安全技术规程》JGJ 33—2012 的规定。

2. 弯管机械上的刀具、胎、模具等强度和精度应符合要求，刃磨锋利，安装稳固，紧固可靠。

3. 弯管机械上的传动部分应设有防护罩，作业时，严禁拆卸。机械均应安装在机棚内。

4. 作业场所应设置围栏。

5. 作业前，应先空载运转，确认正常后，再套模弯管。

6. 应按加工管径选用管模，并应按顺序放好。

7. 不得在管子和管模之间加油。

8. 应夹紧机件，导板支承机构应按弯管的方向及时进行换向。

9. 作业时，非操作和辅助人员不得在机械四周停留观看。

10. 作业后，应切断电源，锁好电闸箱，并做好日常保养工作。

（二十八）普通工安全操作规程

1. 挖掘土方，两人操作间距保持 2m～3m，并由上而下逐层挖掘，禁止采用掏洞的操作方法。

2. 开挖沟槽、基坑等，应根据土质和挖掘深度放坡，必要时设置固壁支撑。挖出的泥土应堆放在沟边 1m 以外，并且高度不得超过 1.5m。

3. 吊运土方，绳索、滑轮、钩子、箩筐等应完好牢固，起吊时垂直下方不得有人。

4. 拆除固壁支撑应自下而上进行，填好一层，再拆一层，不得一次拆到顶。

5. 使用蛙式打夯机，电源电缆必须完好无损。操作时，应戴绝缘手套，严禁夯打电源线。在坡地或松土处打夯，不得背着牵引打夯机。停止使用应拉闸断电，始准搬运。

6. 用手推车装运物料，应注意平稳，掌握重心，不得猛跑和撒把溜放。前后车距在平地不得少于 2m，下坡不得少于 10m。

7. 从砖垛上取砖应由上而下阶梯式拿取，禁止一码拆到底或在下面掏取。整砖和半砖应分开传送。

8. 脚手架上放砖的高度不准超过三层侧砖。

9. 车辆未停稳，禁止上下和装卸物料，所装物料要垫好绑牢。开车厢板应站在侧面。

建筑施工项目工伤保险参保登记表（样本）

工程项目信息	工程项目名称	（盖章）	工程项目负责人		电话	
			工程项目社保经办人		电话	
	建设单位名称		建设单位负责人		电话	
	工程项目详细地址				邮编	
	工程项目总造价	（大写）		（¥: ）		
	工程项目施工期限		开工日期		竣工日期	
承建单位信息	承建单位名称	（盖章）	承建单位负责人		电话	
			承建单位联系人		电话	
	承建单位详细地址				邮编	
	工程项目分包（转包）单位信息					
	序号	单位名称		工程内容		
	1					
	2					
	3					
	4					
	5					
	……					
	参保有效期		开始参保日期		终止参保日期	
	缴费基数		缴费费率			
	工伤保险缴费金额	（大写）		（¥: ）		

总承建单位制表人：　　　　　　社保机构审核人：　　　　　　　　　　社保机构（章）：

总承建单位负责人：　　　　　　社保机构复核人：

参加工伤保险人员情况表（样本）

单位编号：

单位名称：（章）　　　　　　　　　年　月　日　　　　　　　　单位：　元

序号	姓名	公民身份证号码	进城务工人员		月工资收入
			是	否	
本页小计		人			
合计		人			

参保单位制表人：　　　　　　　　社保机构审核人：　　　　　　　　社保机构（章）：

参保机构负责人：　　　　　　　　社保机构复核人：

安全生产责任保险备案证书（样本）

1.3.10　项目周会议记录样板

周例会会议记录（样本）

工程名称		会议主题	
会议地点		日　　期	年　月　日
会议主持		会议记录	
会议内容			

项目经理带班记录（样表）

施工总包单位		工程名称			天气情况	
监理单位		检查日期	年 月 日	形象进度		
基本情况（施工部位、出勤人数）						
工作内容（当日施工内容及完成情况、施工会议内容等）						
检查内容（危大工程管控情况及安全隐患处理情况）						
其他内容（设计变更实施情况、停工、机械故障及处理、冬雨期施工准备等）						
检查的评价和下一步工作计划： 项目经理签名：						

第 2 章

安全教育

2.1 安全教育概述

《中华人民共和国安全生产法》第二十八条规定，生产经营单位应当对从业人员进行安全生产教育和培训，保证从业人员具备必要的安全生产知识，熟悉有关的安全生产规章制度和安全操作规程，掌握本岗位的安全操作技能，了解事故应急处理措施，知悉自身在安全生产方面的权利和义务。未经安全生产教育和培训合格的从业人员，不得上岗作业。

生产经营单位使用被派遣劳动者的，应当将被派遣劳动者纳入本单位从业人员统一管理，对被派遣劳动者进行岗位安全操作规程和安全操作技能的教育和培训。劳务派遣单位应当对被派遣劳动者进行必要的安全生产教育和培训。

生产经营单位应当建立安全生产教育和培训档案，如实记录安全生产教育和培训的时间、内容、参加人员以及考核结果等情况。

安全生产教育和培训：生产经营单位应当按照本单位安全生产教育和培训计划的总体要求，结合各个工作岗位的特点，科学、合理安排教育和培训工作。采取多种形式开展教育培训，包括组织专门的安全教育培训班、作业现场模拟操作培训、召开事故现场分析会等，确保取得实效。

统一管理被派遣劳动者与本单位从业人员：生产经营单位应当打破被派遣劳动者与本单位从业人员的区别，严格按照岗位特点、人员结构、新员工或者调换工种人员等情况，统一组织安全生产教育和培训，包括对被派遣劳动者进行岗位安全操作规程和安全操作技能的教育和培训，保证相同岗位、相同人员（被派遣劳动者和从业人员）达到同等的水平。

安全生产教育和培训档案：安全生产教育和培训档案应当详细记录每位从业人员参加安全生产教育培训的时间、内容、考核结果以及复训情况等，包括按照规定参加政府组织的安全培训的主要负责人、安全生产管理人员和特种作业人员的情况。本章涉及的规范及标准主要有《施工企业安全生产管理规范》GB 50656—2011、《建筑施工安全技术统一规范》GB 50870—2013、《建筑施工安全检查标准》JGJ 59—2011、《施工企业安全生产评价标准》JGJ/T 77—2010。

2.2　安全教育资料整编目录清单

（1）项目安全教育培训制度；

（2）教育培训计划；

（3）项目安全教育培训资料；

（4）作业人员花名册；

（5）普工三级安全教育清单及教育记录；

（6）普工进场安全知识考核试卷；

（7）普工一般性安全技术交底。

2.3　安全教育资料编写说明

2.3.1　安全教育培训制度编写说明

《施工企业安全生产管理规范》GB 50656—2011 第 7 章规定，施工企业安全生产教育培训应贯穿于生产经营的全过程。教育培训应包括计划编制、组织实施和人员持证审核等工作内容，施工企业安全生产教育培训计划应依据类型、对象、内容、时间安排、形式等需求进行编制。安全教育和培训的类型应包括各类上岗证书的初审、复审培训，三级教育（企业、项目、班组）、岗前教育、日常教育、年度继续教育。安全生产教育培训的对象应包括企业各管理层的负责人、管理人员、特殊工种以及新上岗、待岗复工、转岗、换岗的作业人员。

施工企业的从业人员上岗应符合下列要求：

（1）企业主要负责人、项目负责人和专职安全生产管理人员必须经安全生产知识和管理能力考核合格，依法取得安全生产考核合格证书；

（2）企业的各类管理人员必须具备与岗位相适应的安全生产知识和管理能力，依法取得必要的岗位资格证书；

（3）特殊工种作业人员必须经安全技术理论和操作技能考核合格，依法取得建筑施工特种作业人员操作资格证书。

施工企业新上岗操作工人必须进行岗前教育培训，教育培训应包括下列内容：

（1）安全生产法律法规和规章制度；

（2）安全操作规程；

（3）针对性的安全防范措施；违章指挥、违章作业、违反劳动纪律产生的后果。

2.3.2　三级安全教育清单及教育记录资料编写说明

安全技术交底应依据国家有关法律法规和有关标准、工程设计文件、施工组织设计和安全技术规划、专项施工方案和安全技术措施、安全技术管理文件等的要求进行。

《建筑施工安全技术统一规范》GB 50870—2013 第 8.2.2 条安全技术交底应符合下列规定：①安全技术交底的内容应针对施工过程中潜在危险因素，明确安全技术措施内容和作业程序要求；②危险等级为Ⅰ级、Ⅱ级的分部分项工程、机械设备及设施安装拆卸的施工作业，应单独进行安全技术交底。

《建筑施工安全技术统一规范》GB 50870—2013 第 8.2.3 条安全技术交底的内容应包括：工程项目和分部分项工程的概况、施工过程的危险部位和环节及可能导致生产安全事故的因素、针对危险因素采取的具体预防措施、作业中应遵守的安全操作规程以及应注意的安全事项、作业人员发现事故隐患应采取的措施、发生事故后应及时采取的避险和救援措施。

《建筑施工安全技术统一规范》GB 50870—2013 第 8.2.4 条施工单位应建立分级、分层次的安全技术交底制度。安全技术交底应有书面记录，交底双方应履行签字手续，书面记录应在交底者、被交底者和安全管理者三方留存备查。

《施工企业安全生产管理规范》GB 50656—2011 第 7.0.8 条规定，施工企业从业人员每年应接受一次安全培训，其中项目经理不少于 30 学时，专职安全管理人员不少于 40 学时，其他管理人员和技术人员不少于 20 学时，特殊工种作业人员不少于 20 学时；其他从业人员不少于 15 学时，待岗复工、转岗、换岗人员重新上岗前不少于 20 学时，新进场工人三级安全教育培训（公司、项目、班组）分别不少于 15 学时、15 学时、20 学时。

安全教育流程：施工人员到项目（生活区）后，由分包单位安全员登记花名册（报项目安全部，并确定安全教育培训的时间、地点）→由分包单位安全员带入安全教育场所（项目会议室）→进行入场三级安全教育［项目部、分包（劳务）单位、施工班组三级］→安全教育考试（本指南试题）→收集个人信息（考试合格后收集其身份证复印件、免冠一寸照片、特殊工种上岗证件、三级安全教育卡签字或按手印）→分包单位负责人到项目物资部领取安全帽、安全带→录入指纹面部识别→分工种进行安全技术交底（项目专业工程师/相关岗位人员主讲，交底签字/按手印）→上岗作业。

安全教育资料总计 11 项内容，在整编时建议 1～3 项内容报审批后，一次整编、装订，永久使用。1～3 项内容按照作业班组分类整理，班组中工人教育记录按照一人一档闭合，10～20 人分次装订，装订顺序严格按照目录人员名单进行排列。工人花名册、三级安全教育及相关技术交底，最好按照不同类别的分包单位进行单独建档，并及时更新。

安全管理培训计划表（样本）

项目名称：_____

序号	培训时间（月份）	培训地点	培训时长	培训内容	培训对象	要解决的问题或者要达到的效果	培训形式 内训/外训	培训责任人	备注

相关法律法规及企业对教育培训的规定及内容（样本）

一、安全生产相关法律、法规和规章对从业人员安全职责的规定

1. 《中华人民共和国安全生产法》中对从业人员的安全生产权利义务的规定：

第五十二条　生产经营单位与从业人员订立的劳动合同，应当载明有关保障从业人员劳动安全、防止职业危害的事项，以及依法为从业人员办理工伤保险的事项。

生产经营单位不得以任何形式与从业人员订立协议，免除或者减轻其对从业人员因生产安全事故伤亡依法应承担的责任。

第五十三条　生产经营单位的从业人员有权了解其作业场所和工作岗位存在的危险因素、防范措施及事故应急措施，有权对本单位的安全生产工作提出建议。

第五十四条　从业人员有权对本单位安全生产工作中存在的问题提出批评、检举、控告；有权拒绝违章指挥和强令冒险作业。

生产经营单位不得因从业人员对本单位安全生产工作提出批评、检举、控告或者拒绝违章指挥、强令冒险作业而降低其工资、福利等待遇或者解除与其订立的劳动合同。

第五十五条　从业人员发现直接危及人身安全的紧急情况时，有权停止作业或者在采取可能的应急措施后撤离作业场所。

生产经营单位不得因从业人员在前款紧急情况下停止作业或者采取紧急撤离措施而降低其工资、福利等待遇或者解除与其订立的劳动合同。

第五十六条　生产经营单位发生生产安全事故后，应当及时采取措施救治有关人员。

因生产安全事故受到损害的从业人员，除依法享有工伤保险外，依照有关民事法律尚有获得赔偿的权利的，有权提出赔偿要求。

第五十七条　从业人员在作业过程中，应当严格落实岗位安全责任，遵守本单位的安全生产规章制度和操作规程，服从管理，正确佩戴和使用劳动防护用品。

第五十八条　从业人员应当接受安全生产教育和培训，掌握本职工作所需的安全生产知识，提高安全生产技能，增强事故预防和应急处理能力。

第五十九条　从业人员发现事故隐患或者其他不安全因素，应当立即向现场安全生产管理人员或者本单位负责人报告；接到报告的人员应当及时予以处理。

第一百零七条　生产经营单位的从业人员不落实岗位安全责任，不服从管理，违反安全生产规章制度或者操作规程的，由生产经营单位给予批评教育，依照有关规章制度给予处分；构成犯罪的，依照刑法有关规定追究刑事责任。

2. 《中华人民共和国刑法》中对违法行为的处罚规定：

第一百三十六条　违反爆炸性、易燃性、放射性、毒害性、腐蚀性物品的管理规定，在生产、储存、运输、使用中发生重大事故，造成严重后果的，处三年以下有期徒刑或者拘役；后果特别严重的，处三年以上七年以下有期徒刑。

《中华人民共和国刑法》（修正案十一）：

第一百三十四条 强令他人违章冒险作业，或者明知存在重大事故隐患而不排除，仍冒险组织作业，因而发生重大伤亡事故或者造成其他严重后果的，处五年以下有期徒刑或者拘役；情节特别恶劣的，处五年以上有期徒刑。

在生产、作业中违反有关安全管理的规定，有下列情形之一，具有发生重大伤亡事故或者其他严重后果的现实危险的，处一年以下有期徒刑、拘役或者管制：

（一）关闭、破坏直接关系生产安全的监控、报警、防护、救生设备、设施，或者篡改、隐瞒、销毁其相关数据、信息的；

（二）因存在重大事故隐患被依法责令停产停业、停止施工、停止使用有关设备、设施、场所或者立即采取排除危险的整改措施，而拒不执行的；

（三）涉及安全生产的事项未经依法批准或者许可，擅自从事矿山开采、金属冶炼、建筑施工，以及危险物品生产、经营、储存等高度危险的生产作业活动的。

3.《建设工程安全生产管理条例》（中华人民共和国国务院令第 393 号）中对操作人员安全职责的规定：

第二十五条 垂直运输机械作业人员、安装拆卸工、爆破作业人员、起重信号工、登高架设作业人员等特种作业人员，必须按照国家有关规定经过专门的安全作业培训，并取得特种作业操作资格证书后，方可上岗作业。

第三十二条 施工单位应当向作业人员提供安全防护用具和安全防护服装，并书面告知危险岗位的操作规程和违章操作的危害。

作业人员有权对施工现场的作业条件、作业程序和作业方式中存在的安全问题提出批评、检举和控告，有权拒绝违章指挥和强令冒险作业。

在施工中发生危及人身安全的紧急情况时，作业人员有权立即停止作业或者在采取必要的应急措施后撤离危险区域。

第三十三条 作业人员应当遵守安全施工的强制性标准、规章制度和操作规程，正确使用安全防护用具、机械设备等。

第三十七条 作业人员进入新的岗位或者新的施工现场前，应当接受安全生产教育培训。未经教育培训或者教育培训考核不合格的人员，不得上岗作业。

施工单位在采用新技术、新工艺、新设备、新材料时，应当对作业人员进行相应的安全生产教育培训。

第六十六条 第二款 作业人员不服管理、违反规章制度和操作规程冒险作业造成重大伤亡事故或者其他严重后果，构成犯罪的，依照刑法有关规定追究刑事责任。

4.《特种设备安全监察条例》（中华人民共和国国务院令第 373 号）中对操作人员安

全职责的规定：

第三十九条 锅炉、压力容器、电梯、起重机械、客运索道、大型游乐设施的作业人员及其相关管理人员（以下统称"特种设备作业人员"），应当按照国家有关规定经特种设备安全监督管理部门考核合格，取得国家统一格式的特种作业人员证书，方可从事相应的作业或者管理工作。

第四十条 特种设备使用单位应当对特种设备作业人员进行特种设备安全教育和培训，保证特种设备作业人员具备必要的特种设备安全作业知识。

特种设备作业人员在作业中应当严格执行特种设备的操作规程和有关的安全规章制度。

第四十一条 特种设备作业人员在作业过程中发现事故隐患或者其他不安全因素，应当立即向现场安全管理人员和单位有关负责人报告。

第七十九条 特种设备作业人员违反特种设备的操作规程和有关的安全规章制度操作，或者在作业过程中发现事故隐患或者其他不安全因素，未立即向现场安全管理人员和单位有关负责人报告的，由特种设备使用单位给予批评教育、处分；触犯刑律的，依照刑法关于重大责任事故罪或者其他罪的规定，依法追究刑事责任。

二、企业规章制度对从业人员安全职责的规定

1. 自觉学习并严格执行安全技术操作规程，不违章冒险作业。

2. 接受安全教育培训和危险告知，掌握本职工作所需的安全生产知识，增强事故预防和应急处理能力。

3. 自觉遵守安全生产规章制度和劳动纪律，严格执行安全技术交底和有关安全措施。作业前，参加班前安全活动，了解作业场所和工作岗位存在的危险源、防范措施及事故应急措施，并对作业环境进行安全确认。

4. 服从安全员和现场管理人员的指导和监督，及时纠正违章行为。

5. 正确使用防护用品、用具，爱护安全设施。

6. 发现事故隐患或其他不安全因素，应当立即向班组长、安全员或项目经理报告；对直接危及人身安全的情况，有权拒绝接受任务、停止作业、撤离到安全区域。

7. 有权拒绝违章指挥和强令冒险作业，对不安全作业有权提出批评和改进意见。

三、安全生产的基本知识

（一）进场安全须知

1. 进入工地前必须认真学习本工种安全技术操作规程。未经安全知识教育和培训，不得进入施工现场操作。

2. 进入施工现场，必须戴好安全帽，扣好帽带。

3. 在没有防护设施的高处、悬崖和陡坡施工作业必须系好安全带。

4. 高空作业时，不准往下或向上抛材料和工具等物件。

5. 不懂电器和机械的人员，严禁使用和玩弄机电设备。

6. 建筑材料和构件要堆放整齐稳妥，不要过高。

7. 危险区域要有明显标志，要采取防护措施，夜间要设红灯示警。

8. 在操作中，应坚守工作岗位，严禁酒后操作。

9. 特殊工种（电工、焊工、司炉工、爆破工、起重及打桩司机和指挥、架子工、各种机动车辆司机等）必须经过有关部门专业培训考试合格发给操作证，方准独立操作。

10. 施工现场禁止穿拖鞋、高跟鞋，赤脚或易滑、带钉的鞋或赤膊操作。

11. 施工现场的脚手架、防护设施、安全标志、警告牌、脚手架连接件不得擅自拆除，需要拆除必须经过加固后经施工负责人同意。

12. 施工现场的洞、坑、井架、升降口、漏斗等危险处，应有防护措施并有明显标志。

13. 任何人不准向下、向上乱丢材、物、垃圾、工具等。不准随意开动一切机械。操作中思想要集中，不准开玩笑，做私活。

14. 不准坐在脚手架防护栏杆上休息和在脚手架上睡觉。

15. 手推车装运物料，应注意平稳，掌握重心，不得猛跑或撒把溜放。

16. 拆下的脚手架、钢模板、轧头或木模、支撑要及时整理，铁钉要及时拔除。

17. 砌墙斩砖要朝里斩，不准朝外斩。防止碎砖坠落伤人。

18. 工具用好后要随时装入工具袋。

19. 不准在井架内穿行；不准在井架吊篮提升后不采取安全措施到下面清理砂浆、混凝土等杂物；不准吊篮久停空中；下班后吊篮必须放在地面处，且切断电源。

20. 脚手架上霜、雪、泥等要及时清扫。

21. 脚手板两端要扎牢，防止空头板（竹脚手片应四点扎牢）。

22. 脚手架超载危险。砌筑脚手架均布荷载每平方米不得超过270kg，即在脚手架上堆放标准砖不得超过单行侧放三侧高。承重多孔砖不得超过单行侧放四侧高，非承重空心砖不得超过单行平放五皮高，不允许两排脚手架上同时堆放。

23. 单梯上部要扎牢，下部要有防滑措施。

24. 挂梯上部要挂牢，下部要绑扎。

25. 人字梯中间要扎牢，下部要有防滑措施，不准人坐在上面骑马式移动。

26. 高空从事高处作业的人员，必须身体健康，患有高血压、贫血症、严重心脏病、精神症、癫痫病及500°以上的深度近视人员，以及经医生检查认为不适合高空作业的人员，不得从事高空作业；架子工、起重工等从事高空作业的人员每年应体检一次。

（1）在平台、屋沿操作时，面部要朝外，系好安全带。

（2）高处作业不要用力过猛，防止失去平衡而坠落。

（3）在平台等处拆木模，撬棒要朝里，不要向外，防止人向外坠落。

（4）遇有暴雨、浓雾和六级以上的强风应停止室外作业。

（5）夜间施工必须要有充分的照明。

（二）安全生产六大纪律

1. 进入现场必须戴好安全帽、扣好帽带，并正确使用个人劳动防护用品。

2. 2m 以上的高处、悬空作业、无安全设施的，必须系好安全带、扣好保险钩。

3. 高处作业时，不准往下或向上乱抛材料和工具等物件；不准攀爬脚手架或乘坐吊篮上下。

4. 各种电动机械设备必须有可靠有效的安全接地和防雷装置，方能开动使用。

5. 不懂电气和机械的人员，严禁使用和玩弄机电设备。

6. 吊装区域非操作人员严禁入内，吊装机械必须完好，桅杆和起重臂垂直下方不准站人。

（三）十项安全技术措施

1. 按规定使用安全"三宝"。

2. 机械设备防护装置一定要齐全有效。

3. 塔式起重机等起重设备必须有限位保险装置，不准"带病"运转，不准超负荷作业，不准在运转中维修保养。

4. 架设电气线路必须符合规范和当地电业局的规定，电气设备必须全部接零或接地。

5. 电动机械和手持电动工具要设置漏电保护装置。

6. 脚手架材料及脚手架的搭设必须符合规范要求。

7. 各种缆风绳及其设备必须符合规程要求。

8. 在建工程楼梯口、电梯口、预留洞口、通道口必须有防护设施。

9. 严禁赤脚或穿高跟鞋、拖鞋进入施工现场，高空作业不准穿硬底和带钉易滑的鞋靴。

10. 施工现场的悬崖、陡坎等危险地区应设警戒标志，夜间应设红灯示警。

（四）安全帽、安全带使用常识和要求

1. 安全帽

对人体头部受外力伤害起防护作用的帽子为安全帽。它由帽壳、帽衬、下颏带、后箍等组成。

（1）作业人员或管理人员进入施工现场必须戴好安全帽。

（2）佩戴安全帽必须调节好帽衬与帽壳的间距（一般在 3cm～5cm），系好帽带防止脱落。

（3）若帽壳、帽衬老化或损坏，降低了耐冲击和耐穿透性能，不得继续使用，应及时更换新帽。正常使用的塑料安全帽不超过两年半，玻璃钢（维纶钢）、橡胶帽不超过三年半应更换。

2. 安全带

高处作业劳动者佩戴预防坠落伤亡的防护用品为安全带。它由带子、安全绳和金属配

件组成。

（1）高处悬空作业人员必须扎好安全带方可工作。

（2）安全带应高挂低用，注意防止摆动碰撞，使用 3m 以上长绳应加缓冲器。

（3）不准将绳打结使用，也不准将安全钩直接挂在安全绳上使用，应挂在连接环上用。

（4）安全带上各种部件不得任意拆掉，更换新绳时要注意加绳套。

（五）建筑施工风险告知

建筑施工属高危行业，极易发生事故，常见的伤亡有高处坠落、触电、物体打击、坍塌、机具伤害、中毒等。因此，现场作业人员必须努力掌握安全生产知识，提高安全操作技能，遵守劳动纪律，作业过程中严格执行本岗位的安全技术操作规程和分项工程的安全技术交底，才能有效地防止事故的发生。

（六）急救常识

1. 创伤止血救护

出血常见于割伤、刺伤、物体打击和辗伤等。如伤者一次出血量达全身血量的 1/4 以上时，生命就有危险。因此，及时止血是非常必要和重要的。遇有这类创伤时不要惊慌，可用现场物品如毛巾、纱布、工作服等立即采取止血措施。如果创伤部位有异物不在重要器官附近，可以拔出异物，处理好伤口。如无把握就不要随便将异物拔掉，应立即送医院，经医生检查，确定未伤及内脏及较大血管时，再拔出异物，以免发生大出血措手不及。

2. 烧伤急救处理

在生产过程中有时会受到一些明火、高温物体烧烫伤害。严重的烧伤会破坏身体防病的重要屏障，血浆液体迅速外渗，血液浓缩，体内环境发生剧烈变化，产生难以抑制的疼痛。这时伤员很容易发生休克，危及生命。所以烧伤的紧急救护不能延迟，要在现场立即进行。基本原则是：消除热源、灭火、自救互救。烧伤发生时，最好的救治方法是用冷水冲洗，或伤员自己浸入附近水池浸泡，防止烧伤面积进一步扩大。

衣服着火时应立即脱去用水浇灭或就地躺下，滚压灭火。冬天身穿棉衣时，有时明火熄灭，暗火仍燃，衣服如有冒烟现象应立即脱下或剪去以免烧伤。身上起火不可惊慌奔跑，以免风助火旺，也不要站立呼叫，免得造成呼吸道烧伤。

烧伤经过初步处理后，要及时将伤员送往就近医院进一步治疗。

3. 吸入毒气急救

一氧化碳、二氧化氮、二氧化硫、硫化氢等超过允许浓度时，均能使人吸入后中毒。如发现有人中毒昏迷后，救护者千万不要贸然进入现场施救，否则会导致多人中毒的严重后果。遇有此种情况，救护者一定要保护清醒的头脑，首先对中毒区进行通风，待有害气体降到允许浓度时，方可进入现场抢救。救护者施救时切记，一定要戴上防毒面具。将中毒者抬至空气新鲜的地点后，立即通知救护车送医院救治。

4. 触电急救

遇有触电者，施救人员首先应切断电源，若来不及切断电源，可用绝缘棒挑开电线。在未切断电源之前，救护者切不可用手拉触电者，也不能用金属或潮湿的东西挑电线。把触电者抬至安全地点后，立即进行人工呼吸。其具体方法如下：

①口对口人工呼吸法（图 1）。方法是把触电者放置仰卧状态，救护者一手将伤员下颌合上、向后托起，使伤员头尽量向后仰，以保持呼吸道畅通。另一手将伤员鼻孔捏紧，此时救护者先深吸一口气，对准伤员口部用力吹入。吹完后嘴离开，捏鼻手放松，如此反复实施。如吹气时伤员胸臂上举，吹气停止后伤员口鼻有气流呼出，表示有效。每分钟吹气 16 次左右，直至伤员自主呼吸为止。

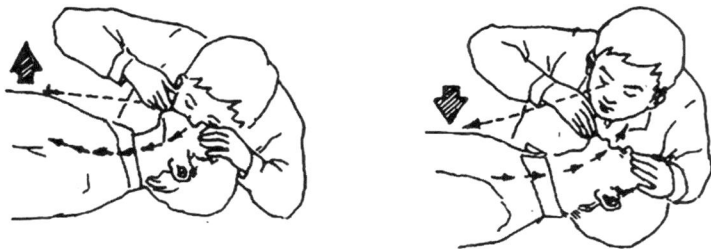

图 1　口对口人工呼吸法

②心脏按压术（图 2）。方法是将触电者仰卧于平地上，救护人将双手重叠，将掌根放在伤员胸骨下部位，两臂伸直，肘关节不得弯曲，凭借救护者体重将力传至臂掌，并有节奏性冲击按压，使胸骨下陷 3～4cm。每次按压后随即放松，往复循环，直至伤员自主呼吸为止。

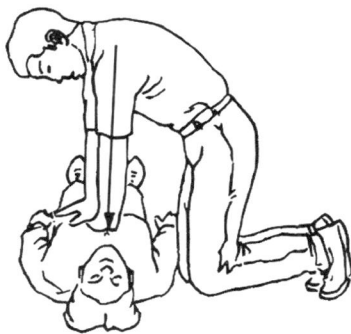

图 2　心脏按压法

5. 手外伤急救

在工作中发生手外伤时，首先采取止血包扎措施。如有断手、断肢要应立即拾起，把断手、断肢用干净的手绢、毛巾、布片包好，放在没有裂缝的塑料袋或胶皮带内，袋口扎紧。然后在口袋周围放冰块雪糕等降温。做完上述处理后，施救人员立即随伤员把断肢迅速送医院，让医生进行断肢再植手术。切记千万不要在断肢上涂碘酒、酒精或其他消毒液。这样会使组织细胞变质，造成不能再植的严重后果。

6. 骨折急救

骨骼受到外力作用时，发生完全或不完全断裂时叫作骨折。按照骨折端是否与外相通，骨折分为两大类：即闭合性骨折与开放性骨折。前者骨折端不与外界相通，后者骨折端与外界相通，从受伤的程度来说，开放性骨折一般伤情比较严重。遇有骨折类伤害，应做好紧急处理后，再送医院抢救。

为了使伤员在运送途中安全，防止断骨刺伤周围的神经和血管组织，加重伤员痛苦，对骨折处理的基本原则是尽量不让骨折肢体活动。因此，要利用一切可利用的条件，及时、正确地对骨折部位做好临时固定，同时，应注意以下事项：

（1）如有开放性伤口和出血，应先止血和包扎伤口，再进行骨折固定。

（2）不要把刺出的断骨送回伤口，以免感染和刺破血管和神经。

（3）固定动作要轻快，最好不要随意移动伤肢或翻动伤员，以免加重损伤，增加疼痛。夹板或简便材料不能与皮肤直接接触，要用棉花或代替品垫好，以防局部受压。

（4）搬运时要轻、稳、快，避免震荡，并随时注意伤者的病情变化。没有担架时，可利用门板、椅子、梯子等制作简单担架运送。

7. 眼睛受伤急救

发生眼伤后，可做如下急救处理：

（1）轻度眼伤如眼进异物，可叫现场同伴翻开眼皮用干净手绢、纱布将异物拨出。如眼中溅进化学物质，要及时用水冲洗。

（2）严重眼伤时，可让伤者仰躺，施救者设法支撑其头部，并尽可能使其保持静止不动，千万不要试图拔出插入眼中的异物。

（3）见到眼球鼓出或从眼球脱出的东西，不可把它推回眼内，这样做十分危险，可能会把能恢复的伤眼弄坏。

立即用消毒纱布轻轻盖上，如没有纱布可用刚洗过的新毛巾覆盖伤眼，再缠上布条，缠时不可用力，以不压及伤眼为原则。

做出上述处理后，立即送医院再做进一步的治疗。

8. 脊柱骨折急救

脊柱骨俗称背脊骨，包括颈椎、胸椎、腰椎等。对于脊柱骨折伤员，如果现场急救处理不当，容易增加痛苦，造成不可挽救的后果。特别是背部被物体打击后，均有脊柱骨折的可能。对于脊柱骨折的伤员，急救时可用木板、担架搬运，让伤者仰躺。无担架、木板需众人用手搬运时，抢救者必须有一人双手托住伤者腰部，切不可单独一人用拉、拽的方法抢救伤者。否则，把受伤者的脊柱神经拉断，会造成下肢永久性瘫痪的严重后果。

作业人员花名册（样本）

编号/合同	姓名	工种	性别	年龄	身份证号	户籍地	电话	进场时间	离场时间	是否体检	备注

项目安全教育清单（样本）

项目名称：_____

序号	班组名称	教育人数	教育时间	备注
1				
2				
3				
4				
5				
6				
7				
8				
9				
10				
11				
12				
13				
14				
15				
16				
17				
18				
19				
20				

施工人员入场安全教育手册

身份证正反面复印件

项 目 名 称：_____

公司单位名称：_____

岗位（工种）：_____

姓　　　　名：_____

入 场 时 间：_____

新入场工人三级安全教育记录（样本）

序号	级别	教育内容	时间	授课人	课时	上岗意见及负责人签字
1	一级教育	不少于 15 学时。内容：①党和国家的安全生产方针、政策；②安全生产法规、标准和法制观念；③本单位安全生产规章制度、安全纪律；④本单位安全生产形势及历史上发生的重大事故与应吸取的教训；⑤发生事故后如何抢救伤员、排险、保护现场和及时进行报告				负责人（签字）： 年　月　日
受教育人（签字）：　　　　　　　　　　　　　　　　　　　　　年　月　日						
2	二级教育	不少于 15 学时。内容：①本单位施工特点及施工安全基本知识；②本单位（包括施工、生产现场）安全管理制度、规定及安全注意事项；③本工种安全操作规程；④高处作业、机械设备、电气安全基本知识；⑤防火、消毒、防尘、防暴知识及紧急情况安全处置和安全疏散知识；⑥防护用品发放标准及使用基本知识				负责人（签字）： 年　月　日
受教育人（签字）：　　　　　　　　　　　　　　　　　　　　　年　月　日						
3	三级教育	不少于 20 学时。内容：①本班组作业特点及安全操作规程；②班组安全活动制度及纪律；③爱护和正确使用安全防护装置（设施）及个人劳动防护用品；④本岗位易发生事故的不安全因素及防范对策；⑤本岗位作业环境及使用的机械设备、工具的安全要求；⑥防护用品发放标准及使用知识				负责人（签字）： 年　月　日
受教育人（签字）：　　　　　　　　　　　　　　　　　　　　　年　月　日						

施工人员一级安全教育（样本）

安全教育内容

1. 党和国家的安全生产方针、政策

安全生产工作应当以人为本，坚持安全发展，坚持安全第一、预防为主、综合治理的方针，强化和落实生产经营单位的主体责任，建立生产经营单位负责、职工参与、政府监管、行业自律和社会监督的机制。生产经营单位的主要负责人对本单位的安全生产工作全面负责。生产经营单位的从业人员有依法获得安全生产保障的权利，并应当依法履行安全生产方面的义务。

2. 安全生产法规、标准和法制观念

《中华人民共和国安全生产法》

《中华人民共和国建筑法》

《建设工程安全生产管理条例》

3. 本单位安全生产规章制度、安全纪律

4. 本单位安全生产形势及历史上发生的重大事故及应吸取的教训。

5. 发生事故后如何抢救伤员、排险、保护现场和及时进行报告。抢救伤员：一般人只能通过拨打120去求助伤员，有专业知识的人还可以进行心肺复苏或者是采取其他救助措施。保护现场：《中华人民共和国刑事诉讼法》第一百二十七条规定，任何单位和个人，都有义务保护犯罪现场，并且立即通知公安机关派员勘验。人们可以通过拍照等方式保护现场，但最好的方法是以最快的速度通知公安机关派员勘验。报告制度：如果相关的法律法规或行业规范有规定的，得按规定通知上级部门或其他相关单位。

施工人员二级安全教育（样本）

安全教育内容

1. 本单位施工特点及施工安全基本知识

项目概况、项目危险源的特点。基本知识包括：高处作业、基坑工程、模板支架、施工用电、脚手架、消防、大型起重设备、施工机具等。

2. 本单位（包括施工、生产现场）安全管理制度、规定及安全注意事项、施工现场各专业、工种的安全管理制度及规定。

3. 本工种安全操作规程

熟悉本工种的安全操作规程。

4. 高处作业、机械设备、电气安全基本知识

建筑施工中的高处作业主要包括临边、洞口、攀登、悬空、交叉五种基本类型，这些类型的高处作业是伤亡事故可能发生的主要地点。施工现场临时用电必须符合下列规定：采用三级配电系统、采用 TN-S 接零保护系统、采用二级漏电保护系统。

5. 防火、消毒、防尘、防暴知识及紧急情况安全处置和安全疏散知识。

6. 防护用品发放标准及使用基本知识

建筑施工中的主要防护用品是"三宝"，三宝指施工中工人佩戴的安全帽、安全带以及安全网。进入施工现场必须正确佩戴个人安全防护用品。

施工人员三级安全教育（样本）

安全教育内容

1. 本班组作业特点及安全操作规程

2. 班组安全活动制度及纪律

3. 爱护和正确使用安全防护装置（设施）及个人劳动防护用品

4. 本岗位易发生事故的不安全因素及防范对策

5. 本岗位作业环境及使用的机械设备、工具的安全要求

6. 防护用品发放标准及使用知识

佩戴安全帽之前，应根据个人头围或需要把大小松紧调整好，不能太紧也不能太松。为了起到突发事件时能缓解冲击力的作用，帽衬和帽壳不能太紧贴，必须有良好的连接，同时需要留有一定的间隙，一般情况下设计调整至 2cm～4cm。下颚带必须拴紧，需角度戴正、系紧帽带，帽箍则根据佩戴者的头围或头型进行调整并箍紧；如果佩戴者为女性，则要把头发塞进帽衬里面，并正规佩戴，以免发生意外。

安全带的正确使用方法：在高处作业没有安全防护措施时，必须系好安全带。安全带应高挂低用，注意防止摆动碰撞。安全绳的长度限制在 1.5m～2.0m，使用 3m 以上长绳应加缓冲器。不准将绳打结使用，也不准将钩直接挂在安全绳上使用，应挂在连接环上使用。

新进场人员安全知识考核试卷

姓　　名：　　　　　　　　　　　　　　成　　绩：

所在单位：　　　　　　　　　　　　　　工　　种：

一、单选题（每题 3 分，共 90 分）

1. 进场作业前，作业人员应与（　　）签订劳动合同。

　　A. 有资质的劳务企业　　　　B. 总承包企业　　　　　　C. 班组长

2. 作业人员未经（　　）和培训合格的，不得上岗操作。

　　A. 安全生产教育　　　　　　B. 职业技能培训　　　　　C. 班前教育

3. 患有（　　）、精神病、癫痫病、深度近视在 500°以上的人员，以及经医生检查认为不适合高空作业的人员，不得从事高空作业。

　　A. 高血压、贫血症、严重心脏病

　　B. 糖尿病

　　C. 皮肤病

4. 特种作业人员必须经专门的安全作业培训，取得（　　），方可上岗作业。

　　A. 相应操作资格　　　　　　B. 职业资格　　　　　　　C. 岗位

5. 每班工作前，作业人员应接受（　　），并对工作环境进行安全确认。

　　A. 班前安全教育和交底

　　B. 体检

　　C. 安全检查

6. 发现有直接危及人身安全的情况时，作业人员有权（　　）。

　　A. 继续作业

　　B. 拒绝接受任务或停止作业

　　C. 等待上级指令

7. 从业人员经过安全教育培训，了解岗位操作规程，但未遵守而造成事故的，行为人应负（　　）责任。

　　A. 间接　　　　　　　　　　B. 管理　　　　　　　　　C. 直接

8. 从业人员有权对本单位安全生产工作中存在的问题提出批评、检举、控告；有权拒绝（　　）和强令冒险作业。

　　A. 违章作业　　　　　　　　B. 工作安排　　　　　　　C. 违章指挥

9. 从业人员在作业过程中，应当严格遵守（　　）的安全生产规章制度和操作规程，服从管理，正确佩戴和使用劳动防护用品。

　　A. 国家　　　　　　　　　　B. 行业　　　　　　　　　C. 本单位

10. 从业人员发现事故隐患或者其他不安全因素，应当立即向（　　）报告。

　　A. 班长

　　B. 新闻媒体

　　C. 现场安全管理人员或本单位负责人

11.《中华人民共和国刑法》修正案十一第一百三十四条规定：在生产、作业中违反有关安全管理的规定，因而发生重大伤亡事故或者造成其他严重后果的，处（　　）年以下有期徒刑或者拘役。

　　A. 2　　　　　　　　　　B. 3　　　　　　　　　　C. 5

12.《生产安全事故报告和调查处理条例》规定，事故发生后，事故现场有关人员应当立即向（　　）报告。

　　A. 本单位现场负责人　　　B. 当地安监局　　　　C. 新闻媒体

13. 进出在建物，应从（　　）进出。

　　A. 安全通道　　　　　　　B. 攀爬脚手架　　　　C. 翻越栏杆

14. 安全帽的正确使用方法是（　　）。

　　A. 调节好帽衬大小，系好下颚带

　　B. 戴在头顶，不用系下颚带

　　C. 帽壳破损可粘好使用

15. 安全带的正确挂扣方法是（　　）。

　　A. 低挂高用　　　　　　　B. 高挂低用　　　　　C. 平挂平用

16. 楼内电梯井口的防护应设置（　　）。

　　A. 工具式防护门　　　　　B. 警戒线　　　　　　C. 安全网

17. 禁止性安全标志，由（　　）和图形表达禁止的行为。

　　A. 红白色　　　　　　　　B. 黄黑色　　　　　　C. 蓝白色

18. 进行心肺复苏按压急救时，应用（　　）放在按压位置。

　　A. 手背面　　　　　　　　B. 手掌掌根部位　　　C. 手掌指端部位

19. 进入化粪池、污水井等有限空间作业前，应先（　　），并采取通风和监护、急救措施。

　　A. 检测有害气体浓度

　　B. 体检

　　C. 呼救

20. 发现人员触电，首先应采取的措施是（　　）。

　　A. 呼叫救护人员

　　B. 切断电源或使伤者脱离电源

C. 进行人工呼吸

21. 当有异物进入眼内，采用以下方法中，（　　　）不正确。

　　A. 用手揉眼，把异物揉出来

　　B. 用清水冲洗眼睛

　　C. 反复眨眼，用眼泪将异物冲出来

22. 发现煤气中毒人员，采取以下行动中，（　　　）急救方法是正确的。

　　A. 迅速打开门窗通风，并将病人送到新鲜空气环境

　　B. 在现场拨打电话求救

　　C. 在现场马上给伤员做人工呼吸

23. 发生土方、模板坍塌事故时，处置不正确的是（　　　）。

　　A. 立即进入坍塌区救人

　　B. 立即向现场负责人报告

　　C. 观察坍塌区是否有二次坍塌可能，采取可靠措施后有组织救援

24. 以下几种火灾逃生方法中，不正确的是（　　　）。

　　A. 用湿毛巾捂着嘴巴和鼻子

　　B. 弯着身子快速跑到安全地点

　　C. 躲在床底下，等待消防人员救援

25. 出现中暑的症状时，处置不正确的是（　　　）。

　　A. 多喝凉开水　　　　　　　B. 及时到医院就诊　　　　　　C. 冷敷

26. 用灭火器灭火时，灭火器的喷射口应该对准火焰的（　　　）。

　　A. 上部　　　　　　　　　　B. 中部　　　　　　　　　　C. 根部

27. 同一个高处作业吊篮上同时作业的人数不得超过（　　　）人。

　　A. 2　　　　　　　　　　　　B. 3　　　　　　　　　　　　C. 4

28. 下列不属于特种作业的是（　　　）。

　　A. 电工　　　　　　　　　　B. 塔式起重机指挥　　　　　　C. 木工

29. 进行现场动火作业时，应办理（　　　），配备灭火器，有专人监护。

　　A. 动火证　　　　　　　　　B. 书面告知　　　　　　　　　C. 验收手续

30. 下列不属于建筑施工极易发生事故类型的是（　　　）。

　　A. 高处坠落　　　　　　　　B. 物体打击　　　　　　　　　C. 中毒

二、判断题（对的划"√"，错的划"×"。每题2分，共10分）

31. 已在本施工现场作业的人员，节后复工时，不需要再接受安全教育培训就可以上岗。（　　　）

32. 施工现场不准向下、向上乱丢材、物、垃圾、工具等。不准随意开动一切机械。操

作中思想要集中，不准开玩笑，做私活。（　　　）

33. 工作过程中需要休息时，可以坐在脚手架上休息。（　　　）

34. 禁止性安全标志由红白色和图形表达禁止行为。（　　　）

35. 发现有人在污水井、化粪池等部位晕倒时，应立即进入井内或池内将晕倒者背出。
（　　　）

答案

一、单选题

　　1～5　　AAAAA　　　　6～10　　BCCCC　　　　11～15　　BAAAB

　　16～20　AABAB　　　　21～25　AAACA　　　　26～30　CACAC

二、判断题

　　31～35　×√×√×

分部（分项）工程安全技术交底清单（样本）

工程名称：＿＿＿＿＿＿＿＿＿＿＿＿＿＿＿＿

序号	安全技术交底名称	交底人	交底时间	备注
1				
2				
3				
4				
5				
6				
7				
8				
9				
10				
11				
12				
13				
14				
15				
16				
17				
18				

分项（分部）安全技术交底表（样本）

工程名称		分部分项工程		工种	
安全技术交底内容					
交底人		职务	安全员	交底时间	
接受交底人员签名					

说明：本表一式三份由工长填写，一份由工长存查，一份交安全员，一份交接受任务班组。

第 3 章

分包单位安全管理

3.1　分包单位安全管理概述

依据《房屋建筑和市政基础设施工程施工分包管理办法》，施工分包是指建筑业企业将其所承包的房屋建筑和市政基础设施工程中的专业工程或者劳务作业发包给其他建筑业企业完成的活动。

分包工程发包人对施工现场安全负责，并对分包工程承包人的安全生产进行管理。专业分包工程承包人应当将其分包工程的施工组织设计和施工安全方案报分包工程发包人备案，专业分包工程发包人发现事故隐患，应当及时作出处理。

分包工程承包人就施工现场安全向分包工程发包人负责，并应当服从分包工程发包人对施工现场的安全生产管理。分包工程发包人应当设立项目管理机构，组织管理所承包工程的施工活动。

分包单位安全管理涉及的规范主要有：《施工企业安全生产管理规范》GB 50656—2011、《房屋建筑和市政基础设施工程施工分包管理办法》（中华人民共和国建设部令第 124 号）、《施工企业安全生产评价标准》JGJ/T 77—2010、《建筑施工安全检查标准》JGJ 59—2011、《建筑业企业资质管理规定》（中华人民共和国建设部令第 159 号）、《关于做好建筑业企业专业作业资质备案制有关工作的通知》（陕建发〔2023〕1045 号）。

依据《施工企业安全生产管理规范》GB 50656—2011 第 11.0.1 条，通过分包来完成施工任务是施工企业经营管理的重要方式，分包过程是整个施工过程的重要组成部分，无论是劳务分包、专业工程分包，还是机械设备的租赁或安装拆除分包，为了防止资质低劣的分包单位和从业人员进入施工现场，对分包过程必须从源头抓起，进行全过程控制，即施工企业需要从分包单位的资格评价和选择、分包合同的条款约定和履约过程、结果再评价三个环节进行控制。

3.2　分包单位安全管理资料清单

（1）分包单位清单。

（2）分包单位资质、安全生产许可证。

（3）分包安全基本条件报审表。

（4）分包单位合同、安全生产管理协议书（甲方直接发包/分包签订配合安全生产管理协议）。

（5）分包安全生产管理协议［工作界面（区域）移交单］。

（6）分包单位项目组织机构、主要管理人员任命文件、特种作业人员资格证件及项目负责人授权委托书。

（7）分包单位安全管理制度、安全生产责任制及主要管理人员责任制考核记录。

（8）分包单位作业人员花名册。

（9）入场三级教育记录及安全技术交底。

（10）分包单位风险隐患书面告知书（含甲方直接发包/分包）。

（11）分包单位定期安全检查整改记录。

（12）分包单位的应急救援预案及演练情况。

3.3 分包单位安全管理资料编制说明

3.3.1 分包单位清单

项目部需对项目部签订的所有专业分包、劳务分包建立随时可供查询的清单目录，方便分包单位的建档、查询、日常资料检查及后评价工作。

3.3.2 分包单位资质、安全生产许可证

《建筑施工安全检查标准》JGJ 59—2011 第 1.7 条规定，总承包单位与分包单位签订分包合同前，要检查分包单位的资质材料，包括营业执照、资质证书、安全生产许可证、法人授权委托书等。在签订分包合同时，要同时签订安全生产协议，协议中应明确总、分包单位的安全权责，文本签章齐全。《房屋建筑和市政基础设施工程施工分包管理办法》第八条规定，分包工程承包人必须具有相应的资质，并在其资质等级许可的范围内承揽业务。总包单位在选择分包单位时应严格按照《建筑业企业资质管理规定》（中华人民共和国建设部令第 159 号）文件中关于 36 项专业分包及 1 项劳务资质的规定进行选择。

3.3.3 分包单位安全基本条件报审、合同及安全生产管理协议的签订

《房屋建筑和市政基础设施工程施工分包管理办法》第十条规定，分包工程发包人和分包工程承包人应当依法签订分包合同，并按照合同履行约定义务。《建筑施工安全检查标准》JGJ 59—2011 第 1.7 条规定，当总包单位与分包单位签订分包合同时，应签订安全生产管理协议，明确双方的安全责任；分包单位应按规定建立安全机构，配备专职安全员。

3.3.4　分包安全生产管理协议（工作界面移交单）

项目部移交给分包单位的施工作业区域必须办理移交手续，对分包单位施工区域内所使用的安全防护设施（如脚手架、洞口和临边防护等）和临时用电设备一并办理交接手续。分包单位在进行安全防护设施搭设、拆除和改造前，必须向项目部提出书面申请。为减少总承包单位与分包单位之间因为责任划分不清问题，本指南针对总包的专业分包单位、建设单位直接发包的独立分包单位、劳务单位分别制定了相应的安全生产管理协议书及作业面移交单，以供参考。

3.3.5　分包单位项目主要管理人员任命文件、分包单位作业人员花名册及三级安全教育

分包单位任命的主要管理人员包括项目经理、技术负责人及安全员。其中项目经理人员资质证件需执行《注册建造师执业工程规模标准》中关于不同类型项目经理的管理要求。安全员的配备需满足《陕西省建筑施工企业主要负责人项目负责人和专职安全生产管理人员安全生产管理规定实施意见》中关于安全员的配备要求。

分包单位作业人员的花名册需按照不同类别的专业分包单独整理成册，不要混装；特种作业人员教育涉及重大事故隐患，对于同一类型专业分包单位作业人员的三级安全教育及安全技术交底应按照特种作业人员和普通作业人员分开交底，分开教育，不能混淆。

3.3.6　分包单位风险隐患书面告知书

为进一步明确总承包单位关键岗位人员和分包单位安全生产责任，总承包单位应在分项工程危险作业班前对分包单位进行安全风险分析告知工作。危险作业一般包括高处作业、吊装、动火、临时用电、爆破和危险装置设备试生产、重大危险源作业、有毒有害、受限空间、临近高压输电线路、临近输油（气）管线作业、建筑物和构筑物拆除、盲板抽堵、检修等作业以及可能存在的其他危险作业。

分包单位安全管理资料总计 11 项内容，资料清单中第 1 项分包单位汇总清单单独整理，2～11 项资料以一个分包单位为单元按顺序整理、装订。

分包单位资质清单（样本）

编号：_____

工程名称						
序号	分包单位名称	资质等级/有效期	安全生产许可证到期时间	主要管理人员	安全协议签订日期	合同是否签订
				项目负责人： 安全员：		
				项目负责人： 安全员：		
				项目负责人： 安全员：		
				项目负责人： 安全员：		
				项目负责人： 安全员：		
				项目负责人： 安全员：		
				项目负责人： 安全员：		

分包安全基本条件报审表（样表）

工程名称：_____				
致××××××有限公司： 现将我单位的安全基本条件资料上报，请予以审核				
专业工程名称				
工程规模				
安全生产许可证号/有效期				
项目负责人	姓名			
	安全生产考核合格证号/有效期			
专职安全生产 管理人员	姓名			
	安全生产考核合格证号/有效期			
	是否符合配备标准			
特种作业人员名单（可附页）				

姓名	年龄	工种	建筑施工特种作业人员 操作资格证书编号	有效期	备注

附：1. 营业执照、施工资质、安全生产许可证复印件
　　2. 项目负责人建造师执业证、安全生产考核合格证书复印件
　　3. 专职安全生产管理人员安全生产考核合格证书复印件
　　4. 建筑施工特种作业人员操作资格证书复印件
　　本企业及本人承诺，提供的以上材料全部真实有效，无任何隐瞒和欺骗行为。本企业如有隐瞒和提供虚假材料，承担全部责任并愿接受处罚。

专业承包企业（公章）：

项目负责人：

日　　期：_____

审查意见：

总包项目副经理：_____

日　　期：_____

审核意见：

总包项目经理：_____

日　　期：_____

工程分包安全生产管理协议书（样本）

工程总承包人（以下简称甲方）：＿＿＿＿＿＿＿＿＿＿＿＿＿＿

工程分包人（以下简称乙方）：＿＿＿＿＿＿＿＿＿＿＿＿＿＿

为了进一步规范双方安全生产行为，明晰和落实各自安全生产责任，保障从业人员的生命健康和财产安全，确保施工安全、有序进行。依据《中华人民共和国安全生产法》《建设工程安全生产管理条例》等法律法规和相关要求，遵循平等、公平和诚实信用的原则，在双方签订《工程分包合同》的基础上，双方就施工安全管理协商达成一致，订立本协议。

1 工程分包人基本情况

营业执照号码：　　　　　　　　有效期止：

资质证书号码：　　　　　　　　有效期止：

安全生产许可证号码：　　　　　有效期止：

2 责任范围

乙方所承担的工程项目范围内的所有从业人员的生命健康、文明施工、消防保卫、施工设施及环境等安全。

3 甲方的权利和义务

3.1 负责对乙方进行总分包安全技术交底，督促乙方落实各项安全技术措施。

3.2 负责向监理单位申报乙方编制的专项施工方案和安全施工措施，并督促乙方实施。按照分包合同约定，按时足额支付安全生产措施费。

3.3 负责协调同一施工现场乙方与其他分包单位的安全生产管理。

3.4 有权对乙方项目安全管理体系的建立运行、安全生产规章制度落实和安全措施执行情况进行检查，并要求乙方及时整改。

3.5 有权对乙方采购的安全防护用品的材质、使用情况进行监督检查。

3.6 有权审查乙方特种作业人员的资格，对无证上岗的，有权要求乙方立即辞退或调换岗位。

3.7 有权对违反安全生产法律法规、标准规章及甲方安全管理制度的行为纠正，必要时参照内部管理规定和与建设单位的合同约定收取乙方违约金或要求乙方停工整改。

4 乙方的权利和义务

4.1 遵守工程建设安全生产有关管理规定，严格按安全标准和经批准的工程安全技术措施、专项施工方案进行施工。对本单位分包工程施工过程的安全全面负责。负责建立健全项目安全生产保证体系，配备项目负责人和专职安全管理人员，随时接受甲方、当地政府、监理、建设等单位安全检查人员依法实施的监督检查，采取必要的措施，消除事故隐患。遵守施工现场安全生产管理制度和劳动纪律，服从甲方的安全生产管理。有权拒绝甲方的违章指挥和强令冒险作业。

由于乙方及乙方的劳务分包人、供应商等相关方导致生产安全事故的，由乙方承担全部责任并赔偿损失，甲方有权就事故造成的损失，向乙方索赔。

4.2　负责本单位从业人员的安全生产、文明施工管理，组织实施施工、操作人员入场前、定期和经常性的安全、文明施工教育培训、安全技术交底，并形成书面材料；保证操作人员具备必要的安全生产知识、熟悉有关的安全生产规章制度和安全操作规程、掌握本岗位的安全操作技能和紧急情况下的应急避险措施，并督促施工人员自觉遵守安全生产的各项规章制度。

应当书面告知本单位危险岗位人员的操作规程和违章操作的危害。

4.3　人员进场，必须及时如实向甲方填报进场人员的姓名、性别、年龄、工种、本工种工龄、家庭住址、身份证号、教育培训情况等信息。

严禁雇佣童工、未成年工、不适宜从事有关工种、身份不明的人员（如违法犯罪人员）及特殊工种超过 50 岁或非特殊工种超过 55 岁人员。乙方使用以上人员造成生产安全事故或产生其他法律后果的，由乙方承担全部责任。

4.4　保证所施工的分包工程安全生产所需资源的投入和有效使用，承担因安全投入不足产生的所有后果。根据所承担分部工程的特点，负责制定、报批和组织实施分包工程和区域的安全施工措施、专项施工方案，并针对分项工程和作业环境实际情况，对有关安全施工的技术要求向作业班组、作业人员做出详细说明。指导、督促作业人员严格按照安全技术要求和操作规程作业。

对属于危险性较大的分部分项工程专项施工方案，乙方在施工前必须经本单位技术负责人审核，报甲方履行审批程序。经总监理工程师审查同意、加盖执业印章后，方可组织施工。变更施工方案的，必须再次履行审批程序。施工前，专项施工方案的编制人或本单位项目技术负责人必须向全体管理人员和操作人员进行方案交底，并保存交底记录。

乙方在施工方案未经甲方和监理单位审批同意，擅自组织施工或变更施工方案的，乙方对导致的后果承担全部责任。

4.5　负责为本单位从业人员提供必要的个体劳动防护用品，并督促正确使用，及时制止违章行为。

4.6　向甲方申报自带进场机具设备的规格、型号、数量、安全状况等并负责安全使用，严禁机具设备"带病"运转。由于自带机具设备原因造成的生产安全事故，乙方承担全部责任。

严禁乙方人员操作使用非乙方的设备设施，确需使用的，应共同办理验收和移交手续，乙方人员擅自操作使用导致事故的，乙方承担全部责任。给甲方和相关方造成损失的，有权向乙方索赔。

乙方现场临时用电，必须执行 TN-S 系统和两级漏电保护，配备持证专业电工，所有用电必须从本单位配电箱引出，并对用电安全全面负责。

4.7 接受甲方的安全监督检查，对检查提出的问题和隐患，落实资源及时整改，不得以任何理由拒绝整改或设置障碍。

4.8 对本单位所使用的员工宿舍、食堂的安全负责。宿舍、食堂建筑必须符合安全要求，使用管理应符合现行行业标准《建设工程施工现场环境与卫生标准》JGJ 146—2013 的规定。对本单位员工在宿舍、食堂等生活区发生的事故承担全部责任。

4.9 接受甲方按照与建设单位的合同约定和比照内部管理规定，对违反安全生产管理规定行为进行处理，并承担由此产生的经济损失。

4.10 负责为本单位从业人员办理工伤保险、意外伤害保险，支付保险费、承担保险义务。

加强对本单位从业人员非工作期间的安全管理，并对非工作时间和施工现场以外发生的事故承担全部责任。

因不可抗力造成乙方人员伤亡和财产损失的由乙方负责，并承担全部费用。

4.11 对本单位施工人员所发生的生产安全事故，乙方应当按照规定立即报告，采取有效措施组织抢救伤者和财产，防止事故扩大。配合甲方等单位按照有关法律法规对事故进行调查处理，负责做好家属的安抚、事故善后处理工作，并承担全部责任。

5 其他约定

5.1 乙方拟派_____为本单位现场项目负责人，_____为现场安全负责人；承诺所派现场项目负责人、安全负责人持证上岗，为本单位职工，有正式任命文件，能到岗履职。未到岗履职的，按照甲方与建设单位的合同约定，甲方收取乙方的违约金，直至人员到岗或办理变更。

5.2 乙方入场前必须按照甲方管理制度要求办理入场手续，提交安全管理体系相关资料，并按照工程规模、复杂危险程度等缴纳____元（大写：_____），作为本工程实施过程中的安全风险金。

因乙方违反国家、地方及行业法律法规、标准规范规定，或未按照建设单位、监理单位及甲方管理要求施工，存在重大事故隐患可能造成事故的或已经发生事故的，甲方有权按照相关规定及与建设单位的合同约定，部分或全部扣除乙方安全风险金，不足部分乙方应补足。

5.3 乙方在施工过程中未出现违法、违规行为及未发生生产安全事故的，按甲方规定办理退场手续后，安全生产风险金予以退回。

6 协议的生效与终止

本协议书作为《工程分包合同》的附件，与《工程分包合同》同时生效、同时终止。

7 协议的份数及资料性附件

7.1 本协议书一式四份，甲、乙双方各执两份。

7.2 本协议书的附件

7.2.1 后附分包企业营业执照、资质证书、安全生产许可证的有效复印件（加盖单位公章）。

7.2.2 后附派驻现场项目负责人的法人委托书。

7.2.3 后附派驻现场项目负责人、专职安全管理人员的考核合格证书有效复印件（加盖单位公章）。

8 补充条款

甲　　　方：（公章）　　　　　　　　　　乙　　　方：（公章）

甲方法定代表人　　　　　　　　　　　　乙方法定代表人

（或委托代理人）：　　　　　　　　　　（或委托代理人）：

签订时间：　　年　　月　　日

配合安全生产管理协议（样本）

施工总承包单位（以下简称甲方）：

独立专业承包单位（以下简称乙方）：

为了进一步规范双方安全生产行为，明晰和落实各自安全生产责任，保障从业人员的生命健康和财产安全，确保施工安全、有序进行。依据《中华人民共和国安全生产法》《建设工程安全生产管理条例》等法律法规和相关要求，遵循平等、公平和诚实信用的原则，鉴于双方已与建设单位分别签订《工程承包合同》且在同一现场施工的基础上，特签订本协议。

1 项目概况

项目名称：

工程地址：

2 合同执行时间

自协议签订之日起至甲乙双方任何一方人员全部退出施工现场止。

3 责任范围

乙方所承担的工程项目范围内的所有从业人员的生命健康、文明施工、消防保卫、施工设施及环境等安全。

4 协议约定

4.1 甲乙双方对本合同范围内的安全生产、文明施工、消防工作全面负责。双方应坚持"安全第一、预防为主、综合治理"的方针，认真贯彻国家和地方有关安全生产的法律法规、标准和政策。建立健全安全生产责任制度和安全生产教育培训制度，制定安全生产规章制度和操作规程，保证本单位安全生产条件所需资金的投入和有效使用。

4.2 施工期间乙方派_____同志负责本工程的有关安全、文明施工、消防等工作；甲方指派_____同志负责本工程有关安全、文明施工、消防等工作。甲乙双方应经常沟通提醒，相互协助检查处理施工有关的安全、文明施工、消防保卫等工作，协调施工过程中可能出现的交叉作业。

任何一方施工可能危及对方人员及设施安全的，应告知对方可能造成的风险，并采取可靠的安全措施。

4.3 乙方在施工期间必须严格执行和遵守甲方有关安全生产、消防保卫、文明施工等管理的各项规定，严格按施工组织设计和有关要求进行施工。乙方对本单位的施工安全、消防保卫、文明施工工作全面负责，并对本单位人员和相关方的安全承担全部责任，给甲方及相关方造成损失的，权利方有权追偿。

4.4 施工前，双方应进行作业区域的移交并办理移交手续，乙方对接收区域的安全设施全面负责，任何人擅自拆除造成的后果，均由乙方承担全部责任。未经移交乙方人员擅自进入甲方施工区域的，造成一切损失由乙方全部承担。乙方人员应遵守甲方门卫制度，进出施工现场应服从甲方门卫管理，自觉出示相关证件接受检查。

4.5 双方需要使用对方临时设施或机械设备的，应经对方同意并办理移交借用手续。任何一方不得未经许可擅自使用，造成事故或损失的，由违约方承担全部责任。

4.6 乙方人员的防护用品由乙方配备并监督使用，乙方有责任确保施工现场相关人员正确佩戴安全防护用品。

4.7 乙方人员对现场脚手架、各类安全防护设施、安全标志及警示牌不得擅自拆除、更改，如确需拆除、更改的必须书面报经项目负责人同意并办理审批手续，采取可靠的安全措施后方可拆除。施工完毕，应及时恢复。

4.8 乙方在施工中应注意地下管线及架空线路的保护，如遇特殊情况，应及时与建设单位和有关部门联系，采取保护措施。

4.9 乙方在施工期间所使用的各种设备及工具等均由乙方自备，并负责机械设备的保管、保养及维修，并严格执行安全操作规程。在使用过程中造成的生产安全事故，由乙方负全部责任。

4.10 严禁乙方人员操作使用非乙方的设备设施，确需使用的，应共同办理验收和移交手续。乙方人员擅自操作使用导致事故或损失的，乙方承担全部责任；给甲方和相关方造成损失的，有权向乙方索赔。

4.11 乙方现场临时用电，必须执行 TN-S 系统和两级漏电保护，配备持证专业电工，所有用电必须从本单位配电箱引出，并对用电安全全面负责。

4.12 乙方特种作业人员必须经考核合格后持证上岗。中、小型机械操作人员必须按规定做到"定机定人"并持证上岗；起重吊装作业人员必须严守"十不吊"规定，严禁违章操作，严禁不懂电气、机械设备的人员擅自操作使用电气、机械设备。

4.13 乙方对本单位所使用的员工宿舍、食堂的安全负责。宿舍、食堂建筑必须符合安全要求，使用管理应符合现行行业标准《建设工程施工现场环境与卫生标准》JGJ 146—2013 的规定。对本单位员工在宿舍、食堂等生活区发生的事故承担全部责任。

4.14 乙方负责为本单位的从业人员办理工伤保险和意外伤害保险，支付保险费、承担保险义务。加强对本单位从业人员非工作期间的安全管理，并对非工作时间和施工现场以外发生的事故承担全部责任和费用。因不可抗力、意外事件造成乙方人员或第三方人员伤亡和财产损失的由乙方全部负责，并承担全部责任和费用。

4.15 对本合同范围内的施工人员所发生的生产安全事故，乙方应当按照规定立即报告建设单位和有关部门，采取有效措施组织抢救伤者和财产，防止事故扩大。双方有协助对方组织事故抢险的义务，费用由责任方承担，因生产安全事故给对方造成损失的，权利方有索赔的权利。

5 其他未尽事宜

5.1 针对工程特点，编制应急救援预案，并定期组织演练。

5.2 为确保乙方能够认真贯彻国家安全生产相关法律、法规，严格落实项目经理部安全管理规章制度，积极履行安全生产责任，要求乙方缴纳安全风险金_____元（大写：_____）。

5.3 因乙方未按照建设单位、监理单位及甲方管理制度要求施工或导致不良后果的，甲方有权按照相关规定和约定，部分或全部扣除乙方安全风险金，不足部分甲方有权向乙方追偿。乙方在施工过程中未出现违法、违规行为及未发生生产安全事故，办理退场手续后，安全生产风险金予以退回。

5.4 本协议如有与国家和地方有关法律法规相抵触的，按国家和地方有关规定执行。

6 协议的份数及资料性附件

6.1 本协议经双方单位签字盖章有效，一式四份，甲乙双方各执两份。

6.2 本协议书的附件（由乙方提供，复印件应加盖单位公章）：

6.2.1 乙方企业的营业执照、资质证书、安全生产许可证复印件。

6.2.2 派驻现场负责人的法人委托书。

7 本协议自生效之日起，甲乙双方必须严格执行，由于违反本协议而造成损失的，由违约方承担一切经济损失和责任。

8 补充条款

甲　　方（公章）：　　　　　　　　　　乙　　方（公章）：

甲方法定代表人　　　　　　　　　　　　乙方法定代表人
（或委托代理人）：　　　　　　　　　　（或委托代理人）：

签订时间：　　年　月　日

劳务分包安全生产管理协议书（样本）

工程承包人（以下简称甲方）：

劳务分包人（以下简称乙方）：

为了进一步规范双方安全生产行为，明晰和落实各自安全生产责任，保障从业人员的生命健康和财产安全，确保施工安全、有序进行。依据《中华人民共和国安全生产法》《建设工程安全生产管理条例》等有关法律、法规，遵循平等、公平和诚实信用的原则，鉴于劳务分包人与工程承包人已经签订《劳务分包合同》，双方就施工安全管理协商达成一致，订立本协议。

1　劳务分包人基本情况

营业执照号码：　　　　　　　　　有效期止：

资质证书号码：　　　　　　　　　有效期止：

安全生产许可证号码：　　　　　　有效期止：

2　责任范围

乙方所承担的工程项目范围内的所有从业人员的生命健康、文明施工、消防保卫、施工设施及环境等安全。

3　甲方权利和义务

3.1　负责向乙方进行施工前安全教育、安全技术交底和施工过程中的安全监督检查。

3.2　负责制定和报批安全生产技术措施、专项施工方案并督促相关方实施。

3.3　有权对特种作业人员的资格进行审查，发现无证人员上岗的，有权要求乙方立即辞退或调换岗位。

3.4　有权对乙方采购的安全防护用品的材质、使用情况进行监督检查。

3.5　负责提供安全防护所需的材料、设备和安全标牌等。

3.6　负责各种机械设备、施工机具和施工用电的安全管理，组织相关方对设备、机具和临时用电进行验收，办理移交手续。

3.7　负责协调同一施工现场乙方与其他分包单位的安全生产管理。

3.8　有权对违反安全生产法律法规、标准规章及甲方安全管理制度的行为纠正，参照内部管理规定收取违约金或要求乙方停工整改。

4　乙方权利和义务

4.1　遵守工程建设安全生产有关管理规定，严格按安全标准和经批准的工程安全技术措施、专项施工方案进行施工，并随时接受甲方、当地政府、监理、建设等单位安全检查人员依法实施的监督检查，采取必要的措施，消除事故隐患。

遵守施工现场安全生产管理制度和劳动纪律，服从甲方的安全生产管理。由于乙方导致生产安全事故的，由乙方承担全部责任，甲方有权就事故造成的损失，向乙方索赔。

4.2 人员进场，必须及时如实向甲方填报进场人员的姓名、性别、年龄、工种、本工种工龄、家庭住址、身份证号、教育培训情况等信息。

严禁雇佣童工、未成年工、不适宜从事有关工种、身份不明的人员（如违法犯罪人员）及特殊工种超过 50 岁或非特殊工种超过 55 岁人员。乙方使用以上人员造成生产安全事故或产生其他法律后果的，由乙方承担全部责任。

4.3 施工、操作人员在施工前，必须接受甲方组织的入场安全、文明施工、消防保卫等教育和施工前的安全技术交底，并建立健全安全教育培训档案；未经安全教育培训或安全考核不合格的人员不得安排上岗。

操作人员应当取得"职业资格证"，特种作业人员还必须持有"特种作业操作资格证"，无证人员严禁安排上岗操作。安排未经安全教育培训或安全考核不合格、不具备相应资格的人员上岗导致生产安全事故的，乙方承担全部责任。

4.4 负责本单位从业人员的安全生产、文明施工、消防保卫等管理，组织实施施工、操作人员入场前、定期和经常性的安全、文明施工、消防保卫等教育培训；保证操作人员具备必要的安全生产知识、熟悉有关的安全生产规章制度和安全操作规程、掌握本岗位的安全操作技能和紧急情况下的应急避险措施，并督促施工人员自觉遵守安全生产的各项规章制度。

应当书面告知本单位危险岗位人员的操作规程和违章操作的危害。

实行施工现场义务安全监督员制度，每 15 名作业人员中应确定 1 名义务安全监督员，负责本班组安全生产管理，督促班组开展班前安全活动，并定期向甲方报送班组安全活动记录。

4.5 负责落实甲方安全技术交底和安全技术措施、专项施工方案的各项措施，并针对分项工程和作业环境实际，对有关安全施工的技术要求向作业班组、作业人员做出详细说明。指导、督促作业人员严格按照安全技术要求和操作规程作业。

严禁安排操作人员带病上岗和连续加班。对本单位人员在工作中伤亡或患职业病、突发疾病死亡或上下班途中发生交通事故的，乙方承担其劳动保险和工伤保险待遇。

4.6 负责为本单位从业人员提供必要的个体劳动防护用品，并督促正确使用，及时制止违章行为。

4.7 向甲方申报自带机具的规格、型号、数量、安全状况等并负责安全使用，严禁机具"带病"运转。由于自带机具原因造成的生产安全事故，乙方承担全部责任。

4.8 接受甲方的安全监督检查，对检查提出的问题和隐患，落实人力资源及时整改，不得以任何理由拒绝整改或设置障碍。

4.9 有权拒绝甲方的违章指挥和强令冒险作业；发现直接危及人身安全的紧急情况时，有权停止作业或者在采取可能的应急措施后撤离作业场所，并立即通知甲方现场负责人采取应急措施。

4.10　对本单位所使用的员工宿舍、食堂的安全负责。宿舍、食堂建筑必须符合安全要求,使用管理应符合现行行业标准《建设工程施工现场环境与卫生标准》JGJ 146—2013 的规定。对本单位员工在宿舍、食堂等生活区发生的事故承担全部责任。

4.11　接受甲方参照内部管理规定,对违反安全生产管理规定行为收取违约金,并承担由此产生的经济损失。

4.12　负责为本单位从事危险作业(如架子工、木工等)的人员办理意外伤害保险,支付保险费。

加强对本单位人员非工作期间的安全管理,并对非工作时间和施工现场以外发生的事故承担全部责任。

因不可抗力造成乙方人员伤亡的由乙方负责,并承担全部费用。

4.13　对本单位施工、操作人员所发生的生产安全事故,乙方应当按照规定立即报告甲方和有关部门,采取有效措施组织抢救伤者和财产,防止事故扩大。配合甲方等单位按照有关法律法规对事故进行调查处理,负责做好家属的安抚、事故善后处理工作,并承担全部责任。

5　协议的生效与终止

本协议书作为《劳务分包合同》的附件,与《劳务分包合同》同时生效、同时终止。

6　协议的份数及资料性附件

6.1　本协议书一式四份,甲、乙双方各执两份。

6.2　本协议书的附件(加盖单位公章):

6.2.1　劳务企业的营业执照、资质证书、安全生产许可证有效复印件。

6.2.2　劳务企业项目负责人的法人委托书。

7　补充条款

甲　　　方(公章):　　　　　　　　　乙　　　方(公章):

甲方法定代表人　　　　　　　　　　　乙方法定代表人
(或委托代理人):　　　　　　　　　　(或委托代理人):

签订时间:　　　年　月　日

施工现场临时用电安全管理协议书（样本）

总包单位（以下简称甲方）：

分包（配合）单位（以下简称乙方）：

为了规范施工现场临时用电安全管理，防止触电事故发生，依据《中华人民共和国安全生产法》《建设工程安全生产管理条例》《建筑与市政工程施工现场临时用电安全技术标准》JGJ/T 46—2024、《建筑施工安全检查标准》JGJ 59—2011 等有关规定，鉴于双方在同一施工现场、使用同一供电系统，遵循"平等、公平、诚实信用"的原则签订本协议。双方应当按照各自职责，对建设工程临时用电进行配置、管理和维护，严格履行本协议书规定的权利、责任和义务，保障施工现场临时用电安全。

1 甲方的权利和义务

1.1 贯彻落实国家和地方用电安全管理的有关规定。负责对施工现场临时用电进行全面监督、管理，并对施工现场临时用电进行安全检查和指导。

1.2 审阅乙方临时用电申请，并把乙方临时用电安全技术措施和电气防火措施进行备案。

1.3 负责向乙方提供施工电源，办理交接验收手续，并对乙方的使用情况进行监督检查。

1.4 配备持有特种作业资格证书的专业电工，负责施工现场临时用电设施的配置和维护。

1.5 按照有关临时用电标准对乙方的临时用电设备、设施进行监督和检查。发现乙方在临时用电中存在隐患的，有权做出暂停供电和责成整改的指令。

1.6 有权收集乙方特种作业人员的花名册、操作资格证及培训记录。

2 乙方的权利和义务

2.1 严格执行国家和地方及甲方有关临时用电管理的技术规范、安全操作规程和管理制度，对施工区域内自行管辖的临时用电设施设备及线路负全面管理责任。

2.2 接设电源前，应向甲方提供书面的临时用电申请，并按照甲方指定的电源接设配电设施和设备。设备设施需要增容时，必须重新办理用电申请手续。乙方对私自接设电源导致的后果承担全部责任。

2.3 保证管辖区域内各种用电设备、设施完好，临时用电设施和器材必须使用正规厂家的合格产品，严禁使用假冒伪劣等不合格产品。加强维护保养工作，严禁各种机电设备带病运行。保证临时用电符合有关用电安全标准。

2.4 执行临时用电安全技术交底制度，对施工区域内自行管辖的操作人员进行临时用电安全技术交底，严禁违章指挥、违章操作，确保用电安全。

2.5 在使用甲方提供的临时电源时，对不符合临时用电标准的电源，有权向甲方提出整改要求。有权拒绝在不符合临时用电标准的电源上接拉电源。对甲方在安全检查中提出的关于临时用电方面存在的问题或隐患，必须按要求认真落实整改。

2.6 必须配备持有电工特种作业人员操作资格证的专业电工，负责施工现场用电设施和设备的配置及维护。对电工、电焊工应进行上岗前的职业技能、安全生产等方面的教育培训和安全技术交底，并向甲方提供特种作业人员花名册、操作资格证的有效复印件和培训记录。乙方对人员违章操作、无证上岗导致的触电事故负全面责任。

2.7 因乙方不服从甲方管理或违反上述协议约定，导致现场发生触电事故的，由乙方全面负责，给甲方造成损失的，甲方有权向乙方追偿。

3 协议的生效与终止

本协议自签字之日生效，乙方承包工程施工完成、人员全部撤离施工现场终止。

4 本协议一式两份，甲、乙双方各执一份。

5 补充条款

甲　　方（公章）：　　　　　　　　　　　乙　　方（公章）：

甲方法定代表人　　　　　　　　　　　　　乙方法定代表人
（或委托代理人）：　　　　　　　　　　　（或委托代理人）：

签订时间：　　　年　月　日

作界面（区域）移交单（样本）

编号：＿＿＿＿＿＿＿＿

工程名称		建设单位	
移交单位（甲方）		监理单位	
接收单位（乙方）		交接日期	

本次移交工作界面（区域）范围描述：

移交验收意见：

　　经现场检查验收，本次移交区域的安全防护设施完善，接收单位同意接收，并负责移交后的检查和维护。

移交单位（盖章）： 项目负责人（签字）： 　　　　日期：　年　月　日	接收单位（盖章）： 项目负责人（签字）： 　　　　日期：　年　月　日
监理单位（盖章）： 监理工程师（签字）： 　　　　日期：　年　月　日	建设单位（盖章）： 现场负责人（签字）： 　　　　日期：　年　月　日

备注：1. 乙方进场施工前，应履行工作界面及安全防护设施移交手续，明确甲乙双方的安全责任，并经监理单位、建设单位共同验收移交后方可施工，否则私自进场施工造成的任何损失都由乙方承担。

2. 乙方接受工作界面及安全防护设施移交后，对工作范围内的安全生产、文明施工、消防保卫等全面负责。

3. 建设、监理单位负责现场移交的协调工作，有权对工作界面内的安全生产、文明施工、消防保卫等工作进行监督检查，提出整改要求，乙方必须立即采取有效的整改措施并上报监理单位和建设单位，否则承担因此造成的全部损失和责任。

分包单位安全风险告知书（样本）

编号：＿＿＿＿＿＿＿＿：

你单位在我项目部即将从事＿＿＿＿＿＿＿＿工作，为了使您更好地了解该项工作中所存在的安全风险及正确的防范措施、应急处置措施等，特编写本安全风险告知书，请您认真阅知，如您有困难和疑惑，请及时向我们专职安全员和工程技术人员提出，他们将会向您耐心讲解。如您确定已清楚了解所从事工作的安全风险后，请在下方签上您的姓名并盖上手印。

一、存在的危险源及防范措施（以高处作业吊篮为例）

危险源及防范措施（以高处作业吊篮为例）

序号	部位或名称	危险源	潜在事故	防范措施
1	施工方案	未编制专项施工方案或未对吊篮支架支撑处结构的承载力进行验算；专项施工方案未按规定审核、审批	吊篮坠落物体打击高处坠落触电等	编制专项施工方案及对吊篮支架支撑处结构的承载力进行验算；专项施工方案按规定审核、审批
2	安全装置	未安装防坠安全锁或安全锁失灵；防坠安全锁超过标定期限仍在使用；未设置挂设安全带专用安全绳及安全锁扣或安全绳未固定在建筑物可靠位置；吊篮未安装限位装置或限位装置失灵	吊篮坠落	安装防坠安全锁且安全锁灵敏；超过标定期限防坠安全锁禁止使用；设置挂设安全带专用安全绳及安全锁扣且安全绳固定在建筑物可靠位置；吊篮安装限位装置且限位装置灵敏
3	悬挂机构	悬挂机构前支架支撑在建筑物女儿墙上或挑檐边缘；前梁外伸长度不符合产品说明书规定；前支架与支撑面不垂直或脚轮受力；上支架未固定在前支架调节杆与悬挑梁连接的节点处；使用破损的配重块或采用其他替代物；配重块未固定或重量不符合设计规定	吊篮坠落	严禁悬挂机构前支架支撑在建筑物女儿墙上或挑檐边缘；前梁外伸长度应符合产品说明书规定；前支架与支撑面应垂直，脚轮不准受力；上支架应固定在前支架调节杆与悬挑梁连接的节点处；严禁使用破损的配重块或采用其他替代物；配重块应固定且重量符合设计规定
4	钢丝绳	钢丝绳有断丝、松股、硬弯、锈蚀或有油污附着物；安全钢丝绳规格、型号与工作钢丝绳不相同或未独立悬挂；安全钢丝绳不悬垂；电焊作业时未对钢丝绳采取保护措施	吊篮坠落	及时切断断丝、松股、硬弯、锈蚀或有油污附着物的钢丝绳进行保养，严重的报废处理；安全钢丝绳规格、型号与工作钢丝绳应相同且独立悬挂；安全钢丝绳应悬垂；电焊作业时应对钢丝绳采取保护措施
5	安装作业	吊篮平台组装长度不符合产品说明书和规范要求；吊篮组装的构配件不是同一生产厂家的产品	吊篮坠落	吊篮平台组装长度符合产品说明书和规范要求；吊篮组装的构配件应使用同一生产厂家的产品
6	升降作业	操作升降人员未经培训合格；吊篮内作业人员数量超过 2 人；吊篮内作业人员未将安全带用安全锁扣挂置在独立设置的专用安全绳上；作业人员未从地面进出吊篮	物体打击高处坠落	操作升降人员须经培训合格；吊篮内作业人员数量不准超过 2 人；吊篮内作业人员应将安全带用安全锁扣挂置在独立设置的专用安全绳上；作业人员应从地面进出吊篮
7	交底与验收	未履行验收程序，验收表未经责任人签字确认；验收内容未进行量化；每天班前班后未进行检查；吊篮安装使用前未进行交底或交底未留有文字记录	吊篮坠落高处坠落物体打击	履行验收程序，验收表经责任人签字确认；验收内容进行量化；每天班前班后应进行检查；吊篮安装使用前应进行交底，交底有文字记录
8	安全防护	吊篮平台周边的防护栏杆或挡脚板的设置不符合规范要求；多层或立体交叉作业未设置防护顶板	物体打击高处坠落	吊篮平台周边的防护栏杆或挡脚板的设置应符合规范要求；多层或立体交叉作业应设置防护顶板
9	吊篮稳定	吊篮作业未采取防摆动措施；吊篮钢丝绳不垂直或吊篮距建筑物空隙过大	物体打击高处坠落	吊篮作业应采取防摆动措施；吊篮钢丝绳应垂直，吊篮距建筑物空隙不准过大

序号	部位或名称	危险源	潜在事故	防范措施
10	荷载	施工荷载超过设计规定；荷载堆放不均匀	吊篮坠落	施工荷载在设计规定范围内，荷载堆放均匀
11	安全带	高空作业未系安全带；安全带系挂不符合要求；安全带不符合标准；坐在脚手架防护栏杆上休息和在脚手架上睡觉；不按规定设置安全绳	高处坠落	高空作业必须系安全带；安全带应高挂低用；不准坐在脚手架防护栏杆上休息和在脚手架上睡觉；使用符合标准的安全带；按规定设置安全绳
12	架空输电线	在架空输电线路下面工作未停电；不能停电时，也未采用隔离防护措施；与架空输电线路的最近距离不符合规定	触电	在架空输电线路下面工作应停电，不能停电时，应有隔离防护措施；与架空输电线路的最近距离应符合规定
13	吸烟	作业时随意吸烟，乱扔烟蒂	火灾	不吸游烟，不乱扔烟蒂，在指定的吸烟点吸烟

二、高处作业吊篮安全措施（以高处作业吊篮为例）

1. 吊篮操作工，必须经建设行业主管部门培训合格，且持证上岗。无操作上岗证的人员，严禁操作吊篮。

2. 进入吊篮，必须戴好安全帽、安全带、钩牢保险钩。

3. 吊篮操作工和上篮人员，应严格遵守吊篮"使用说明书"和"安全技术规定"。

4. 上吊篮人员必须身体健康，无高血压、贫血病、心脏病、癫痫病和其他不适宜高空作业的疾病，严禁酒后操作，禁止在吊篮内玩笑戏闹。

5. 每班第一次升降吊篮前，必须先检查电源、钢丝绳、屋面悬臂架，检查悬臂架压铁是否符合要求，检查安全锁和升降电机是否完好。

6. 吊篮升降范围内，必须清除外墙面的障碍物。

7. 严禁将吊篮作为运输材料和人员的"电梯"使用，严格控制吊篮内的荷载。

吊篮内荷载

项目	长度7.5m及7.5m以下的吊篮		长度10m吊篮	
	指标			
	一般	悬臂最大限值时	一般	悬臂最大限值时
额定载荷（kg）	800	400	500	250
悬臂长度（m）	1.3～1.5	2.0	1.3～1.5	2.0

8. 上篮作业人员必须在上、下午离开吊篮前，对安全锁、升降机及钢丝绳等玷污的水泥浆等杂物垃圾作一次清除，以确保机械的安全可靠性。

9. 上吊篮人员在操作前必须做到下列几点：①检查电源线连接点，观察指示灯；②按启动按钮，检查平台是否处于水平；③检查限位开关；④检查提升器与平台的连接处；⑤检查安全绳与安全锁连接是否可靠，动作是否正常。

10. 每天下班停用吊篮，应将吊篮下降到二层楼窗厅口，并用拉杆将吊篮拉牢在建筑物窗洞口上，不使吊篮随风飘动。

三、项目部重点控制内容（以高处作业吊篮为例）

1. 对作业人员加强安全教育，增强作业人员的自我保护意识；吊篮操作人员必须经过培训合格后方可上岗，吊篮必须由专人按照操作规程谨慎操作；施工人员必须在地面进出吊篮，严禁在空中进出吊篮。

2. 悬吊平台应设有靠墙轮或导向装置或缓冲装置。

3. 高处作业人员必须按照要求佩戴安全防护用品；有高处作业禁忌症的人员严禁从事高空作业。

4. 吊篮在安装过程中，严格按照吊篮说明书的相关要求进行安装。吊篮安全绳的强度和材料必须符合规范要求，转角部位按照要求做好保护措施。

5. 安全锁在安装前必须检测合格，且必须保证安全锁齐全、有效、动作灵敏。

6. 钢丝绳的直径、绳卡数量、间距、方向严格按照说明书上的相关要求执行，严禁将吊篮钢丝绳作电焊机的接地线使用。

四、潜在突发安全事故及应急措施（以高处作业吊篮为例）

潜在突发安全事故及应急措施（以高处作业吊篮为例）

序号	安全事故描述	应急措施	常备物品
1	高处坠落	（1）迅速将伤员脱离危险场地，移至安全地带。（2）保持呼吸道通畅，若发现窒息者，应及时解除其呼吸道梗塞和呼吸机能障碍，立即解开伤员衣领，消除伤员口鼻、咽、喉部的异物、血块、分泌物、呕吐物等。（3）有效止血，包扎伤口。（4）视其伤情采报警直接送往医院，或待简单处理后去医院检查。（5）伤员有骨折、关节伤、肢体挤压伤、大块软组织伤，都要固定。（6）若伤员有断肢情况发生，应尽量用干净的干布（灭菌敷料）包裹装入塑料袋内，随伤员一起转送。（7）预防感染、止痛，可以给伤员用抗生素和止痛剂。（8）记录伤情，现场救护人员应边抢救边记录伤员的受伤部位、受伤程度等第一手资料。（9）立即拨打120向当地急救中心取得联系（医院在附近的直接送往医院），应详细说明事故地点、严重程度、本部门的联系电话，并派人到路口接应。（10）项目部接到报告后，应立即在第一时间赶赴现场，了解和掌握事故情况，开展抢救和维护现场秩序，保护事故现场	消毒用品、急救用品（绷带、无菌敷料）及各种常用小夹板、担架或床（木）板、止血带、氧气袋
2	物体打击	（1）抢救重点放在对伤者颅脑损伤、胸部骨折和出血部位的处理上。（2）首先观察伤者的受伤情况、部位、伤害性质，如伤员发生休克，应先处理休克。（3）遇呼吸、心跳停止者，应立即进行人工呼吸，胸外心脏按压。（4）处于休克状态的伤员要让其安静、保暖、平卧、少动，并将下肢抬高约20°左右，尽快送医院进行抢救治疗。（5）出现颅脑损伤，必须维持伤者呼吸道通畅。（6）昏迷者应平卧，面部转向一侧，以防舌根下坠或分泌物、呕吐物吸入，发生喉阻塞。（7）有骨折者，应初步固定后再搬运。（8）遇有凹陷骨折、严重的颅底骨折及严重的脑损伤症状出现，创伤处用消毒的纱布或清洁布等覆盖伤口，用绷带或布条包扎后，及时送就近有条件的医院治疗	消毒用品、急救用品（绷带、无菌敷料）及各种常用小夹板、担架或床（木）板、止血带、氧气袋
3	吊篮坠落	（1）事故发生后应立即报告项目部。（2）挖掘被掩埋伤员及时脱离危险区。（3）清除伤员口、鼻内泥块、凝血块、呕吐物等，将昏迷伤员舌头拉出，以防窒息。（4）进行简易包扎、止血或简易骨折固定。（5）对呼吸、心跳停止的伤员予以心脏复苏。（6）尽快与120急救中心取得联系，详细说明事故地点、严重程度，并派人到路口接应。（7）组织人员尽快解除重物压迫，减少伤员挤压综合征的发生，并将其转移至安全地方。（8）若有骨折时应及时用夹板或简易固定后立即送医院。（9）现场负责人应根据实际情况研究补救措施，在确保人员生命安全的前提下，组织恢复正常施工秩序。（10）现场安全员应对吊篮坠落事故进行原因分析，制定相应的整改措施，认真填写伤亡事故报告表、事故调查等有关处理报告，并上报公司	消毒用品、急救用品（绷带、无菌敷料）、干净毛巾及各种常用小夹板、担架或床（木）板、止血带、氧气袋

序号	安全事故描述	应急措施	常备物品
4	触电	（1）现场人员应当机立断地脱离电源，尽可能立即切断电源（关闭电路），亦可用现场得到的绝缘材料等器材使触电人员脱离带电体。（2）将伤员立即脱离危险地方，组织人员进行抢救。（3）若发现触电者呼吸或呼吸心跳均停止，则将伤员仰卧在平地上或平板上，立即进行人工呼吸或同时进行体外心脏按压。（4）立即拨打120向当地急救中心取得联系（医院在附近的直接送往医院），应详细说明事故地点、严重程度、本部门的联系电话，并派人到路口接应。（5）立即向所属公司领导汇报事故发生情况并寻求支持。（6）维护现场秩序，严密保护事故现场	消毒用品、急救用品（绷带、无菌敷料）及各种常用小夹板、绝缘棒、担架或床（木）板、止血带、氧气袋
5	火灾	（1）发现人员应大声呼叫，并立即拨打现场负责人电话及"119"火警电话。（2）断绝可燃物，将燃烧点附近可能成为火势蔓延的可燃物移走。（3）切断流向燃烧点的可燃气体和液体的源头。（4）使用灭火器、水桶等工具进行扑救。（5）如火势威胁到电气线路、电气设备，或电气影响灭火人员安全时，首先要切断电源	灭火器、毛巾、逃生绳、烫伤药

五、从业人员的权利和义务

1. 享有的权利

（1）人身伤害索赔权；

（2）危害因素和应急措施的知情权；

（3）安全管理的批评、检举、控告权；

（4）拒绝违章指挥和强令冒险权；

（5）危险情况下的停止作业和紧急撤离权；

（6）获得符合国家标准和行业标准的劳动防护用品权；

（7）获得安全生产教育和培训的权利；

（8）对本单位安全生产工作的建议权。

2. 应遵守的义务

（1）自律遵规的义务，即从业人员在作业过程中，应当遵守本单位的安全生产规章制度和操作规则，服从管理，正确佩戴和使用劳动防护用品。

（2）自觉学习安全生产知识的义务，要求掌握本职工作所需要的安全生产知识，提高安全生产技能，增强事故预防和应急处理能力。

（3）危害义务报告，即发生事故隐患或者其他不安全因素时，应当立即向现场安全生产管理人员或者本单位负责人报告。

本单位已清楚了解所从事工作的安全风险，愿意承担此风险，在工作中严格遵守及落实相关措施，做好本单位施工人员安全教育和交底，确保施工安全。

告知人（签名）：　　　　　　　　　　　　　被告知人（签名）：

日期：　　年　月　日

分包单位日常安全检查整改记录（样本）

工程名称		专业工程	
总包单位		分包单位	
检查人员			

安全检查记录及发现的问题：

　　检查负责人：　　　　　　　　　　　　　　　　　　　　　分包项目负责人：

　　　　　　　　　　　　　　　　　　　　　　　　　　　　　检查日期：

检查发现问题的整改回复：

　　分包项目负责人：　　　　　　　　　　　　　　　　　　　日期：

复查记录：

　　复查负责人：　　　　　　　　　　　　　　　　　　　　　复查日期：

应急救援预案演练记录（样本）

演习时间		演习项目	
演习地点		演习负责人	
参加人员			
所用材料 物资情况			
演习内容：			
效果评价：			
演练组织部门：	负责人：	日期：	

第4章

特种作业人员管理

4.1 特种作业人员管理概述

《中华人民共和国安全生产法》第三十条规定，生产经营单位的特种作业人员必须按照国家有关规定经专门的安全作业培训，取得相应资格，方可上岗作业。特种作业人员的范围由国务院应急管理部门会同国务院有关部门确定。

特种作业，是指容易发生事故，对操作者本人、他人的安全健康及设备、设施的安全可能造成重大危害的作业。特种作业人员的资格是安全准入类，属于行政许可范畴，由主管的负有安全生产监督管理职责的部门实施特种作业人员的考核发证工作，未经培训和考核合格，不得上岗作业。

特种作业人员管理涉及的规范及地方政府文件主要有：《建筑施工安全检查标准》JGJ 59—2011、《建筑施工特种作业人员管理规定》、《陕西省住房和城乡建设厅关于进一步加强建筑施工特种作业人员管理的通知》（陕建质发〔2018〕120号）、《特种作业人员安全技术培训考核管理规定》（国家安全生产监督管理总局令第30号）。

《建筑施工特种作业人员管理规定》规定建筑施工特种作业包括：

（1）建筑电工；

（2）建筑架子工；

（3）建筑起重信号司索工；

（4）建筑起重机械司机；

（5）建筑起重机械安装拆卸工；

（6）高处作业吊篮安装拆卸工；

（7）经省级以上人民政府建设主管部门认定的其他特种作业。

《陕西省住房和城乡建设厅关于进一步加强建筑施工特种作业人员管理的通知》（陕建质发〔2018〕120号）对陕西省建筑施工特种作业人员范围做了明确规定，具体包括：

（1）建筑电工：在建筑工程施工现场从事临时用电作业；

（2）建筑架子工（普通脚手架）：在建筑工程施工现场从事落地式脚手架、悬挑式脚手架、模板支架、外电防护架、卸料平台、洞口临边防护等登高架设、维护、拆除作业；

（3）建筑架子工（附着升降脚手架）：在建筑工程施工现场从事附着式升降脚手架的安装、升降、维护和拆卸作业；

（4）建筑起重司索信号工：在建筑工程施工现场从事对起吊物体进行绑扎、挂钩等司索作业和起重指挥作业；

（5）建筑起重机械司机（塔式起重机）：在建筑工程施工现场从事固定式、轨道式和内爬升式塔式起重机的驾驶操作；

（6）建筑起重机械司机（施工升降机）：在建筑工程施工现场从事施工升降机的驾驶操作；

（7）建筑起重机械司机（物料提升机）：在建筑工程施工现场从事物料提升机的驾驶操作；

（8）建筑起重机械安装拆卸工（塔式起重机）：在建筑工程施工现场从事固定式、轨道式和内爬升式塔式起重机的安装、附着、顶升和拆卸作业；

（9）建筑起重机械安装拆卸工（施工升降机）：在建筑工程施工现场从事施工升降机的安装和拆卸作业；

（10）建筑起重机械安装拆卸工（物料提升机）：在建筑工程施工现场从事物料提升机的安装和拆卸作业；

（11）高处作业吊篮安装拆卸工：在建筑工程施工现场从事高处作业吊篮的安装和拆卸作业。

4.2 特种作业人员管理资料清单

（1）项目特种作业人员进出场台账。

（2）特种作业人员操作资格证。

（3）特种作业人员体检表。

（4）特种作业人员安全教育记录及考核。

（5）特种作业人员安全技术交底。

（6）特种作业人员专项培训记录。

4.3 特种作业人员管理资料填写说明

特种作业人员证件根据发证部门不同可分为为两种：一种是住房和城乡建设厅证件，一种是应急厅证件，项目在证件选用时建议以建设行政主管部门证件为主。对于陕西省住房和城乡建设厅颁发的 11 类特种作业人员证件，可通过陕西省住房和城乡建设厅官方网站进行查询，也可通过全国工程质量安全监管信息平台进行查询；对于应急厅颁发的其他类特种作业人员证件，可通过全国工程质量安全监管信息平台查询，也可通过应急厅官网进行查询（备注：证件查询切不可通过微信扫描二维码的形式进行）。对于像电焊工、叉车司机等特种作业人员，住房和城乡建设部及陕西省住房和城乡建设厅没有做专门要求，但是《特种作业人员安全技术培训考核管理规定》（国家安全生产监督管理总局令第 30 号）有要求的，尽量按照要求特种作业人员管理。

　　特种作业人员管理资料总计 6 项内容，需单独建档并编号存放。特种作业人员证件涉及重大事故隐患，务必严格按照要求整理汇编，第 1 项特种作业人员台账相对固定，可按照不同工种汇总之后统一合并整编，一次装订成册，永久使用。2～6 项相关内容可以一人一档闭合，并按照不同的分包单位单独装订成册。

特种作业人员花名册（样本）

工程名称：＿＿＿＿＿＿＿＿＿＿＿＿＿＿＿＿＿　　　　　　　　　年　月　日

序号	姓名	年龄/性别	工种（职务）	证件编号	发证机关	发证时间	有效期截止时间	备注

特种作业人员档案卡（样本）

姓名		性别		年龄		工种		照片
工龄		首次培训时间				操作项目		
复审时间		操作证号				工作单位		

遵章守纪情况记录：

特种作业人员身份证复印件（粘贴）：	特种作业人员三级安全教育培训：

特种作业操作资格证复印件（粘贴）：	特种作业操作资格证查询记录（粘贴）：

建筑施工特种作业人员体检表（样本）

体检日期：　　年　月　日

			姓名		性别		出生年月		照片
			单位或住址				从事工种		
			身份证号码				本工种工龄		
			既往病史						
五官科	眼	裸眼视力	左：	矫正视力	左：	矫正度数：			医师意见（签字）
			右：		右：	矫正度数：			
		其他眼病			辨色力				
	耳	听力	左：　　　公尺		耳疾				
			右：　　　公尺						
	鼻	嗅觉	鼻及鼻密疾病						
外科	身长		公分	体重	公斤	皮肤			医师意见（签字）
	四肢			关节		平趾足			
内科	血压		mm 汞柱			心率	（次/分）		医师意见（签字）
	神经精神								
	肝					脾			

体检结论

负责医师签字：　　　　　　　　　体检医院：　　　　　（盖章）

说明	1. 有癫痫病、精神病、局血压、心脏病、突发性昏厥、眩晕症、听觉障碍和色盲者，不得从事特种作业操作；2. 起重机司机，起重司索、指挥作业人员双目裸眼视力均应不低于 0.7，无听觉障碍；3. 二级乙等以上医院体检合格方才生效

注：以医院体检表为准，此表仅为参考。但不得缺项漏项。

特种作业人员安全技术交底（样本）

单位工程名称		施工单位		日期	
施工部位		施工内容			
安全技术交底内容					
施工作业班组长签名		总承包单位专职安全、生产、技术管理人员签名			
作业人员签名					

特种作业人员专项培训记录（样本）

工程名称		特种作业班组	
培训人		人数	
地点		时间	
培训主题			

培训内容：

记录人：

第 5 章

安全风险分级管控及隐患排查治理

5.1　安全风险分级管控及隐患排查治理概述

《中华人民共和国安全生产法》第四十一条规定，生产经营单位应当建立安全风险分级管控制度，按照安全风险分级采取相应的管控措施。

生产经营单位应当建立健全并落实生产安全事故隐患排查治理制度，采取技术、管理措施，及时发现并消除事故隐患。事故隐患排查治理情况应当如实记录，并通过职工大会或者职工代表大会、信息公示栏等方式向从业人员通报。其中，重大事故隐患排查治理情况应当及时向负有安全生产监督管理职责的部门和职工大会或者职工代表大会报告。

县级以上地方各级人民政府负有安全生产监督管理职责的部门应当将重大事故隐患纳入相关信息系统，建立健全重大事故隐患治理督办制度，督促生产经营单位消除重大事故隐患。

生产安全事故隐患（以下简称"事故隐患"），是指生产经营单位违反安全生产法律、法规、规章、标准、规程和安全生产管理制度的规定，或者因其他因素在生产经营活动中存在可能导致事故发生的物的危险状态、人的不安全行为和管理上的缺陷。事故隐患是导致事故发生的主要根源之一。根据现行标准的规定，隐患主要有三个方面：人的不安全行为、物的不安全状态和管理上的缺陷。生产经营单位的事故隐患分为一般事故隐患和重大事故隐患，一般事故隐患，是指危害和整改难度较小，发现后能够立即整改排除的隐患。重大事故隐患，是指危害和整改难度较大，应当全部或者局部停产停业，并经过一定时间整改治理方能排除的隐患，或者因外部因素影响致使生产经营单位自身难以排除的隐患。

《中共中央　国务院关于推进安全生产领域改革发展的意见》要求，企业要定期开展风险评估和危害辨识。针对高危工艺、设备、物品、场所和岗位，建立分级管控制度，制定落实安全操作规程。树立隐患就是事故的观念，建立健全隐患排查治理制度、重大隐患治理情况向负有安全生产监督管理职责的部门和企业职代会双报告制度。为贯彻落实上述要求，此次修改增加了安全风险分级管控制度和重大事故隐患排查治理情况双报告制度。

负有安全生产监督管理职责的部门要建立与企业隐患排查治理系统联网的信息平台，完善线上线下配套监管制度。将事故隐患纳入相关信息系统，有利于建立健全重大事故隐

121

患治理督办制度，督促生产经营单位消除重大事故隐患。

5.2 安全风险分级管控及隐患排查治理资料清单

（1）安全风险分级管控和隐患排查治理制度。

（2）项目安全风险辨识分级管控台账。

（3）项目事故隐患排查治理台账。

（4）隐患整改通知单。

（5）隐患整改报告。

5.3 安全风险分级管控及隐患排查治理资料填写说明

5.3.1 安全风险分级管控和隐患排查治理制度

项目开工前，由项目负责人组织项目相关技术人员，进行项目危险源辨识和风险评价，形成风险分级管控清单，并将风险等级为Ⅰ、Ⅱ级风险报上级管理单位；施工过程中，项目经理部应根据风险管控清单采取管控措施，同时应建立隐患排查治理制度，及时排查和治理事故隐患，有效防范和遏制生产安全事故发生。

5.3.2 项目安全风险辨识分级管控台账

风险分级：项目结合工程特点、生产工艺和技术要求，从固有风险中识别出项目存在的风险危险源，并划分为四个等级：Ⅰ级（重大风险）、Ⅱ级（较大风险）、Ⅲ级（一般风险）和Ⅳ级（低风险），分别以红、橙、黄、蓝四种颜色标注。

项目经理部应当将Ⅰ、Ⅱ级风险危险源的风险管控措施或者管控方案在风险部位、岗位进行公示，公示内容主要包括风险点、风险类别、风险等级、管控措施和应急措施等。并将所有风险建立管控台账。

5.3.3 项目事故隐患排查治理

《施工企业安全生产管理规定》GB 50656—2011 第 15.0.3 条规定，施工企业安全检查的形式应包括各管理层的自查、互查以及对下级管理层的抽查等；安全检查的类型应包括日常巡查、专项检查、季节性检查、定期检查、不定期抽查等，并应符合下列要求：

（1）工程项目部每天应结合施工动态，实行安全巡查；

（2）总承包工程项目部应组织各分包单位每周进行安全检查；

（3）施工企业每月应对工程项目施工现场安全生产情况至少进行一次检查，并应针对检查中发现的倾向性问题、安全生产状况较差的工程项目，组织专项检查。

《陕西省安全生产条例》十六条规定，生产经营单位的安全生产管理人员应当根据本单位的生产经营特点，组织对生产工序、设备、生产经营场所等开展安全风险和危险源辨识、评估，进行日常安全生产巡查，定期进行专项安全生产排查，每月至少进行一次综合安全生产检查。

生产经营单位的安全生产管理人员在检查中发现重大事故隐患，依照前款规定向本单位有关负责人报告，有关负责人不及时处理的，安全生产管理人员可以向负有安全生产监督管理职责的主管部门报告，接到报告的部门应当依法及时处理。

生产经营单位的安全生产管理人员应当如实记录安全检查和问题处理情况，以及重大事故隐患跟踪治理情况。

项目部根据上级单位检查及自查出来的隐患建立项目事故隐患排查治理台账。

特种作业人员管理资料总计 5 项内容，需单独建档并编号存放。第 1 项安全风险分级管控和隐患排查治理制度为固定内容，一次收集整理完成之后不再变动，可一次装订成册，永久使用。第 2 项目安全风险辨识分级管控台账和第 3 项项目事故隐患排查治理台账需要单独收集，按月或者季度的变化进行汇总整编，方便查看。第 4 项隐患整改通知单及第 5 项整改报告需一一对应并按照周收集、月汇总进行整编装订。

安全风险分级管控公示牌（样本）

XXXX项目安全风险分级管控公示									
序号	风险分级				风险管控				
	风险区域	风险类别	风险等级（I级/II级）	可能导致事故	实施时间	管控措施	应急处置措施	责任人及联系方式	监督责任人及联系方式
10cm	20cm	20cm	20cm	24cm	10cm	40cm	40cm	22cm	22cm

备注：具体尺寸可根据现场情况进行调整，建议尺寸为 1200mm × 2400mm。

项目安全风险辨识分级管控台账（样本）

工程名称：_____

序号	分部分项 工程/部位	风险辨识	可能导致 事故类型	风险分级	风险标识	主要控制措施	管控 责任人

项目事故隐患排查治理台账（样本）

工程名称：_____

序号	隐患名称	隐患等级	隐患部位	排查时间	排查人	整改措施	整改责任人	复查时间	复查人	复查结果

事故隐患整改通知单（样本）

项目名称			分公司	
参建单位			检查时间	
工程概况				
单位工程数（个）		工程进度		
建筑面积				
项目经理		安全考核合格证编号	陕建安 B（　　）	

隐患描述（隐患等级、隐患名称、存在位置、不符合状况、治理措施要求、治理期限、治理责任人等）：

以上问题项目部必须在_____日内整改完成，并经_____复查验证后报检查组。

检查组组长签字：　　　　　　　　　　受检项目负责人签字：

检查人签字：　　　　　　　　　　　　项目专职安全员签字：

隐患整改报告（样本）

致_____检查组：

　　　年　月　日，检查组对我项目检查时提出的问题和隐患，项目部已进行了整改，现将整改情况反馈如下：（隐患照片及整改后照片等证明材料附后）

整改负责人：　　　　　项目负责人：　　　　　　　　　年　月　日

隐患复查情况：

复查人：　　　　　　　　　　　　　　　　　　　　　年　月　日

整改情况验证：

□ 隐患整改合格，确认销项。

□ 提出的问题第_____条延期至　　月　　日整改完成。

验证人签字：　　　　　　　　　　　　　　　　　　年　月　日

Ⅰ级、Ⅱ级固有安全风险提示性清单（样本）

基础管理类施工现场固有安全风险提示性清单

编号	风险类型	风险辨识	风险级别
1	法律法规方面		
1.1	安全生产许可	未依法取得安全生产许可证从事建筑施工活动	Ⅰ
1.2	资质等级	未依法取得相应等级的资质证书，并在其资质等级许可的范围内承揽工程	Ⅰ
1.3	工程分包	转包、违法分包	Ⅰ
1.4	安全生产管理机构	未按要求设立安全生产管理机构、配备专职安全生产管理人员、变动审批项目主要负责人，未明确安全生产职责	Ⅰ
1.5	建立安全制度	未按要求建立、健全各类安全生产管理制度	Ⅰ
1.6	安全生产费用	未按要求投入与使用安全生产费用	Ⅱ
1.7	事故应急救援	未按要求编制、定期演练、评估优化各类事故应急预案	Ⅰ
1.8	重大危险源	未按要求对重大危险源登记建档，进行定期检测、评估、监控等	Ⅰ
1.9	事故报告及处理	发生生产安全事故，未及时、如实汇报，未立即组织抢救	Ⅰ
1.10	安全生产责任保险	未按规定投保安全生产责任保险	Ⅰ
1.11	危大工程管理	未按规定建立危大工程管理档案	Ⅰ
1.12	特种作业人员	特种作业人员未取得相应资格证书上岗作业	Ⅱ
1.13	安全教育培训	上岗前，从业人员未进行安全生产教育和培训并考核合格	Ⅱ
1.14	防护用品配备	未按要求向作业人员提供安全防护用具、用品，未书面告知危险岗位操作规程和违章操作危害	Ⅰ
1.15	安全监督手续	未按规定办理起重机械、工程质量安全监督手续	Ⅱ
2	标准规范方面		
2.1	强制性条文	未按要求执行强制性标准条文	Ⅱ
2.2	专项施工方案	危险性较大的分部分项工程施工前未编制专项施工方案	Ⅰ
2.3		危险性较大的分部分项工程施工前未按规定审核、审批专项施工方案	Ⅱ
2.4		超过一定规模的危险性较大分部分项工程专项施工方案未组织论证或论证未通过	Ⅰ
3	个体行为方面		
3.1	带班生产	项目经理每月带班生产时间未达到80%	Ⅱ
3.2	交底	危大工程作业前未对管理人员、作业人员进行交底	Ⅱ
3.3	验收	未组织验收直接进入下道工序的	Ⅱ

现场设施类-房屋建筑工程施工现场固有安全风险提示性清单

编号	风险类型	风险辨识	风险级别
1	基坑工程		
1.1	基坑工程	开挖深度超过3m（含3m）的基坑（槽）的土方开挖、支护、降水工程	II
1.2		深度虽未超过3m，但地质条件、周围环境和地下管线复杂，或影响毗邻建（构）筑物安全的基坑（槽）的土方开挖、支护、降水工程	II
1.3		开挖深度超过5m（含5m）的基坑（槽）的土方开挖、支护、降水工程	I
1.4		深度虽未超过5m，但地质条件、周围环境和地下管线复杂，或影响毗邻建（构）筑物安全的基坑（槽）的土方开挖、支护、降水工程	I
2	模板工程		
2.1	混凝土模板支撑工程	搭设高度5m及以上，或搭设跨度10m及以上，或施工总荷载（荷载效应基本组合的设计值，以下简称设计值）10kN/m² 及以上，或集中线荷载（设计值）15kN/m 及以上，或高度大于支撑水平投影宽度且相对独立无联系构件的混凝土模板支撑工程	II
2.2		搭设高度8m及以上，或搭设跨度18m及以上，或施工总荷载（设计值）15kN/m² 及以上，或集中线荷载（设计值）20kN/m 及以上的混凝土模板支撑工程	I
2.3	工具式模板工程	包括滑模、爬模、飞模、隧道模等工程	I
2.4	承重支撑体系	用于钢结构安装等满堂支撑体系，承受单点集中荷载7kN及以上	I
3	脚手架工程		
3.1	落地式脚手架	搭设高度24m及以上的落地式钢管脚手架工程（包括采光井、电梯井脚手架）	II
3.2		搭设高度50m及以上的落地式钢管脚手架工程（包括采光井、电梯井脚手架）	I
3.3	悬挑式脚手架	悬挑高度20m以下的悬挑式脚手架工程（陕西15m以下）	II
3.4		分段架体搭设高度20m及以上的悬挑式脚手架工程（陕西15m以上）	I
3.5	附着升降式脚手架	附着升降式脚手架	I
3.6	门式脚手架	搭设高度超过6m的门式脚手架	II
3.7		搭设高度超过24m的门式脚手架	I
3.8	盘扣式脚手架	搭设高度24m及以上的盘扣式脚手架工程	II
3.9		搭设高度50m以上的盘扣式脚手架工程	I
3.10	异形脚手架	异形脚手架工程	II
4	高处作业		
4.1	高处作业	高度5m以上的移动式操作平台作业	II
4.2		高度15m以上的落地式操作平台作业	I
4.3		悬挑式操作平台作业	II
4.4		吊篮作业	II

编号	风险类型	风险辨识	风险级别
5	临时用电		
5.1	临时用电	用电设备 5 台或用电总容量 50kW 及以上	II
5.2		外电线路为裸线且在建工程（含脚手架）的周边与外电架空线路的边线距离小于最小安全操作距离	II
6	起重设备安拆及吊装工程		
6.1	起重设备安拆工程	塔式起重机安拆、顶升加节、附墙安装	II
6.2		施工升降机安拆、加节	II
6.3		物料提升机安拆	II
6.4	起重吊装工程	采用非常规起重设备、方法，且单件起吊重量在 10kN 及以上的起重吊装工程	II
6.5		采用非常规起重设备、方法，且单件起吊重量在 100kN 及以上的起重吊装工程	I
6.6		采用起重机械进行安装的工程	II
7	装饰工程		
7.1	幕墙工程	施工高度 50m 以下的建筑幕墙安装工程	II
7.2		施工高度 50m 及以上的建筑幕墙安装工程	I
7.3	油漆作业	油漆作业	II
8	钢结构工程		
8.1	钢结构工程	钢结构、网架结构、索膜结构的安装工程	II
8.2		跨度大于 36m 及以上的钢结构安装工程	I
8.3		跨度大于 60m 及以上的网架结构和索膜结构安装工程	I
9	消防工程		
9.1	消防工程	易燃易爆品	II
10	其他		
10.1	其他	拆除工程	I
10.2		地下顶管、暗挖工程	I
10.3		有限空间作业	I
10.4		重量 1000kN 及以上的大型结构整体顶升、平移、转体等施工工艺	I
10.5		水下作业工程	I
10.6		人工挖孔桩工程	II
10.7		开挖深度 16m 及以上的人工挖孔桩工程；或开挖深度不超过 16m，但地质条件复杂或存在有毒有害气体分布的人工挖孔桩工程	I
10.8		采用新技术、新工艺、新材料、新设备尚无技术标准的分部分项工程	I
10.9		厚度超过 2m 以上的基础筏板或其他钢筋骨架绑扎分部分项工程	II
10.10		高度超过 2m 以上的砖胎膜工程	II

现场设施类-市政公用工程施工现场固有安全风险提示性清单

编号	风险类型	风险辨识	风险级别
1	基坑与基础工程		
1.1	基坑工程	开挖深度超过3m（含3m）的基坑（槽）的土方开挖、支护、降水工程	II
1.2		深度虽未超过3m，但地质条件、周围环境和地下管线复杂，或影响毗邻建（构）筑物安全的基坑（槽）的土方开挖、支护、降水工程	II
1.3		开挖深度超过5m（含5m）的基坑（槽）的土方开挖、支护、降水工程	I
1.4		深度虽未超过5m，但地质条件、周围环境和地下管线复杂，或影响毗邻建（构）筑物安全的基坑（槽）的土方开挖、支护、降水工程	I
1.5	基础工程	沉井工程	II
1.6		人工挖孔桩工程	II
1.7		开挖深度16m及以上的人工挖孔桩工程；或开挖深度不超过16m，但地质条件复杂或存在有毒有害气体分布的人工挖孔桩工程	I
1.8		桩基础工程	II
1.9		明挖	II
1.10		暗挖/顶管工程	I
2	模板工程		
2.1	混凝土模板支撑工程	搭设高度5m及以上，或搭设跨度10m及以上，或施工总荷载10kN/m²及以上，或集中线荷载15kN/m及以上，或高度大于支撑水平投影宽度且相对独立无联系构件的混凝土模板支撑工程	II
2.2		搭设高度8m及以上，或搭设跨度18m及以上，或施工总荷载15kN/m²及以上，或集中线荷载20kN/m及以上的混凝土模板支撑工程	I
2.3	工具式模板工程	包括滑模、爬模、飞模、隧道模等工程	I
2.4	模板吊装	风速达到或超过15m/s时进行大模板吊装作业	I
2.5	承重支撑体系	用于钢结构安装等满堂支撑体系，承受单点集中荷载7kN及以上	I
2.6	悬臂施工挂篮	悬臂施工挂篮工程	I
3	脚手架工程		
3.1	落地式脚手架	搭设高度24m及以上的落地式钢管脚手架工程	II
3.2		搭设高度50m及以上的落地式钢管脚手架工程	I
3.3	悬挑式脚手架	悬挑高度20m以下的悬挑式脚手架工程（陕西15m以下）	II
3.4		分段架体搭设高度20m及以上的悬挑式脚手架工程（陕西15m以上）	I
3.5	附着升降脚手架	附着升降脚手架工程	I
3.6	盘扣式脚手架	搭设高度24m及以上的盘扣式脚手架工程	II
3.7		搭设高度50m以上的盘扣式脚手架工程	I
4	起重设备安拆及吊装工程		
4.1	塔式起重机	塔式起重机安拆、顶升加节、附墙安装	I

续表

编号	风险类型	风险辨识	风险级别
4.2	施工升降机	施工升降机安拆、加节	I
4.3	物料提升机	物料提升机安拆	I
4.4	起重吊装	采用非常规起重设备、方法，且单件起吊重量在 10kN 及以上的起重吊装工程	II
4.5		采用非常规起重设备、方法，且单件起吊重量在 100kN 及以上的起重吊装工程	I
4.6		采用起重机械进行安装的工程	II
4.7	架桥机	架桥机安装、使用、拆除	II
4.8		工作高度超过 10m、城市道桥单跨跨度大于 20m 或单根预制梁重量大于 600kN 的架桥机安装、使用、拆除	I
5	盾构工程		
5.1	盾构工程	盾构的始发和到达	I
5.2		洞口地质条件不良及环境复杂的盾构始发及到达施工	I
5.3		盾构的掘进和管片安装工程	II
5.4		复杂地质环境下（不均匀地质、砂层、冻土地质、湿陷性黄土地质、有害气体地层、富水地区等）的盾构掘进	I
5.5		盾构通过重要建（构）筑物、既有铁路和地铁、管线、非民用电缆和光缆及河流、湖泊	I
5.6		进舱作业	II
5.7		带压进舱作业	I
5.8		盾尾刷更换施工	II
5.9		高水压情况下的盾尾刷更换施工	I
5.10		盾构机组装、拆除	I
5.11		盾构机吊装	II
5.12		盾构副环拆除	II
5.13		盾构带压换刀	I
5.14		联络通道土体开挖掘进	II
5.15		复杂地质环境下联络通道土体开挖掘进	I
6	吊篮、卸料平台		
6.1	吊篮	吊篮安拆及移位	II
6.2	卸料平台	卸料平台安拆及移位	II
7	给水排水管道工程		
7.1	给水排水管道工程	沟槽深度超 3m 的开挖	II
7.2		沟槽深度超 5m 的开挖	I
7.3		预制管安装与铺设	II

续表

编号	风险类型	风险辨识	风险级别
8	桥梁工程		
8.1	桥梁工程	基坑支撑拆除作业	II
8.2		预应力张拉	I
8.3		顶进箱涵	II
9	有限空间		
9.1	有限空间	有限空间作业	I
10	临时用电		
10.1	临时用电	用电设备 5 台或用电总容量 50kW 及以上	II
11	消防工程		
11.1	易燃易爆品	易燃易爆品	II
12	其他		
12.1	其他	拆除工程	I
12.2		采用新技术、新工艺、新材料、新设备尚无技术标准的分部分项工程	I

现场设施类-装配式建筑工程施工现场固有安全风险提示性清单

编号	风险类型	风险辨识	风险级别
1	起重机械安拆及吊装工程		
1.1	起重设备安拆	起重机械设备自身的安装、拆卸	Ⅱ
1.2		起重量 300kN 及以上的起重设备安装、拆卸工程	Ⅰ
1.3	吊装工程	采用非常规起重设备、方法，且单件起吊重量在 10kN 及以上的起重吊装工程	Ⅱ
1.4		采用起重机械进行安装的工程	Ⅱ
1.5		采用非常规起重设备、方法，且单件起重量在 100kN 及以上的起重吊装工程	Ⅰ
2	外挂防护架		
2.1	外挂防护架	外挂防护架的安装、提升、安拆	Ⅰ
3	模板工程		
3.1	混凝土模板支撑工程	搭设高度 5m 及以上，或搭设跨度 10m 及以上，或施工总荷载（荷载效应基本组合的设计值，以下简称设计值）10kN/m² 及以上，或集中线荷载（设计值）15kN/m 及以上，或高度大于支撑水平投影宽度且相对独立无联系构件的混凝土模板支撑工程	Ⅱ
3.2		搭设高度 8m 及以上，或搭设跨度 18m 及以上，或施工总荷载(设计值)15kN/m² 及以上，或集中线荷载（设计值）20kN/m 及以上的混凝土模板支撑工程	Ⅰ
3.3	承重支撑体系	用于钢结构安装等满堂支撑体系，承受单点集中荷载 7kN 及以上	Ⅰ
4	加工厂管理		
4.1	锅炉房	锅炉的给水、加料、燃料、停炉	Ⅰ
4.2		锅炉的安装、维修、改造	Ⅰ
4.3	叉车	叉车作业	Ⅱ
4.4	搅拌站	清仓有限空间作业	Ⅰ
4.5	养水池	水养池水深超过 3m，存在有限空间作业	Ⅰ
5	其他		
5.1	其他	拆除工程	Ⅰ
5.2		采用新技术、新工艺、新材料、新设备尚无技术标准的分部分项工程	Ⅰ

施工现场严重事故隐患清单（样本）

附表 B1　基础管理类施工现场严重事故隐患清单

编号	隐患类型	严重事故隐患定义
1	资质管理	
1.1	资质管理	无资质证书或超资质承揽工程，或将工程进行转包、违法分包的
1.2		未取得施工许可证擅自施工的
1.3		未取得安全生产许可证擅自从事建筑施工活动的，安全生产许可证有效期满未办理延期手续继续从事建筑施工活动的，取得安全生产许可证后降低安全生产条件的，或转让安全生产许可证的
1.4		在危大工程或者重要施工部位实行分包，施工总承包单位未依法与专业分包单位签订专业分包合同的，或者未依法进行专业分包的
2	安全管理机构	
2.1	安全管理机构	未按规定设置安全生产管理机构、配备安全生产管理人员，施工现场未按规定配置专职安全管理人员的
2.2		企业主要负责人、项目负责人、专职安全生产管理人员未按规定经考核合格取得安全生产考核合格证书，从事相关工作的
2.3		特种作业人员未按照规定经专门的安全作业培训并取得相应资格上岗作业的
2.4		未建立健全全员安全生产责任制及考核机制的
3	危大工程管理	
3.1	危大工程管理	危险性较大的分部分项工程（以下简称"危大工程"）未编制、审核专项施工方案的，未按规定对超过一定规模的危险性较大的分部分项工程（以下简称"超危工程"）专项施工方案进行专家论证擅自施工的
3.2		未根据专家论证报告对超危工程专项施工方案进行修改，或者未重新组织专家论证的
3.3		未严格按专项施工方案组织施工的
3.4		专项方案实施前，编制人员或项目技术负责人未向现场管理人员进行方案交底，现场管理人员未向作业人员进行安全技术交底的
3.5		对于按规定需要验收的危大工程，未验收合格即进入下一道工序的
3.6		对按规定需要公示的危大工程，未能正确识别并在施工现场显著位置设置危大工程公告牌，或未根据危大工程实际进度或情况变化及时更新公告牌的
4	安全培训	
4.1	安全培训	主要负责人未建立健全安全培训制度
4.2		未组织制定并实施本单位安全培训计划的
4.3		未设立保证本单位安全培训工作经费的
4.4		未按规定对从业人员、被派遣劳动者、实习学生进行安全生产教育和培训，或者未按规定如实告知有关的安全生产事项的
4.5		未如实记录安全生产教育和培训情况的
5	消防安全	
5.1	消防安全	未落实消防安全责任制的

编号	隐患类型	严重事故隐患定义
5.2	消防安全	未制定本单位的消防安全制度、消防安全操作规程、灭火和应急疏散预案的
6	安全生产责任保险	
6.1	安全生产责任保险	未按规定投保安全生产责任保险的
7	安全费用	
7.1	安全费用	未投入保证本单位安全生产条件所需资金，致使本单位不具备安全生产条件的
8	生产安全事故应急救援演练	
8.1	生产安全事故应急救援演练	制定生产安全事故应急救援预案前未开展事故风险辨识、评估及应急资源调查的
8.2		未制定生产安全事故应急救援预案，未定期组织演练的
9	重大危险源	
9.1	重大危险源	对重大危险源未登记建档，未进行定期检测、评估、监控，未制定应急预案，或者未告知应急措施的
10	隐患排查治理	
10.1		未建立事故隐患排查治理制度，或者严重事故隐患排查治理情况未按规定报告的
10.2		未落实事故隐患排查、治理和防控责任主体的
10.3	隐患排查治理	未设立保证事故隐患排查治理所需资金，未建立资金使用专项制度的
10.4		未按月、季、年度对本单位事故隐患排查治理情况进行统计分析的
10.5		未将事故隐患排查治理情况如实记录或者未向从业人员通报的
11	事故应急处理	
11.1		未建立生产安全事故信息报告和处置办法的
11.2	事故应急处理	主要负责人不立即组织抢救或者在事故调查处理期间擅离职守或者逃匿的
11.3		主要负责人对生产安全事故迟报、漏报、谎报或者瞒报的
12	建设安全设施"三同时"	
12.1	建设安全设施"三同时"	施工单位无安全设施设计或未按照批准的安全设施设计施工的
13	安全设备和劳动防护用品	
13.1		安全设备的安装、使用、检测、改造和报废不符合国家标准或者行业标准的
13.2		关闭、破坏直接关系生产安全的监控、报警、防护、救生设备、设施，或者篡改、隐瞒、销毁其相关数据、信息的
13.3	安全设备和劳动防护用品	危险物品的容器、运输工具未经具有专业资质的机构检测、检验合格，取得安全使用证或者安全标志，投入使用的
13.4		使用应当淘汰的危及生产安全的工艺、设备的
13.5		未为从业人员提供符合国家标准或者行业标准的劳动防护用品的
14	个体行为方面	
14.1	身患疾病	患有高血压、心脏病等从事高处作业的
14.2	"三违"行为	违规操作、违章作业、违章指挥的

编号	隐患类型	严重事故隐患定义
15	其他	
15.1		生产、经营、运输、储存、使用危险物品或者处置废弃危险物品，未建立专门安全管理制度、未采取可靠的安全措施的
15.2		未在有较大危险因素的生产经营场所和有关设施、设备上设置明显的安全警示标志的
15.3		进行爆破、吊装、动火、临时用电以及国务院应急管理部门会同国务院有关部门规定的其他危险作业，未安排专门人员进行现场安全管理的
15.4	其他	生产、经营、运输、储存、使用危险物品或者处置废弃危险物品，未建立专门安全管理制度、未采取可靠的安全措施的
15.5		影响工程施工安全的新技术、新工艺、新材料、新设备进入施工现场，未提供执行标准、检测报告、产品合格证，未进行专家论证或科技成果评价的
15.6		强令他人违章冒险作业，或明知存在严重事故隐患而不排除，仍冒险组织作业的
15.7		在尚未竣工的建筑物内设置员工集体宿舍的
15.8		未对工地实行有效的封闭式管理的

现场设施类-房屋建筑工程施工现场严重事故隐患清单

编号	隐患类型	严重事故隐患定义
1	基坑工程	
1.1	基坑开挖、支护、降排水	基坑周边环境或施工条件发生变化，专项施工方案未重新进行审核、审批
1.2		对可能损害毗邻建筑物、构筑物和地下管线等情况，未采取专项防护措施的
1.3		基坑周围地面截水和排水措施、降水措施、放坡坡率、开挖顺序和支护设计不符合设计要求的
1.4		基坑开挖时，放坡不足、未及时支护和降排水的
1.5	基坑监测	深基坑未进行第三方监测或深基坑变形超过监测预警值未采取有效措施的
1.6		基坑边堆置土、料具等荷载超过设计值的
2	模板工程	
2.1	模板工程	基础承载力不满足设计要求且未采取有效措施、无排水措施，被水浸泡的
2.2		模板支架高宽比超过规范要求且未采取加固措施的
2.3		钢筋等材料集中堆放或混凝土浇筑顺序未按方案规定进行，造成局部荷载大于设计值
2.4		模板支架拆除时混凝土强度未达到设计、规范要求，或未按顺序拆除的
2.5		未按设计、规范要求设置垂直（水平）剪刀撑的
2.6		模板支架架体搭设完毕未办理验收手续的
2.7		荷载堆放不均匀或超过设计值的
3	脚手架工程	
3.1	通用类	基础承载力不满足设计要求且未采取有效措施、无排水措施，被水浸泡的
3.2		钢管、扣件等主要材料不符合质量标准的
3.3		脚手架使用过程中，不设置连墙件或设置位置、数量偏差较大或整层缺失，主节点处水平杆、立杆、扫地杆、剪刀撑和连墙件等缺失的
3.4		将模板支架、缆风绳、泵送混凝土和砂浆输送管、卸料平台等固定在架体上的
3.5		脚手架拆除时，整层或数层同时拆除连墙件的
3.6		拉杆、下撑杆未按规范及专项施工方案要求进行布置的
3.7		防倾覆、防坠落或同步升降控制装置不符合设计要求的
3.8		安装、升降、拆除时未设置安全警戒区及专人监护的
3.9		升降工况附着支座与建筑结构连接处混凝土强度未达到设计和规范要求的
3.10		架体悬臂高度大于架体高度的 2/5，或大于 6m 的
3.11		提升工况架体上有施工荷载或有人员停留的
3.12	悬挑式脚手架	悬挑架钢梁固定段长度及锚固型钢的主体结构混凝土强度不符合规范及专项施工方案要求的
3.13		悬挑层封闭不严实的
4	高处作业	
4.1	吊篮作业	悬挂机构、配重、额定荷载经计算不满足抗倾覆安全系数 ≥3 要求的
4.2		使用达到报废标准钢丝绳的

编号	隐患类型	严重事故隐患定义
4.3	吊篮作业	悬挂机构前支撑在女儿墙上、女儿墙外或建筑物挑檐边缘上,支撑点的结构强度不满足要求的
4.4		防坠安全锁缺失、失效,防坠安全绳未配备或未正确独立悬挂的
4.5		防坠安全绳与建筑物棱角接触无防护措施的
4.6		施工荷载超过设计规定,作业人员数量超过2人的
4.7	高处临边或悬空等作业	高处临边或悬空等作业时,未设置防护设施且作业人员未使用或未正确使用安全带的
4.8	临边、洞口	基坑、结构各层、休息平台、屋面临边、作业面临边、脚手架临边或短边边长大于(含等于)500mm的洞口等未采取可靠防护措施的
4.9		电梯口未设置防护门或防护门安装不符合规范和方案要求,电梯井道内未按照规范要求设置水平防护的
4.10		水平防护时,使用密目式安全立网代替平网的
4.11		施工层上部未设置隔离防护设施的
4.12	钢结构安装	钢结构安装过程中,当利用钢梁作为水平通道时,未设置安全绳等防护设施的
4.13		钢结构、网架安装用支撑平台基础承载力不满足设计要求的,未搭设同步防风、防倾覆措施的
4.14	平台	卸料平台荷载超载、物料码放超高的;悬挑式卸料平台钢梁、钢丝绳未与主体结构形成可靠连接的;平台运输通道无有效防护措施的
4.15		悬挑式操作平台的搁置点、拉结点、支撑点未设置在稳定的主体结构上,且未做可靠连接的
4.16		移动式操作平台行走轮和导向轮无制动器和刹车轮等制动措施或在非移动情况下未保持制动状态的
5	施工临时用电	
5.1	施工临时用电	临时用电系统未经验收或验收不合格投入使用的
5.2		外电线路与在建工程及脚手架、机械设备、场内机动车道之间的安全距离不符合规范要求且未采取防护措施的
5.3		施工现场配电系统未采用TN-S接零保护系统的
5.4		未实行"三级配电、二级漏电保护"或"一机、一闸、一漏、一箱"的
5.5		使用不符合规范要求的电线电缆和隔离开关、漏电保护器等电器元件的
5.6		配电系统或电气设备调试、试运行时,未按操作规程和程序进行,未统一指挥、专人监护的
5.7		特殊场所(隧道、人防工程、高温、有导电灰尘、比较潮湿等)照明未按规定使用安全电压的
6	起重机械及吊装	
6.1	起重机械手续办理	未按规定办理建筑起重机械备案、安装拆卸告知和使用登记等手续的
6.2		起重机械未经验收合格投入使用的
6.3	起重机械安拆	起重机械地基基础未按使用说明书规定施工的
6.4		采用不同厂家、不同规格主要构配件等方式拼装起重机械的
6.5		起重机械安拆、顶升以及附着时未按说明书要求作业的,安拆和顶升加节时环境因素(大风、大雨、大雪、大雾等)不符合要求的
6.6	钢丝绳	钢丝绳磨损、变形、锈蚀达到报废标准的
6.7		钢丝绳规格不符合起重机械产品说明书要求的
6.8	安全限位装置	各类安全限位装置缺失或失效的

续表

编号	隐患类型	严重事故隐患定义
6.9	维保	起重机械超过使用年限，未按要求进行安全评估并继续使用的
6.10		标准节、附着/附墙架等连接螺栓松动的
6.11		起重机械在使用年限内使用维护保养不当造成的结构件产生塑性变形，以及锈（腐）蚀造成厚度损耗大于原厚度 10%的
6.12	吊装	索具采用绳夹连接时，绳夹的规格、数量及绳夹间距不符合规范要求的
6.13		吊索系挂点未处于吊物重心点，吊运易散落物件未使用吊笼的
6.14		司索工/信号指挥员、操作司机未持证上岗的
6.15		吊装过程中，起重机械任何部位或被吊物与架空线路的最小安全距离不符合规定；或越过无防护设施的外电架空线路作业的
6.16		大件起重吊装、多台起重设备联合作业或吊运异形结构无吊装方案的
6.17	塔式起重机	群塔作业两塔间最小安全距离不达标的
6.18		两台及以上塔机作业无防碰撞措施或防碰撞措施不符合要求的
6.19		塔机超过高度未按规定安装附墙装置或安装不符合设计要求的
6.20	施工升降机（物料提升机）	操作员（司机）未持证上岗的
6.21		防坠安全器、起重量限制器失效或超过标定期使用的
6.22		基础设置在建筑物顶板上未采取安全措施且未征得设计单位认可的
7	施工机具	
7.1	施工机具	桩机作业时，场地平整度、基础承载力和垂直度不满足说明书要求的
7.2		使用混凝土输送泵车时，场地平整度、基础承载力和支腿伸出长度不满足说明书要求的
7.3		使用混凝土输送泵车布料杆起吊和拖拉物件，接长布料杆配管超出说明书规定的范围的
7.4		混凝土布料机机体中心位置与施工作业面临边距离小于机体结构总高度的 1.5 倍，且没有防倾覆措施的
7.5		传动机构未设置安全防护罩的
8	消防安全	
8.1	消防安全	施工现场内未按规定设置临时消防车道、疏散通道、安全出口或以上设施被堵塞、占用的
8.2		主要临时用房、临时设施的防火间距小于规定值的
8.3		易燃易爆危险品库房与在建工程的防火间距小于规定值的
8.4		施工现场未按规定设置临时消防给水系统或消防给水系统不能正常使用且未采取其他灭火设施的
8.5		消火栓泵未采用专用消防配电线路，或电源未引自施工现场总配电箱的总断路器上端的
8.6		施工现场未建立动火审批制度或现场动火部位未设置动火监护人、动火作业现场环境不符合要求、未配备消防器材的
8.7		在具有火灾、爆炸危险的场所使用明火的，在宿舍内使用明火取暖、做饭的
8.8		采用不符合消防规定的供配电线缆，或在可燃材料、可燃构件上直接敷设电气线路、安装电气设备的
8.9		建筑施工企业在装饰装修施工中，未及时清理可燃性外包装物且消防措施不到位的
8.10		宿舍、办公用房其建筑构件的燃烧性能等级未达到 A 级的
8.11		室内使用油漆及其有机溶剂、乙二胺、冷底子油等易挥发产生易燃气体作业时，未保持通风的

编号	隐患类型	严重事故隐患定义
9	拆除工程	
9.1	拆除工程	拆除顺序及方法不符合规范和方案要求的
9.2		对高大建筑物、构筑物爆破拆除时，未采取有效措施控制建筑物、构筑物倒塌的
9.3		拆除工程施工中，未对拟拆除物的稳定状态进行监测，对于可能倾倒的构筑物未采取加固措施的
10	有限空间作业	
10.1	有限空间作业	有限空间作业未履行"作业审批制度"，未对施工人员进行专项安全教育培训的
10.2		有限空间作业未执行"先通风、再检测、后作业"工作程序的
10.3		有限空间作业现场没有监护人员，且现场没有配备应急救援装备的
11	其他	
11.1	其他	大风、大雨、冰冻、寒潮、大雾等恶劣天气未停止室外露天作业；大雨、大雪等恶劣天气过后未及时铲除脚手架、防护棚、宿舍等临时结构上的积雪、结冰的
11.2		宿舍、办公室等临时设施选址在河道、泄洪道、山体滑坡等危险区域或使用中存在主体承重结构损坏、超荷载等现象的
11.3		大量物料倚靠围墙、围挡、房屋墙体一侧堆放；在高度超过1.5m的砖胎模强度未达到要求时回填或未分层回填的
11.4		大断面梁、板钢筋施工时，其支撑马镫的强度、数量不足，位置不合理、无防位移措施或钢筋上方物料存放超过荷载要求的
11.5		无支腿大模板、预制墙体构件、玻璃板等大型材料在存放、装卸、运输、使用过程中未使用专用存放设施或无防倾倒措施的
11.6		使用国家和地方明令禁止的工艺、设备、材料的
11.7		严重违反建筑施工安全生产法律法规、部门规章及技术标准规范的
11.8		除危险性较大工程以外各专项工程没有编制专项施工方案的
11.9		其他经计算判定为严重事故隐患的

现场设施类-市政公用工程施工现场严重事故隐患清单

编号	隐患类型	严重事故隐患定义
1	基坑与基础	
1.1	基坑开挖、支护、降排水	基坑周边环境或施工条件发生变化，专项施工方案未重新进行审核、审批的
1.2		对可能损害毗邻建筑物、构筑物和地下管线等情况，未采取专项防护措施的
1.3		基坑周围地面截水和排水措施、降水措施、放坡坡率、开挖顺序和支护设计不符合设计要求的
1.4		基坑开挖时，放坡错误、未及时支护和降排水的
1.5	基坑监测	深基坑未进行第三方监测或深基坑变形超过监测预警值未采取有效措施的
1.6		基坑边堆置土、料具等荷载超过设计值的
1.7	沉井	在刃脚或内隔板附近开挖沉井时，有人停留，有底梁或支撑梁的沉井，有人员在梁下穿越，机械出土时井内站人的
1.8		配合水下封底的潜水人员无证作业的
1.9		沉井使用过程中未对沉井结构、水位和相邻有影响的建（构）筑物进行监测监控的
1.10		筑岛沉井施工期间未采取防护措施保证筑岛岛体稳定的
1.11	人工挖孔桩	桩孔开挖时，临近边坡未完成支护的
1.12		下层土方开挖时上层护臂混凝土强度未达到设计要求的
1.13		未按要求配备有毒有害气体检测仪器设备，每日下井工作前未进行井下气体检测的
1.14		发现塌落或护壁裂纹现象未及时采取支撑措施的
1.15		孔深超10m未按规定进行通风的
1.16		人工挖孔每层挖土深度大于 1m，或松软土质挖土深度大于 0.5m，护壁未随土方开挖逐层实施，或护壁强度未达到5MPa时开挖下层土方的
1.17		人工挖孔同时施工的两桩净距小于 5m 的
1.18	桩基础施工	打桩机械离高压线过近的
1.19		桩架的地基不平或承载力不够的
1.20		静压桩机配重堆载不平衡的
2	模板工程及支撑系统	
2.1	模板工程及支撑系统	基础承载力不满足设计要求且未采取有效措施的
2.2		模板支架高宽比超过规范要求且未采取加固措施的
2.3		钢筋等材料集中堆放或混凝土浇筑顺序未按方案规定进行，造成局部荷载大于设计值的
2.4		模板支架拆除时混凝土强度未达到设计、规范要求，或未按顺序拆除的
2.5		未按设计、规范要求设置垂直（水平）剪刀撑的
2.6		模板支架架体搭设完毕未办理验收手续的
2.7		荷载堆放不均匀或超过设计值的
3	悬臂施工挂篮	
3.1	悬臂施工挂篮	拆除主梁等连接设备前，未采取增设缆风绳、临时支撑等措施的
3.2		主体结构构件、连接件有显著的变形、超标的挠度或严重锈蚀剥皮的

编号	隐患类型	严重事故隐患定义
3.3	悬臂施工挂篮	挂篮的总重量超出设计规定的限重范围的
3.4		连续梁墩顶梁段采用挂篮进行悬浇施工时，未按设计规定设置墩梁临时固结装置的
3.5		滑道或轨道未设置限位器或限位器设置不牢固的
3.6		挂篮浇筑作业面上的施工荷载超过挂篮设计规定的
3.7		挂篮制作加工完成后未做试拼装，现场组拼后未按最大施工组合荷载的 1.2 倍做荷载试验的
4	脚手架工程	
4.1	脚手架工程	基础承载力不满足设计要求的
4.2		钢管、扣件等主要材料不符合质量标准的
4.3		脚手架使用过程中，不设置连墙件或设置位置、数量偏差较大或整层缺失，主节点处水平杆、立杆、扫地杆、剪刀撑和连墙件等缺失的
4.4		拉杆、下撑杆未按规范及专项施工方案要求进行布置的
5	高处作业	
5.1	高处临边或悬空作业	高处临边或悬空等作业时，未设置防护设施且作业人员未使用或未正确使用安全带的
5.2	临边、洞口	基坑、结构各层、休息平台、屋面临边、作业面临边、脚手架临边或短边边长大于（含等于）500mm 的洞口等未采取可靠防护措施的
5.3		水平防护时，使用密目式安全立网代替平网的
5.4		施工层上部未设置隔离防护设施的
5.5	操作平台、通道	荷载堆放不均匀或超过设计值的
5.6		未设置防护围栏或设置不符合规范要求的
5.7		落地式操作平台未与建筑物进行刚性连接或未设防倾覆措施的
5.8		钢结构安装过程中，当利用钢梁作为水平通道时，未设置安全绳等防护设施的
6	起重机械与吊装	
6.1	手续办理	未按要求办理建筑起重机械备案、安装拆卸告知和使用登记等手续的
6.2		起重机械设备未经验收合格投入使用的
6.3	安拆	基础未按现行国家标准和使用说明书要求进行设计和施工的
6.4		采用不同厂家、不同规格主要构配件等方式拼装起重机械，并存在安全风险的
6.5		起重机械安拆、顶升以及附着时未按规范及说明书要求作业的，安拆和顶升加节时环境因素（大风、大雨、大雪、大雾等）不符合规范要求的
6.6	钢丝绳	钢丝绳磨损、变形、锈蚀达到报废标准的
6.7		钢丝绳规格不符合起重机械产品说明书要求的
6.8	安全限位装置	各类安全限位装置缺失或失效的
6.9	维保	起重机械超过使用年限，未按要求进行安全评估并继续使用的
6.10		标准节、附着/附墙架连接螺栓松动的
6.11		起重机械在使用年限内使用维护保养不当造成结构件产生塑性变形的，以及锈（腐）蚀造成厚度损耗大于原厚度 10%的

续表

编号	隐患类型	严重事故隐患定义
6.12	起重吊装	吊装索具采用绳夹连接时，绳夹的规格、数量及绳夹间距不符合规范要求的
6.13		吊索系挂点未处于吊物重心点，吊运易散落物件未使用吊笼的
6.14		司索工/信号指挥员、操作员（司机）未持证上岗的
6.15		大件起重吊装、多台起重设备联合作业或吊运异形结构无吊装方案的
6.16	施工升降机（物料提升机）	操作员（司机）未持证上岗的
6.17		防坠安全器、起重量限制器失效或超过标定期使用的
6.18		基础设置在建筑物顶板上未采取安全措施并征得设计单位认可的
6.19	架桥机	安装后未按规定进行额定荷载试验的
6.20		吊钩、滑轮、卷筒缺陷或达到报废标准，未安装完好可靠的钢丝绳防脱装置，车轮、传动齿轮缺陷或达到报废标准的
6.21		作业过程中，架桥机和机上所有操作人员手持金属工具与输电线的距离不符合规范要求的
6.22		起吊梁体未按规定试吊 2 次、吊具与梁体未可靠联结起吊、单端起吊后梁体的倾斜程度不符合待架梁体规定的
6.23		未对架桥机主梁和横移轨道进行调平或无自锁功能的
6.24		司机室工作面上的照度低于 30lx，作业过程中视线模糊、通信手段失效的
6.25		未按规定进行使用状态安全评估的
6.26		过孔状态下未对非运动支腿进行锚固；架梁状态下，主梁与支腿间未固定连接的
6.27		施工现场风力超过 6 级时未停止架桥机架梁作业的，风力超过 10 级时未将架桥机可靠锚定的
7	施工机具	
7.1	施工机具	桩机作业时，现场场地平整度、基础承载力和垂直度不满足说明书要求的
7.2		使用混凝土输送泵车时，场地平整度、基础承载力和支腿伸出长度不满足说明书要求的
7.3		使用混凝土输送泵车布料杆起吊和拖拉物件，接长布料杆配管超出说明书规定范围的
7.4		混凝土布料机机体中心位置与施工作业面临边距离小于机体结构总高度的 1.5 倍，且没有防倾覆措施的
7.5		传动机构未设置防护罩的
8	给水排水管道工程	
8.1	沟槽开挖	沟槽土质、地下水位与地质水文资料不一致，出现流砂、管涌等异常情况的
8.2		排水系统的平面和竖向布置，观测系统的平面布置以及抽水机械的选型和数量不符合施工组织设计要求，排水系统发生故障的
8.3		采用人工开挖，沟槽两侧堆土高度大于 1.5m，或在 0.8m 范围内的
8.4		支撑构件有弯曲、松动、移位或劈裂等迹象，支撑出现变形的
8.5		采用坡度板控制槽底高程和坡度时，坡度板材料刚度不合格的
8.6		沟槽两侧的建筑物、构筑物和槽壁出现变形的
8.7		开挖沟槽时挖断已建的地下管道或电缆的

编号	隐患类型	严重事故隐患定义
8.8	预制管安装与铺设	预制管的堆放场地、码放高度不符合要求的
8.9		管及管件起吊未采用兜身吊带或其他专用工具，装卸、运输不稳定、不牢固的
8.10		与其他管道交叉的给水管排水管道无规定处理措施的
8.11		安装纵坡大于18%的柔性接口管道或纵坡大于36%的刚性接口管道时，未采取防止管道下滑措施的
8.12	地下管线的拆除和封堵作业	施工人员无防毒保护措施和防毒工具的
8.13		未选择专业资质的施工队伍的
9	水处理、垃圾处理工程及管网工程	
9.1	顶管工程	开挖工作坑未按方案分层支护的
9.2		后背与管道顶进轴线不垂直、结构尺寸和强度不符合设计要求的
9.3		土质良好时，顶管管端挖土长度大于500mm的，或不良土质地段挖土长度超过300mm的
9.4		拆除支护结构与工作坑回填土未自下而上逐层同步进行的
9.5	暗挖工程	暗挖工程一次开挖两榀或多榀；格栅架设后长时间搁置的
9.6		相对开挖的两开挖面在距离小于2倍洞跨且小于10m时，一端未停止掘进的
9.7		两条平行隧道（含导洞）相距小于1倍洞跨时，其开挖面前后错开距离小于15m的
9.8		顶管与暗挖工程未按规定监测的
9.9		在有易燃易爆环境的污水处理、垃圾处理工程作业中，未采取防燃爆措施的
10	盾构施工	
10.1	盾构施工	盾构机安装及拆卸时，未编制专项吊装施工方案或方案未经专家论证的
10.2		盾构机安装完成未进行设备联调联试，设备存在安全隐患未及时处理的
10.3		盾构始发前，盾构机接收未组织条件验收的
10.4		始发井洞口未设置围挡，始发井孔口防洪水位不足，孔口进水的
10.5		盾构始发、到达接收端加固参数、范围不符合设计要求或未进行加固即开始施工的
10.6		盾构设备操作司机无证上岗的
10.7		盾构衬砌与周边土壤间的缝隙未及时注浆填充，或注浆自盾尾起超过5环管片，且大于5m的
10.8		操作不当、地质突变、土体改良效果不佳等导致支承开挖面压力骤降时未采取措施的
10.9		盾构在长时间停机过程中，土仓未保压或压力小于主动土压力未采取措施的
10.10		两台机车在同一轨道未保持安全距离、堆放材料超出轨行区、轨行区交叉作业避让不及时、板车上载人的
10.11		进入承压水层的盾构区间联络通道开口、泵房不按方案施工，作业面涌水涌砂，且监测数据已达到红色预警值的
10.12		盾构出洞前50m未控制掘进速度和土仓压力，出洞前100m盾构姿态未进行测量调整的
10.13		盾构过站未设专人指挥，无专人观测盾构移动状态的
10.14		车站底板强度不满足盾构过站要求的

编号	隐患类型	严重事故隐患定义
10.15	盾构施工	盾构机拆卸，接收架、反力架作业前未编制专项方案的
10.16		盾构施工过程中未按规定监测的
11	桥梁工程	
11.1	墩台、墩柱、盖梁施工	高度大于 10m 且无法与结构拉结的脚手架，未按规定设置缆风绳的
11.2		支座未按说明书安装，或支座方向安装错误的
11.3	预制混凝土梁桥、钢梁桥	采用悬拼法施工，架设梁的构件未全部安装完毕时，将墩顶现浇段与桥墩之间临时锚固或临时支承拆除的；桥墩两侧悬拼进度不一致，不平衡偏差超出设计规定的
11.4		采用顶推法施工，左右两侧顶推不同步，或多点顶推时千斤顶纵横向不同步；未对导向、纠偏等进行监控的
11.5	现浇混凝土梁桥	悬臂施工桥墩两侧梁段进度不对称、不平衡的
11.6		使用移动挂篮时风力超过设计允许的挂篮移动风力的
11.7	拱桥施工	拱桥拱上结构在卸落拱架前砌筑时，封拱砂浆强度未达到设计强度 30% 的；或卸落拱架后砌筑时，封拱砂浆强度未达到设计强度 70% 的
11.8		拱桥封拱合龙时，分段浇筑的拱圈混凝土未达到设计强度 75% 的
11.9		装配式混凝土拱桥支架卸落时，拱肋接头和横系梁混凝土强度未达到设计强度 75% 以上或设计规定的
11.10	斜拉桥与悬索桥	索塔未设置避雷器的
11.11		安装拉索时，缆索保护层和锚头损伤未及时修补的
11.12	转体桥	转动体系、锚固体系和动力体系等未进行专门设计的，锚固体系锚固力不足的
11.13	顶进桥涵	顶进桥涵施工未按规定监测的
11.14		顶进后背未经验收即投入使用的；顶进过程中进行挖土作业的；顶进过程中人员违规在顶铁、顶柱布置区内停留的
11.15		在既有线路车辆通行期间进行顶进作业或挖土作业的
11.16		箱涵顶进过程中，当液压系统发生故障时，人员在工作状态下检查和调整的
11.17		施工现场（工作坑、顶进作业区）及路基附近存在大量的积水
11.18	预应力施工	张拉前未对张拉机具进行检查的
11.19		地锚埋设不牢固的
11.20		混凝土强度达不到设计要求的
12	施工临时用电	
12.1	施工临时用电	临时用电系统未经验收或验收不合格投入使用的
12.2		外电线路与在建工程及脚手架、机械设备、场内机动车道之间的安全距离不符合规范要求且未采取防护措施的
12.3		施工现场的配电系统未采用 TN-S 接零保护方式的
12.4		未实行"三级配电、二级漏电保护"和"一机、一闸、一漏、一箱"的
12.5		使用不符合规范要求的电线电缆和隔离开关、漏电保护器等电气元件的
12.6		配电系统或电气设备调试、试运行时，未按操作规程和程序进行，未统一指挥、专人监护的
12.7		特殊场所（隧道、人防工程、高温、有导电灰尘、比较潮湿等）照明未按规定使用安全电压的

编号	隐患类型	严重事故隐患定义
13	消防安全	
13.1	消防安全	施工现场内未按规定设置临时消防车道、疏散通道、安全出口或以上设施被堵塞、占用
13.2		主要临时用房、临时设施的防火间距小于规定值
13.3		易燃易爆危险品库房与在建工程的防火间距小于规定值
13.4		施工现场未按规定设置临时消防给水系统或消防给水系统不能正常使用且未采取其他灭火设施的
13.5		消火栓泵未采用专用消防配电线路，或电源未引自施工现场总配电箱的总断路器上端的
13.6		施工现场未建立动火审批制度或现场动火部位未设置动火监护人、动火作业现场环境不符合要求、未配备消防器材的
13.7		在具有火灾、爆炸危险的场所使用明火的，寒冷天气施工时使用明火进行升温保温的，在宿舍内使用明火取暖、做饭的
13.8		采用不符合消防规定的供配电线缆，或在可燃材料、可燃构件上直接敷设电气线路、安装电气设备的
13.9		用于在建工程的保温、防水、装饰及防腐等材料燃烧性能等级不符合规范或设计要求的
13.10		建筑施工企业在装饰装修施工中，未将工程材料可燃性外包装物拆除后进入施工作业区域施工的
13.11		宿舍、办公用房其建筑构件的燃烧性能等级未达到A级的
13.12		室内使用油漆及其有机溶剂、乙二胺、冷底子油等易挥发产生易燃气体作业时，未保持良好通风的
14	有限空间作业	
14.1	有限空间作业	有限空间作业未履行"作业审批制度"，未对施工人员进行专项安全教育培训的
14.2		有限空间作业未执行"先通风、再检测、后作业"工作程序的
14.3		有限空间作业现场没有监护人员，且现场没有配备应急救援装备的
15	其他	
15.1	其他	大风、大雨、冰冻、寒潮、大雾等极端恶劣天气未停止室外露天作业；大雨、大雪等极端恶劣天气过后未及时铲除脚手架、防护棚、宿舍等临时结构上的积雪、结冰
15.2		宿舍、办公室等临时设施选址在河道、泄洪道、山体滑坡等危险区域或使用中存在主体承重结构损坏、超荷载等现象的
15.3		大量物料倚靠围墙、围挡、房屋墙体一侧堆放；在高度超过1.5m的砖胎模强度未达到要求时回填或未分层回填的
15.4		大断面梁、板钢筋施工时，支撑马镫的强度、数量不足、位置不合理且无防位移措施或钢筋上方物料存放超过荷载要求的
15.5		无支腿大模板、预制墙体构件、玻璃板等大型材料在存放、装卸、运输、使用过程中未使用专用存放设施或无防倾倒措施的
15.6		使用国家和地方明令禁止的工艺、设备、材料的
15.7		严重违反建筑施工安全生产法律法规、部门规章及技术标准规范的
15.8		除危大工程以外各专项工程没有编制专项施工方案的
15.9		其他经计算判定为严重事故隐患的

第6章

项目安全生产费用

《中华人民共和国安全生产法》第五十一条规定,生产经营单位应当具备的安全生产条件所必需的资金投入,由生产经营单位的决策机构、主要负责人或者个人经营的投资人予以保证,并对由于安全生产所必需的资金投入不足导致的后果承担责任。

有关生产经营单位应当按照规定提取和使用安全生产费用,专门用于改善安全生产条件。安全生产费用在成本中据实列支。安全生产费用提取、使用和监督管理的具体办法由国务院财政部门会同国务院应急管理部门征求国务院有关部门意见后制定。

项目安全生产费用管理涉及的规范及政府文件主要有:《建设工程工程量清单计价标准》GB/T 50500—2024、《职业健康安全管理体系 要求及使用指南》GB/T 45001—2020、《企业安全生产费用提取和使用管理办法》(财资〔2022〕136号)、《陕西省建设工程工程量清单计价规则》、《陕西省住房和城乡建设厅关于发布我省落实建筑工人实名制管理计价依据的通知》(陕建发〔2019〕1246号)。

《企业安全生产费用提取和使用管理办法》(财资〔2022〕136号)第十七条规定,建设工程施工企业以建筑安装工程造价为依据,于月末按工程进度计划提取企业安全生产费用。提取标准如下:

(1)矿山工程3.5%;

(2)铁路工程、房屋建筑工程、城市轨道交通工程3%;

(3)水利水电工程、电力工程2.5%;

(4)冶炼工程、机电安装工程、化工石油工程、通信工程2%;

(5)市政公用工程、港口与航道工程、公路工程1.5%。

建设工程施工企业编制投标报价应当包含并单列企业安全生产费用,竞标时不得删减。国家对基本建设投资概算另有规定的,从其规定。

《企业安全生产费用提取和使用管理办法》(财资〔2022〕136号)第五条规定,企业安全生产费用可由企业用于以下范围的支出:

(1)购置购建、更新改造、检测检验、检定校准、运行维护、安全防护和紧急避险设施、设备支出〔不含按照"建设项目安全设施必须与主体工程同时设计、同时施工、同时投入生产和使用"(以下简称"三同时")规定投入的安全设施、设备〕;

（2）购置、开发、推广应用、更新升级、运行维护安全生产信息系统、软件、网络安全、技术支出；

（3）配备、更新、维护、保养安全防护用品和应急救援器材、设备支出；

（4）企业应急救援队伍建设（含建设应急救援队伍所需应急救援物资储备、人员培训等方面）、安全生产宣传教育培训、从业人员发现报告事故隐患的奖励支出；

（5）安全生产责任保险、承运人责任险等与安全生产直接相关的法定保险支出；

（6）安全生产检查检测、评估评价（不含新建、改建、扩建项目安全评价）、评审、咨询、标准化建设、应急预案制修订、应急演练支出；

（7）与安全生产直接相关的其他支出。

根据《建设工程工程量清单计价标准》GB/T 50500—2024，安全生产费包含：安全资料、特殊作业专项方案的编制，安全施工标志的购置及安全宣传的费用；"三宝"（安全帽、安全带、安全网）、"四口"（楼梯口、电梯井口、通道口、预留洞口），"五临边"（阳台围边、楼板围边、屋面围边、槽坑围边、卸料平台两侧），水平防护架、垂直防护架、外架封闭等防护的费用；施工安全用电的费用，包括配电箱三级配电、两级保护装置要求、外电防护措施；起重机、塔吊等起重设备（含井架、门架）及外用电梯的安全防护措施（含警示标志）费用及卸料平台的临边防护、层间安全门、防护棚等设施费用；建筑工地起重机械的检验检测费用；施工机具防护棚及其围栏的安全保护设施费用；施工安全防护通道的费用；工人的安全防护用品、用具购置费用；消防设施与消防器材的配置费用；电气保护、安全照明设施费；其他安全防护措施费用。

本书通过上述两个文件中对安全生产费内容进行了重新整合，让项目安全生产费的使用范围更加明确，更利于整理。项目在编制资料时，应根据已经整理出来的安全生产费用清单填写使用计划、投入清单及后附相应票据，使安全生产费使用台账更加清晰、准确。

6.1 安全生产费用资料整编目录清单

（1）公司各项目安全生产费用统计汇总表。
（2）项目安全生产费用（投入计划/使用统计）表。
（3）项目年度及月度安全生产费用使用台账。

6.2 安全生产费用资料填写说明

公司按照季度收集各项目的月度安全生产费用使用表（包含所有使用费用清单的相应票据），并全部填写进公司安全生产费用统计汇总表中。

项目按照每季度初填写项目安全生产费用投入计划统计表，并按照月度填写项目安全生产费用使用统计表（所有清单费用必须有相对应的清单票据），并每季度上报公司。

6.3　安全生产费资料整编建议

　　安全生产费资料整编需要注意的是不同文件对于安全生产费的提取费率及使用范围是有差异的，在资料编制过程中应该根据当地要求重点关注。费用提取比例方面，以房屋建筑工程为例，《企业安全生产费用提取和使用管理办法》（财资〔2022〕136号）规定房屋建筑工程安全生产费用的提取比例为3%，《陕西省建设工程工程量清单计价规则》规定安全生产措施费费率为2.6%，企业在陕西省范围内投标时，费用标准按照陕西省当地。使用范围方面以安责险为例，《企业安全生产费用提取和使用管理办法》（财资〔2022〕136号）规定安责险属于安全生产费，但是在《建设工程工程量清单计价标准》GB/T 50500—2024中并没有详细体现。需要注意的是企业在三体系认证时对于安全生产费的生产严格按照《企业安全生产费用提取和使用管理办法》（财资〔2022〕136号）相关要求审查，所以安全生产费的整理，项目部必须按照《企业安全生产费用提取和使用管理办法》（财资〔2022〕136号）文件要求，编制项目年度、季度、月度计划，相对应的使用清单及相关票据。安全生产费资料总计3项内容，建议按照季度整理汇总，按照自然年度进行整理汇编，装订成册。

公司各项目安全生产费用统计汇总表（样本）

序号	项目名称	造价（万）	安全费用计划投入（万）	已投入总计（元）	本季度投入（元）	备注

填写人：　　　　　　　　　　单位负责人：

安全生产费用（投入计划/使用统计）表（样本）

项目名称：　　　　　　　　　　单位：　　　　　　　　　填写日期：

编号	类别		金额（元）	编号	类别		金额（元）
1-1	完善、改造和维护安全防护设施设备支出	洞口防护		4-3	安全生产检查、评价、咨询和标准化建设支出	安全生产标准化考评	
1-2		临边防护		4-4		安全生产标准化奖项申报、评审	
1-3		安全通道、防护棚		4-5		其他安全检查相关费用	
1-4		施工现场的安全围挡、隔离栏杆		5-1	安全生产宣传、教育、培训支出	购置编制安全生产书籍、刊物、影像资料等	
1-5		临时用电标准化配电箱		5-2		安全生产知识竞赛活动	
1-6		断路器、漏电保护器		5-3		各种安全生产宣传支出	
1-7		低压配电系统		5-4		召开安全生产专题会议	
1-8		外电防护		5-5		专职安全人员、生产管理人员安全生产专业培训	
1-9		各类机电设备保护、保险装置，安全防护措施		5-6		特种作业人员培训	
1-10		防火、防爆、防尘、防雷等设备设施		5-7		其他安全教育培训费用	
1-11		起重机械，提升设备上的各种限位及安全装置		6-1	配备和更新现场作业人员安全防护用品支出	安全帽	
1-12		安全标志、标语		6-2		工作服	
1-13		其他安全防护设备、设施		6-3		安全鞋	
2-1	配备、维护、保养应急救援器材、设备支出和应急演练支出	应急照明、抽水设备及其他设备		6-4		安全带	
2-2		应急药箱及器材		6-5		安全网	
2-3		应急救援设备及器械		6-6		密目式安全立网	
2-4		各种消防设备及器材		6-7		其他安全防护用品	
2-5		应急救援及预案演练		7-1	安全生产适用的新技术、新标准、新工艺、新装备的推广应用支出	安全生产相关工法编制、审定、推广费用	
2-6		其他救援器材及设备		7-2		安全生产相关发明、专利的编制、申报、推广费用	
3-1	开展重大危险源和事故隐患评估、监控和整改支出	危险性较大分部分项工程专家论证		7-3		对编制人员、单位的奖励费用	
3-2		重大事故隐患、危险源整改		7-4		安全相关计算机软件的购置	
3-3		应急预案措施投入		7-5		其他推广应用费用	
3-4		其他评估、整改、监控支出		8-1	安全设施及特种设备检测检验支出	塔式起重机	
4-1	安全生产检查、评价、咨询和标准化建设支出	聘请专家参与安全检查和评价费用		8-2		施工电梯	
4-2		各级安全检查、督办与评价费用		8-3		整体提升式脚手架	

编号	类别		金额（元）	编号	类别		金额（元）
8-4	安全设施及特种设备检测检验支出	其他检测检验费用		9-3	其他与安全生产直接相关的支出	各级安全管理机构产生的安全费用	
9-1	其他与安全生产直接相关的支出	直接支付分包单位的安全费用		9-4		安全生产责任保险支出	
9-2		安全生产奖励费用		9-5			
项目造价（万元）			安全费用计划投入（万元）		已投入合计（元）		本表合计（元）

填写：　　　　　　　　　　安全总监：　　　　　　　　　　项目经理：

××项目 年 月安全生产费用使用台账（样本）

序号	日期	费用内容、数量	使用部位	费用类别编号	金额	经办人	备注

填写人： 项目负责人：

第 7 章

消防安全管理

7.1 消防安全管理概述

《中华人民共和国消防法》第二条规定，消防工作贯彻预防为主、防消结合的方针，按照政府统一领导、部门依法监管、单位全面负责、公民积极参与的原则，实行消防安全责任制，建立健全社会化的消防工作网络。

消防安全管理涉及的规范主要有《建设工程施工现场消防安全技术规范》GB 50720—2011、《消防应急照明和疏散指示系统技术标准》GB 51309—2018、《消防设施通用规范》GB 55036—2022、《陕西省建筑施工动火作业安全管理指南（试行）》、《消防安全工程 总则》GB/T 31592—2015。

根据《建设工程施工现场消防安全技术规范》GB 50720—2011，施工单位在施工现场建立消防安全管理组织机构及义务消防组织，确定消防安全负责人和消防安全管理人员，落实相关人员的消防安全管理责任，是施工单位做好施工现场消防安全工作的基础。

7.2 消防安全管理资料整编目录清单

（1）施工单位组建施工现场消防安全管理机构及聘任现场消防安全管理人员的文件。

（2）施工现场消防安全管理制度。

（3）动火作业审批。

（4）施工现场消防安全教育和培训记录。

（5）施工现场消防安全技术交底记录。

（6）施工现场灭火及应急疏散预案。

（7）项目部消防物资台账。

（8）月度消防安全专项检查表。

（9）项目临时用房材质报告（A级）。

7.3 消防安全管理资料填写说明

7.3.1 施工现场消防安全管理制度

《陕西省建筑施工动火作业安全管理指南（试行）》第八条规定，施工单位应当建立消防安全管理责任制度，确定消防安全责任人，制定动火、用电、使用易燃易爆材料等消防安全管理制度和操作规程，设置消防通道、消防水源，配备消防设施和灭火器材，并在施工现场入口处设置明显警示标志。

第七条规定，监理单位负责对施工单位消防安全管理制度、操作规程和施工现场的消防设备和器材、警示标志等措施落实情况进行监理，对动火作业的审批和作业过程的消防安全措施进行监督检查。

7.3.2 动火作业的审批

根据火灾事故可能性、潜在后果、作业环境及作业内容等因素，将动火作业分为一级动火作业、二级动火作业、三级动火作业三类。

一级动火作业：是指在生产运行状态下的易燃易爆生产装置、储罐、容器等部位及与其连接在一起的辅助设备；其他特别危险场所进行的动火作业；带压不置换动火作业。一级动火作业的审批时效不超过1天，期满应重新审批,否则视作无证动火。一级动火作业由分包单位项目负责人申请办理，经总承包单位项目负责人审核，报分包单位和总承包单位的分公司技术部门负责人审批后实施，并将动火作业审批情况报分包单位和总承包单位安全监督管理部门备查。

二级动火作业：在易燃易爆场所进行的除一级动火以外的动火作业，包括厂区管廊上的动火作业。二级动火作业的审批时效不超过3天，期满应重新审批,否则视作无证动火。二级动火作业由分包单位施工员申请办理，经分包单位项目负责人审核，报总承包单位项目负责人审批后实施，并将动火作业审批情况报分包单位和总承包单位的分公司安全监督管理部门备查。

三级动火作业：除一级动火和二级动火以外的动火作业。三级动火作业的审批时效不超过7天，期满应重新审批,否则视作无证动火。三级动火作业由动火作业所在班组负责人申请办理，经分包单位项目施工员审核，分包单位项目负责人审批后实施，并将动火作业审批情况报总承包单位项目经理部安全监督管理部门备查。

7.3.3 消防安全教育和培训

消防安全教育与培训应侧重于普遍提高施工人员的消防安全意识和扑灭初起火灾、自我防护的能力。消防安全教育、培训的对象为全体施工人员。

7.3.4　消防安全技术交底

消防安全技术交底的对象为在具有火灾危险场所作业的人员或实施具有火灾危险工序的人员。交底应针对具有火灾危险的具体作业场所或工序，向作业人员传授如何预防火灾、扑灭初起火灾、自救逃生等方面的知识、技能。

消防安全技术交底是安全技术交底的一部分，可与安全技术交底一并进行，也可单独进行。

7.3.5　项目临时用房材质报告（A 级）

《建设工程施工现场消防安全技术规范》GB 50720—2011 第 4.2.1 条规定，宿舍、办公用房的防火设计应符合下列规定：建筑构件的燃烧性能等级应为 A 级。当采用金属夹芯板材时，其芯材的燃烧性能等级应为 A 级。

第 4.2.2 条规定，发电机房、变配电房、厨房操作间、锅炉房、可燃材料库房及易燃易爆危险品库房的防火设计应符合下列规定：建筑构件的燃烧性能等级应为 A 级。

项目部购买临时用房时，需选用燃烧性能等级应为 A 级的不燃材料，并收集好材质报告及检测报告。

消防安全管理资料总计 9 项内容，需单独建档并编号存放。目录清单中 1、3、6、7、9 五项内容为固定内容，项目没有大的变动，一次收集整理完成之后不再变动，可一次装订成册，永久使用。4、5、8 三项内容合并归档，按月收集，按月归档。动火作业审批每周汇总一次，按照月度进行整编、装订、归档。

消防安全责任制规定（样本）

第一条 为加强和规范公司消防安全管理工作，预防和减少火灾危害，明确各级消防安全责任，根据《中华人民共和国消防法》《机关、团体、企业、事业单位消防安全管理规定》《陕西省消防条例》等法律法规要求，结合集团实际制定本规定。

第二条 公司消防工作坚持"预防为主，防消结合"的方针，坚持安全自查、隐患自除、责任自负，公司各项目是消防安全的责任主体，各责任主体对各自范围内的消防安全工作全面负责。

第三条 坚持"党政同责、一岗双责、齐抓共管、失职追责"的原则，各责任主体的主要负责人是本单位消防工作的第一责任人，对本项目的消防工作负全面领导责任；各项目分管消防工作的负责人为消防工作主要责任人，对消防工作负分管领导责任；其他分管负责人对分管业务和项目的消防工作负具体领导责任。分管消防工作的部门负责人为消防工作主要监督管理责任人，对本项目消防工作负主要监督管理责任；分管业务工作的人员为消防工作直接监督管理责任人，对消防工作负直接监督管理责任。

第四条 公司各项目全面负责本项目消防安全工作，并履行下列消防工作职责：

1. 贯彻落实国家有关消防安全的法律法规要求，严格执行公司及行业主管部门消防安全管理有关规定，配备消防安全管理人员，组织实施本项目的消防安全管理工作。

2. 健全落实本项目消防安全责任制，明确各工作岗位消防工作职责和责任人，制定本项目的消防安全制度、消防安全操作规程，确保本项目的消防安全。

3. 编制消防安全工作年度计划并制定切实可行的措施、督促按照计划实施，定期对消防安全工作年度计划落实情况进行查验，及时纠正并完善工作内容。

4. 按照国家标准、行业标准配置消防设施、器材，设置消防安全标志，并定期组织检验、维修，确保完好有效。保障疏散通道、安全出口、消防车通道畅通，保证防火防烟分区、防火间距符合消防技术标准，满足消防安全要求。

5. 建立健全本项目消防安全会议制度，定期召开消防安全工作会议，协调解决本项目存在的重大消防安全问题。

6. 严格落实消防安全经费保障和管理工作，保证必要的消防安全投入，提升消防安全条件。

7. 制定消防安全工作考核办法，对在建项目履行消防安全职责情况进行督查和考核。

8. 结合项目特点，组织开展消防安全知识宣传和培训；定期进行消防安全检查，消除火灾隐患，对重大火灾隐患进行挂牌督办。

9. 建立健全火灾事故应急救援预案，开展应急救援和疏散演练，并对应急预案适时更新完善。

10. 法律法规规定的其他消防安全职责。

第五条　项目经理部应当履行下列消防工作职责：

1. 建立项目消防安全管理领导小组，健全消防安全管理制度，明确消防工作专（兼）职管理人员，落实消防安全措施。

2. 结合项目自身特点，制定消防工作方案，并组织实施。

3. 组织开展消防安全知识教育培训和宣传工作。

4. 定期组织开展消防安全检查、巡查，及时消除火灾隐患。

5. 保障疏散通道、安全出口、消防车通道畅通，保证防火防烟分区、防火间距符合消防技术标准。对建筑消防设施每年至少进行一次全面检测，确保完好有效。

6. 保证消防安全投入有效使用，加强消防装备配备和灭火药剂储备，及时更新完善消防器材及设施。

7. 编制项目火灾事故应急救援预案，每半年组织开展一次灭火和应急疏散演练，并及时更新完善应急预案。

8. 法律法规和企业制度规定的其他消防安全职责。

第六条　消防安全重点项目依法实施更加严格的消防安全管理，明确承担消防安全管理工作机构和管理人员，建立微型消防站，实行区域联防联控，积极应用消防远程监控系统、电气火灾监测系统和物联网技术等技防、物防措施。

第七条　容易造成群死群伤火灾的人员密集场所和高层、地下公共建筑等火灾高危单位要在履行消防安全重点单位管理职责的基础上，落实人防、物防、技防措施，提高自防自救能力：

1. 超高层公共建筑和大型城市综合体应建立专职微型消防站。

2. 按照国家标准配备应急逃生设施设备和疏散引导器材。

3. 建立消防安全评估制度，由具有资质的机构定期开展评估，评估结果向社会公开。

第八条　公司每年年初与各项目签订年度消防安全目标责任书。各项目应按照与公司签订的消防安全目标责任书分解落实消防安全责任，明确各级消防管理工作职责、目标和考核奖惩措施。

第九条　公司各项目每半年对消防工作目标责任书的落实情况进行自评考核，并将考核情况书面上报公司。

公司每年组织对各单位年度消防工作目标责任书落实情况进行考核，将考核结果纳入各单位经营业绩考核，并与各项目主要负责人绩效薪酬挂钩。

第十条　公司各项目应将消防安全责任制落实情况作为评先评优的依据，对在消防工作中作出突出成绩的单位和个人，按照有关规定予以表彰奖励。

第十一条　对重大火灾隐患整改工作不力或因消防安全责任制不落实、火灾防控措施不到位，发生人员伤亡火灾事故的，依据调查报告和公司有关规定追究有关人员的责任。

第十二条　本规定自下发之日起施行。

一级动火作业证（样本）

总承包单位		分包单位	
工程名称		作业内容	
动火时间	年　月　日　　时　　分　至　　年　月　日　　时　　分		
动火部位			
采取的安全措施：			
动火人		动火监护人	
动火申请人	分包单位项目负责人： 日期：		
审核意见	总承包单位项目负责人： 日期：		
审批意见	分包单位分公司技术部门负责人： 日期：	总承包单位分公司技术部门负责人： 日期：	
完工验收：	合格□　　　　不合格□ 动火监护人员签字：　　　　　　　　年　月　日		

二级动火作业证（样本）

总承包单位		分包单位	
工程名称		作业内容	
动火时间	年 月 日 时 分 至 年 月 日 时 分		
动火部位			
采取的安全措施：			
动火人		动火监护人	
动火申请人	分包单位项目施工员： 日期：		
审核意见	分包单位项目负责人： 日期：		
审批意见	总承包单位项目负责人： 日期：		
完工验收：	合格□　　　不合格□ 动火监护人员签字：　　　　　年 月 日		

三级动火作业证（样本）

总承包单位		分包单位	
工程名称		作业内容	
动火时间	年　月　日　时　分　至　年　月　日　时　分		
动火部位			
采取的安全措施：			
动火人		动火监护人	
动火申请人	作业班组负责人： 日期：		
审核意见	分包单位项目施工员： 日期：		
审批意见	分包单位项目负责人： 日期：		
完工验收：　　　　　　　　　　　　合格□　　　　不合格□ 动火监护人员签字：　　　　　　年　月　日			

月度消防安全专项检查表（样本）

工程名称				
检查时间				项目经理	
序号	检查项目	内容与要求		存在问题
1	消防安全管理制度	1. 是否编制施工现场防火技术方案； 2. 是否编制施工现场灭火和应急疏散预案； 3. 教育培训、技术交底、消防检查及应急疏散演练落实情况		
2	生活区防火	1. 在建工程内是否设置员工集体宿舍； 2. 生活区搭设是否符合要求； 3. 临时用房是否违规采用易燃可燃材料为芯材的彩钢板搭建； 4. 生活区内部存放的易燃易爆物品，必须要按规定配备消防器材； 5. 生活区内严禁乱拖乱接简易插座，电线必须套管敷设； 6. 严禁宿舍、仓库内生火煮食，严禁使用电炉、电热器具等大功率电器		
3	现场防火	1. 施工现场必须合理、有效地配置消防设施或合格的消防器材，且有专人管理； 2. 消防器材配置数量或间距必须符合要求； 3. 动火作业必须配备监护人员； 4. 特种作业人员（动火作业人员）必须持证上岗； 5. 动火作业必须落实动火审批制度		
4	施工焊接防火	1. 焊割现场必须配备消防器材； 2. 焊割部位与氧气瓶、乙炔瓶、乙炔发生器以及各种易燃、可燃材料必须有效隔离； 3. 乙炔瓶、氧气瓶不得平放卧倒使用，不得直接曝晒，必须设置防撞击措施； 4. 在高空焊接必须采取措施控制火花溅落		
5	电气防火	1. 配电线路、配电设备应符合设计及规范要求； 2. 灯具应符合要求		
6	日常管理记录	1. 消防检查记录是否齐全； 2. 消防安全教育及消防安全技术交底记录是否齐全		
7	易燃物消防管理	1. 存放易燃液体、气体场所必须采用防爆型电器设备及照明工具； 2. 不得在库房内使用明火； 3. 乙炔发生器、乙炔瓶和氧气瓶在新建、维修工程内存放时，是否设置专用房间单独分开存放、设专人管理且配备消防器材，设置消防标志		
8	消防通道及救援设施	1. 建筑物内外道路和通道必须保持通畅，施工现场应设置临时消防车道； 2. 疏散走道、楼梯、坡道应保持通畅，不得堆放材料、机具等		
施工单位检查人员 年 月 日		分包单位检查人员 年 月 日		项目经理 年 月 日

消防知识技能培训登记表（样表）

主讲人：	
培训时间：	培训地点：
培训内容：	

培训人员签字							

照片后附

消防物资台账（样本）

序号	名称	单位	数量	存放地点	有效期限	负责人

第 **8** 章

基坑工程

本章根据《建筑施工安全检查标准》JGJ 59—2011、陕西省住房和城乡建设厅检查标准并结合现场检查的需要，从场地移交、基坑工程专项方案的审批、专家论证、安全技术交底、验收及第三方监测等 6 个方面对相关资料进行了汇总整编。本章涉及的相关规范有《建筑深基坑工程施工安全技术规范》JGJ 311—2013、《建筑地基基础工程施工规范》GB 51004—2015、《建筑与市政地基基础通用规范》GB 55003—2021、《建筑基坑工程监测技术标准》GB 50497—2019、《建筑基坑支护技术规程》JGJ 120—2012、《建筑施工土石方工程安全技术规范》JGJ 180—2009。

8.1 深基坑工程概述

《建筑施工安全检查标准》JGJ 59—2011 第 3.11.2 条规定，基坑工程检查评定保证项目应包括施工方案、基坑支护、降排水、基坑开挖、坑边荷载、安全防护。

本章深基坑的资料整编主要针对《住房城乡建设部办公厅关于实施〈危险性较大的分部分项工程安全管理规定〉有关问题的通知》（建办质〔2018〕31 号）危险性较大的分部分项工程和超过一定规模的危险性较大的分部分项工程中的基坑工程。

8.2 深基坑工程资料整编目录清单

（1）地上、地下管线及建（构）筑物等有关资料移交单。

（2）专项施工方案及报审报批表。

（3）超危工程论证报告/论证会签到表。

（4）方案交底及安全技术交底。

（5）验收记录表。

（6）第三方监测记录。

8.3 深基坑工程资料编写说明

8.3.1 地上、地下管线及建（构）筑物等有关资料移交单

《建设工程安全生产管理条例》第六条规定，建设单位应当向施工单位提供施工现场及毗邻区域内供水、排水、供电、供气、供热、通信、广播电视等地下管线资料，气象和水文观测资料，相邻建筑物和构筑物、地下工程的有关资料，并保证资料的真实、准确、完整。总包单位应按照移交单要求建设单位填写相关内容，为变更索赔及地质资料不准确导致的生产安全事故处理做好前期准备。

8.3.2 专项施工方案及报审报批

《危险性较大的分部分项工程安全管理规定》（中华人民共和国住房和城乡建设部令第37号）规定，对于开挖深度超过3m（含3m）的基坑（槽）的土方开挖、支护、降水工程以及开挖深度虽未超过3m，但地质条件、周围环境和地下管线复杂，或影响毗邻建、构筑物安全的基坑（槽）的土方开挖、支护、降水工程。施工单位应当在危大工程施工前组织工程技术人员编制专项施工方案。实行施工总承包的，专项施工方案应当由施工总承包单位组织编制。危大工程实行分包的，专项施工方案可以由相关专业分包单位组织编制。专项施工方案应当由施工单位技术负责人审核签字、加盖单位公章，并由总监理工程师审查签字、加盖执业印章后方可实施。危大工程实行分包并由分包单位编制专项施工方案的，专项施工方案应当由总承包单位技术负责人及分包单位技术负责人共同审核签字并加盖单位公章。

对于开挖深度超过5m（含5m）的基坑（槽）的土方开挖、支护、降水工程，施工单位应当组织召开专家论证会对专项施工方案进行论证。实行施工总承包的，由施工总承包单位组织召开专家论证会。专家论证前专项施工方案应当通过施工单位审核和总监理工程师审查。专家应当从地方人民政府住房城乡建设主管部门建立的专家库中选取，符合专业要求且人数不得少于5名。与本工程有利害关系的人员不得以专家身份参加专家论证会。

土方开挖、支护、降水工程三个分项工程的专项方案可以合并成一个方案进行审批及论证，也可以分开进行审批，如果现场均涉及，建议合并一起进行审批，减少资源浪费。

8.3.3 验收记录表

《陕西省房屋建筑和市政基础设施工程危险性较大的分部分项工程安全管理实施细则》（陕建发〔2019〕1116号）第二十八条规定，对于按照规定需要验收的危大工程，施工单位、监理单位应当组织相关人员进行验收。验收人员应当包括：

（1）总承包单位和分包单位技术负责人或授权委派的专业技术人员、项目负责人、项目技术负责人、专项施工方案编制人员、项目专职安全生产管理人员及相关人员；

（2）监理单位项目总监理工程师及专业监理工程师；

（3）有关勘察、设计和监测单位项目技术负责人；

（4）不少于 2 名原专项方案论证专家。

验收合格的，经施工单位项目技术负责人及总监理工程师签字确认后，方可进入下一道工序。

危大工程验收合格后，施工单位应当在施工现场明显位置设置验收标识牌，公示验收时间及责任人员。

基坑支护完成后邀请不少于两名原专项方案论证专家参与验收，可以一次验收，也可以根据施工现场的需要分阶段验收。

8.3.4　第三方监测

《建筑基坑工程监测技术标准》GB 50497—2019 第 3.0.3 条规定，基坑工程施工前，应由建设方委托具备相应能力的第三方对基坑工程实施现场监测。监测单位应编制监测方案，监测方案应经建设方、设计方等认可，必要时还应与基坑周边环境涉及的有关管理单位协商一致后方可实施。

建设单位有责任也有义务委托第三方监测，对于建设单位没有及时委托的，施工单位应及时发函提醒、督促，以免因未委托第三方收到行政处罚及因变形过大导致安全事故的发生。

深基坑工程资料总计 6 项内容，其中 1～5 项相关内容在验收交底完之后相对固定，可一次装订成册，永久使用。第 6 项第三方监测记录，只需按月收集归档即可。

地上、地下管线及建（构）筑物等有关资料移交单（样本）

工程名称		建设单位	
施工单位		移交日期	
移交内容：			

项目负责人：
 	
建设单位：
 	
    项目经理部（章）：
 	
       年　月　日
	项目负责人：
	
	施工单位：
	
	    项目经理部（章）：
	
	       年　月　日
		总监理工程师：
		
		监理单位：
		
		    项目监理部（章）：
		
		       年　月　日	

陕西省建筑工程施工质量验收技术资料统一用表
监理质量控制资料

监理 B-1 施工组织设计/（专项）施工方案报审表

工程名称：＿＿＿＿＿＿＿＿＿＿＿＿＿＿ 编号：

致：		（项目监理机构）
我方已完成		工程施工组织设计/（专项）施工方案的编制

并按规定已完成相关审批手续，请予以审查。

附件：　□　　　　　　　　　　　施工组织设计

　　　　□　　　　　　　　　　　专项施工方案

　　　　□　　　　　　　　　　　施工方案

施工项目经理部（盖章）：

项目经理（签字）：

年　月　日

审查意见：

专业监理工程师（签字）：

年　月　日

审核意见：

项目监理机构（盖章）：

总监理工程师（签字）：

年　月　日

审批意见（仅对超过一定规模的危险性较大分部分项工程专项施工方案）：

建设单位（盖章）：

建设单位代表（签字）：

年　月　日

注：本表一式三份，项目监理机构、建设单位、施工单位各一份。

陕西省建筑工程施工质量验收技术资料统一用表

施工技术资料

施工方案报批表（施工单位）

工程名称		建设单位	
文件名称		册　共　页	
编制单位		主编人	
内容概述	1. 编制依据 2. 工程概况 3. 施工计划 4. 施工工艺技术 5. 施工质量保证措施 6. 施工安全保证措施 7. 季节性施工措施 8. 绿色施工要求		
（项目部）审核意见	（盖章） 项目经理： 　年　月　日		
监理（建设）单位审批意见	（盖章） 专业监理工程师（建设单位专业技术负责人）： 　年　月　日		

注：1. 本表由编制单位填制，然后按程序报批；
　　2. 编制的文件附后。

陕西省建筑工程施工质量验收技术资料统一用表

施工技术资料

施工方案报批表（分包单位）

工程名称		建设单位	
文件名称		册　　共　　页	
编制单位		主编人	
内容概述	第一章　工程概况 第二章　编制依据 第三章　施工计划 第四章　施工工艺技术 第五章　施工保证措施 第六章　施工管理及作业人员配备和分工 第七章　验收要求 第八章　应急处置措施 第九章　计算书		
分包单位 审核意见	（盖章） 项目经理： 年　月　日		
施工单位 审查意见	（盖章） 项目经理： 年　月　日		
监理 （建设） 单位审批 意见	（盖章） 专业监理工程师（建设单位专业技术负责人）： 年　月　日		

注：1. 本表由分包单位填制，然后按程序报批；
　　2. 编制的文件附后。

危险性较大的分部分项工程验收表（样本）

工程名称：＿＿＿＿＿＿＿＿＿＿＿＿＿＿＿＿　　　　验收时间：

危险性较大的分部分项工程：
验收部位：
1. 验收内容：   2. 按规定进行编制、审核、论证的专项方案是否具备：   3. 各项控制指标是否在方案所明确的允许偏差范围内：   检查验收结论：   □ 通过　　　　　　□ 不通过
验收人员：   　　　　　　　　　　　　　　　　　　　　　　　　　年　月　日

项目技术负责人		总监理工程师	

注：危险性较大的分部分项工程验收，此表格和各类专项验收表格一并使用，签到表附后。

危险性较大的分部分项工程验收签到表（样本）

类别	姓名	单位	职务	手机
建设单位项目或技术负责人				
监理单位项目总监理工程师				
监理单位专业监理工程师				
施工单位技术负责人或委托人				
施工单位项目负责人				
施工单位项目技术负责人				
专项方案编制人员				
项目专职安全生产管理人员				
专业分包单位技术人员或方案编制人				
设计单位项目技术负责人				
勘察单位项目技术负责人				
其他有关人员（专家）				

基坑支护安全技术交底（样本）

编号：

工程名称		分部分项工程	

1. 进入现场必须遵守安全生产纪律。
2. 土石方工程开挖前编制开挖方案，并按认可后的方案进行开挖。
3. 挖土中发现管道、电缆及其他埋设物应及时报告，不得擅自处理。
4. 挖土时要注意土壁的稳定性，发现有裂缝及倾、坍可能时，人员要立即离开并及时处理。
5. 人工挖土时应由上至下，逐层挖掘，前后操作人员间距不小于 2~3m，堆土要在 1m 以外，且高度不得超过 1.5m，严禁在孤石下挖土，夜间应有充足的照明。
6. 在基坑或深井下作业时，必须戴安全帽，严防上面土块及物体下落砸伤头部，遇有地下水渗出时，应把水引到集水井加以排除。
7. 每日或雨后必须检查土壁及支撑稳定情况，在确保安全的情况下继续工作，并且不得将土和其他物件堆在支撑上，不得在支撑上行走或站立。
8. 在水下作业，必须严格检查电气的接地或接零和漏电保护开关，电缆应完好，并穿戴防护用品。
9. 机械挖土，启动前应检查离合器、钢丝绳等，经空车试运转正常后再开始作业。
10. 机械操作中进铲不应过深，提升不应过猛。
11. 机械不得在输电线路下工作，在输电线路一侧工作，不论在任何情况下，机械的任何部位与架空输电线路的最近距离应符合安全规程要求。
12. 机械应停在坚实的地基上，如基础过差，应采取过板等加固措施，不得将挖掘机履带与挖空的基坑平行 2m 停驶。运土汽车不易靠近基坑平行行驶，防止塌方翻车。
13. 电缆两侧 1m 范围内应采用人工挖掘。
14. 配合拉铲的清坡、清底工人，不得在机械回转半径下工作。
15. 向汽车上卸土应在车子停稳后进行，禁止铲斗从汽车驾驶室上越过。
16. 基坑四周必须设置 1.5m 高护栏，要设置一定数量的临时上下施工楼梯。
17. 场内道路应及时整修，确保车辆安全畅通，各种车辆应由专人负责指挥引导。
18. 车辆进出门口的人行道下，如有地下管线（道）必须铺设厚钢板，或浇捣混凝土加固。
19. 在开挖基坑时，必须设有确实可行的排水措施，以免基坑积水，影响基坑土壤结构。
20. 基坑开挖前，必须摸清基坑下的管线排列和地质开采资料，以利于考虑开挖过程中的意外应急措施（流沙等特殊情况）。
21. 清坡、清底人员必须根据设计标高做好清底，不得超挖，如果超挖，不得将松土回填，以免影响基础质量。
22. 开挖出的土方，要严格按照组织设计堆放，不得堆于基坑侧，以免地面堆载超荷引起土体位移、板桩位移或支撑破坏。
23. 挖土机械不得在施工中碰撞支撑，以免引起支撑破坏或拉损。
24. 开挖土方必须有挖土令。
25. 补充交底内容：

交底人签字		接受人签字	
专职安全管理人员签字		交底日期	

深基坑工程安全技术交底记录（样本）

编号：

工程名称		分部分项工程	

1. 进入施工现场必须遵守安全操作规程和安全生产十大纪律。

2. 严格执行施工组织设计和安全技术措施，不准擅自修改。

3. 基坑开挖前，应先检查了解地质、水文、道路、附近建筑物、民房等状况，做好记录，开挖过程中经常观测变化情况，发现异常，立即采取应急措施。

4. 作业前要全面检查开挖的机械、电气设备是否符合安全要求，严禁带"病"运行，基坑现场排水、降水、集水措施是否落实。

5. 作业中坚持由上而下分层开挖，先放坡、先支护、后开挖的原则，不准碰损边坡或碰撞支撑系统或护壁桩，防止坍塌，未支护前不准超挖。

6. 基坑周边严禁超荷载堆土、堆放材料设备，不得搭设临时工棚设施。

7. 基坑抽水用潜水泵和电源电线应绝缘良好，接线正确，符合三相五线制和"一机一闸一漏一箱"的要求，抽水时坑内作业人员应返回地面，不得有人在坑内边抽水边作业，移动泵机必须先拉闸切断电源。

8. 汽车运土，装载机铲土时，应有人指挥，遵守现场交通标志和指令，严禁在基坑周边行走运载车辆。

9. 基坑开挖过程，应按设计要求，及时配合做好锚杆拉固工作。

10. 基坑开挖到设计标高后，坑底应及时填满封闭，及时进行基础施工，防止基坑暴露时间过长。

11. 开挖过程，如需石方爆破，应制定包括药量计量计算的专项安全作业方案，报公安部门审批后才准施爆，并严格按有关爆破器材规定运输、领用、存放和管理（包括遵守爆破作业安全规程）。

12. 夜间作业应配有足够照明设施，基坑内应采用 36V 以下安全电压。

13. 基坑内应有通风、防尘、防毒和防火措施。

14. 作业人员必须沿斜桥道上落基坑。

15. 现场补充交底内容：

交底人签字		接受人签字	
专职安全管理人员签字		交底日期	

深基坑专项施工方案交底（样本）

编号：

工程名称		专项施工方案名称	
交底内容：			
交底人 （编制人员或项目技术负责人） 签字		交底日期	年 月 日
接受人（施工现场管理人员） 签字			

一级、二级基坑支护验收表（样本）

编号：

工程名称					
施工单位	分包单位			支护方式	
	总包单位				
序号	验收项目	验收内容		验收结果	
1	施工方案和交底	有经审批的专项施工方案；超过一定规模的危大工程有专家论证报告、有安全技术交底；危大工程有方案交底			
2	临边防护	坑槽开挖深度不足 2m，按规定放坡；超过 2m 时，应设临边防护栏杆、挂密目式安全网或工具式栏板封闭			
3	坑壁支护	坑槽开挖设置安全边坡，应符合规范或设计要求；特殊支护做法符合设计和方案要求			
4	排水措施	有效排水措施；坑外降水有防止临边建筑危险沉降措施			
5	坑边荷载	坑边荷载应符合支护设计要求和有关规范规定			
6	上下通道	人员上下应设专用通道并有防滑措施			
7	作业环境	基坑内作业人员必须有安全可靠立足点；垂直作业，必须有切实可行的隔离防护措施；光线不足时应设置足够的照明			
8	基坑支护的监测	有对支护变形和对毗邻建筑物及重要管线、道路的沉降观测方案和措施			

验收结论： 分包单位项目经理部（章） 年　月　日	项目经理	
	项目技术负责人	
	施工负责人	
	专职安全管理人员	

验收结论： 总包单位项目经理部（章） 年　月　日	项目经理	
	项目技术负责人	
	施工负责人	
	专职安全管理人员	

验收意见：

监理单位项目监理部（章）

专业监理工程师：
总监理工程师：
年　月　日

建设单位： （章） 年　月　日	基坑设计单位： （章） 年　月　日

三级基坑支护验收表（样本）

编号：

工程名称					
施工单位	分包单位		支护方式		
	总包单位				
序号	验收项目	验收内容		验收结果	
1	施工方案和交底	有经审批的专项施工方案；超过一定规模的危大工程有专家论证报告、有安全技术交底；危大工程有方案交底			
2	临边防护	坑槽开挖深度不足2m，按规定放坡；超过2m时，应设临边防护栏杆、挂密目式安全网或工具式栏板封闭			
3	坑壁支护	坑槽开挖设置安全边坡，应符合规范或设计要求；特殊支护做法符合设计和方案要求			
4	排水措施	有效排水措施；坑外降水有防止临边建筑危险沉降措施			
5	坑边荷载	坑边荷载应符合支护设计要求和有关规范规定			
6	上下通道	人员上下应设专用通道并有防滑措施			
7	作业环境	基坑内作业人员必须有安全可靠立足点；垂直作业，必须有切实可行的隔离防护措施；光线不足时应设置足够的照明			
8	基坑支护的监测	有对支护变形和对毗邻建筑物及重要管线、道路的沉降观测方案和措施			

验收结论：	项目经理	
	项目技术负责人	
分包单位项目经理部（章）	施工负责人	
年　月　日	专职安全管理人员	
验收结论：	项目经理	
	项目技术负责人	
总包单位项目经理部（章）	施工负责人	
年　月　日	专职安全管理人员	

验收意见：

监理单位项目监理部（章）

专业监理工程师：
总监理工程师：
年　月　日

基坑支护沉降观测记录表（样本）

工程名称								施工单位（总包）					
监测项目								监测仪器及编号					
监测单位								委托单位					

测点	相对高度	日期											
		第一次		第二次		第三次		第四次		第五次		第六次	
		本次	累计	本次	累计	本次	累计	本次	累计	本次	累计	本次	累计
J1													
J2													
J3													
J4													
J5													
J6													
J7													
J8													
J9													
J10													
施工工况													
规范允许闭合差													
现场实测闭合差													
委托单位项目负责人			监测单位项目负责人					监测人					

基坑支护水平位移观测记录表（样本）

编号：

工程名称										施工单位 （总包）				
监测项目										监测仪器及编号				
监测单位										委托单位				
测点	初始 读数	日期												
		第一次		第二次		第三次		第四次		第五次		第六次		
		本次	累计	本次	累计	本次	累计	本次	累计	本次	累计	本次	累计
S1													
S2													
S3													
S4													
S5													
S6													
S7													
S8													
S9													
S10													
施工工况													
委托单位项目 负责人				监测单位项目负责人					监测人					

第 9 章

脚手架工程

本章根据《建筑施工安全检查标准》JGJ 59—2011、陕西省住房和城乡建设厅检查标准并结合现场检查的需要，从脚手架工程专项方案的审批、专家论证、安全技术交底、验收、脚手架拆除审批及监控等 5 个方面对相关资料进行了汇总整编。本章涉及的相关规范有《建筑施工碗扣式钢管脚手架安全技术规范》JGJ 166—2016、《建筑施工扣件式钢管脚手架安全技术规范》JGJ 130—2011、《建筑施工工具式脚手架安全技术规范》JGJ 202—2010、《施工脚手架通用规范》GB 55023—2022、《建筑施工门式钢管脚手架安全技术标准》JGJ/T 128—2019、《建筑施工脚手架安全技术统一标准》GB 51210—2016、《建筑施工承插型盘扣式钢管脚手架安全技术标准》JGJ/T 231—2021。

9.1 脚手架工程概述

《建筑施工安全检查标准》JGJ 59—2011 第 3.3 条规定，扣件式钢管脚手架检查评定保证项目应包括：施工方案立杆基础、架体与建筑结构拉结、杆件间距与剪刀撑、脚手板与防护栏杆、交底与验收。

本章脚手架工程的资料整编主要针对《住房城乡建设部办公厅关于实施〈危险性较大的分部分项工程安全管理规定〉有关问题的通知》（建办质〔2018〕31 号）危险性较大的分部分项工程和超过一定规模的危险性较大的分部分项工程中的脚手架工程。

9.2 脚手架工程资料整编目录清单

（1）专项施工方案及报审报批表。

（2）超危工程论证报告/论证会签到表。

（3）专项施工方案及安全技术交底记录。

（4）验收记录。

（5）脚手架拆除审批、监控记录。

9.3 脚手架工程资料编写说明

9.3.1 专项施工方案及报审报批

对于《住房城乡建设部办公厅关于实施〈危险性较大的分部分项工程安全管理规定〉有关问题的通知》（建办质〔2018〕31号）规定的搭设高度24m及以上的落地式钢管脚手架工程（包括采光井、电梯井脚手架），附着式升降脚手架工程，悬挑式脚手架工程，高处作业吊篮，卸料平台、操作平台工程异型脚手架工程等一般危大工程及搭设高度50m及以上的落地式钢管脚手架工程，提升高度在150m及以上的附着式升降脚手架工程或附着式升降操作平台工程，分段架体搭设高度20m及以上的悬挑式脚手架工程等超危大工程，严格按照《危险性较大的分部分项工程安全管理规定》（中华人民共和国住房和城乡建设部令第37号）相关要求进行报审批（具体可参见第8章）。

9.3.2 安全技术交底记录

本章脚手架工程安全技术交底涉及落地扣件式钢管脚手架、悬挑式钢管脚手架、附着式升降脚手架、落地式转料平台、悬挑式钢平台5方面内容及2类特种作业人员：

一是建筑架子工（普通脚手架）：在建筑工程施工现场从事落地式脚手架、悬挑式脚手架、模板支架、外电防护架、卸料平台、洞口临边防护等登高架设、维护、拆除作业；二是建筑架子工（附着式升降脚手架）：在建筑工程施工现场从事附着式升降脚手架的安装、升降、维护和拆卸作业。

本章涉及的技术交底只能是特种作业人员签字，不适用于一般作业人员签字。

9.3.3 验收记录表

严格按照《陕西省房屋建筑和市政基础设施工程危险性较大的分部分项工程安全管理实施细则》（陕建发〔2019〕1116号）第二十八条规定的验收程序及要求进行验收（具体可参见第8章）。

本章脚手架工程资料整编涉及落地扣件式钢管脚手架、悬挑式钢管脚手架、附着式升降脚手架、落地式转料平台、悬挑式钢平台5方面，项目需按照分项工程分别整理，不可混装，每一分项工程资料均需按照第9章9.2规定的5项内容进行整理，并装订成册。

陕西省建筑工程施工质量验收技术资料统一用表

监理质量控制资料

监理 B-1 施工组织设计/（专项）施工方案报审表

工程名称：_____　　　　　　　　　　　　编号：

致：	（项目监理机构）
我方已完成	工程施工组织设计/（专项）施工方案的编制
并按规定已完成相关审批手续，请予以审查。	

附件：　□　　　　　　　　　　　　　　施工组织设计

　　　　□　　　　　　　　　　　　　专项施工方案

　　　　□　　　　　　　　　　　　　　施工方案

施工项目经理部（盖章）：

项目经理（签字）：

年　月　日

审查意见：

专业监理工程师（签字）：

年　月　日

审核意见：

项目监理机构（盖章）：

总监理工程师（签字）：

年　月　日

审批意见（仅对超过一定规模的危险性较大分部分项工程专项施工方案）：

建设单位（盖章）：

建设单位代表（签字）：

年　月　日

注：本表一式三份，项目监理机构、建设单位、施工单位各一份。

陕西省建筑工程施工质量验收技术资料统一用表

施工技术资料

施工方案报批表（施工单位）

工程名称		建设单位			
文件名称			册　　共　　页		
编制单位		主编人			
内容概述	1. 编制依据 2. 工程概况 3. 施工计划 4. 施工工艺技术 5. 施工质量保证措施 6. 施工安全保证措施 7. 季节性施工措施 8. 绿色施工要求				
（项目部） 审核意见	（盖章） 项目经理： 年　月　日				
监理（建设） 单位审批意见	（盖章） 专业监理工程师（建设单位专业技术负责人）： 年　月　日				

注：1. 本表由编制单位填制，然后按程序报批；
　　2. 编制的文件附后。

陕西省建筑工程施工质量验收技术资料统一用表

施工技术资料

施工方案报批表（分包单位）

工程名称		建设单位		
文件名称			册　共　　页	
编制单位		主编人		
内容概述	第一章　工程概况 第二章　编制依据 第三章　施工计划 第四章　施工工艺技术 第五章　施工保证措施 第六章　施工管理及作业人员配备和分工 第七章　验收要求 第八章　应急处置措施 第九章　计算书			
分包单位 审核意见	（盖章） 项目经理： 年　月　日			
施工单位 审查意见	（盖章） 项目经理： 年　月　日			
监理 （建设） 单位审批 意见	（盖章） 专业监理工程师（建设单位专业技术负责人）： 年　月　日			

注：1. 本表由分包单位填制，然后按程序报批；
　　2. 编制的文件附后。

危险性较大的分部分项工程验收表（样本）

工程名称：_____　　　　验收时间：

危险性较大的分部分项工程：
验收部位：
1. 验收内容：   2. 按规定进行编制、审核、论证的专项方案是否具备：   3. 各项控制指标是否在方案所明确的允许偏差范围内：   检查验收结论：   □ 通过　　　　　　□ 不通过
验收人员：   　　　　　　　　　　　　　　　　　　　　　　　　　　　　年　月　日

项目技术负责人		总监理工程师	

注：危险性较大的分部分项工程验收，此表格和各类专项验收表格一并使用，签到表附后。

危险性较大的分部分项工程验收签到表（样本）

类别	姓名	单位	职务	手机
建设单位项目或技术负责人				
监理单位项目总监理工程师				
监理单位专业监理工程师				
施工单位技术负责人或委托人				
施工单位项目负责人				
施工单位项目技术负责人				
专项方案编制人员				
项目专职安全生产管理人员				
专业分包单位技术人员或方案编制人				
设计单位项目技术负责人				
勘察单位项目技术负责人				
其他有关人员				

钢管进场验收记录（样本）

工程名称			栋号		
验收产品名称			验收日期	年 月 日	
规格型号					
进场数量（m/t）					
检查项目	验收记录				验收结论
资料审查	租赁单位是否有营业执照； 钢管材料是否有产品质量合格证及质量检验报告				
外观质量	从现场使用的脚手架钢管中，抽样进行外观检查：钢管表面平直光滑，无裂缝、结疤、分层、错位、硬弯、毛刺、压痕和深的划道；钢管外径、壁厚、端面等的偏差符合规定；钢管涂有防锈漆；在锈蚀严重的钢管中抽取三根（锈蚀检查应每年一次），在每根锈蚀严重的部位横向截开取样检查，表面锈蚀深度符合规定（当锈蚀深度超过规定值时不得使用）；钢管弯曲变形符合规定				

脚手架钢管允许偏差Δ（mm）的检查与记录	序号	项目	允许偏差（mm）	检查记录
	1	焊接钢管外径48（mm）	±0.5	
		焊接钢管壁厚3.6（mm）	±0.36	
	2	钢管两端面切斜偏差	1.70	
	3	钢管外表面锈蚀深度（mm）	≤0.18	
	4	各杆件钢管的端部弯曲$L \leqslant 1.5m$	≤5	
		立杆钢管弯曲 $3m < L \leqslant 4m$ $4m < L \leqslant 6.5m$	≤12 ≤20	
		水平杆、斜杆的钢管弯曲$L \leqslant 6.5m$	≤30	

现场抽样检测	是否进行抽样检测，检测结论是否合格	
其他		
验收结论		

租赁单位验收意见：
签字： 盖章： 年 月 日

施工单位验收意见：
材料员： 安全员： 项目负责人： 盖章： 年 月 日

监理单位验收意见：
专业监理工程师签字： 盖章： 年 月 日

说明：1. 本表是根据《建筑施工扣件式钢管脚手架安全技术规范》JGJ 130—2011规范中较重要条款制定，除应按本表要求进行验收外，还应依照相关规范标准进行验收；

2. 材料进场分批次验收，按《建筑施工扣件式钢管脚手架安全技术规范》JGJ 130—2011附录D执行。

扣件进场验收记录（样本）

编号：

工程名称			栋号	
验收产品名称	（脚手架用）扣件		验收日期	年 月 日
规格型号	ϕ48 旋转扣	ϕ48 对接扣		ϕ48 直接扣
进场数量（只）				
检查项目	验收记录			检查记录
资料审查	租赁单位是否有营业执照，租赁双方是否签订租赁合同； 生产厂家的产品质量合格证等资质材料是否齐全； 是否有法定检测单位的质量检测报告			
扣件表面	产品的规格、商标是否在醒目处铸出，字迹、图案是否清晰、完整； 不得有裂缝、气孔，不宜有疏松、砂眼或其他影响使用性能的铸造缺陷。铸件表面无粘砂、毛刺、氧化皮，扣件表面是否进行防锈处理			
螺栓	（1）材质应符合《优质碳素结构钢》GB/T 699—2015 相关规定。 （2）螺纹应符合《普通螺纹 基本尺寸》GB/T 196—2025 的规定。 （3）螺栓 M12 总长为 72mm，螺母 M12，对边宽度为 22mm，厚度为 14mm，垫圈 M12，旋转扣件中心铆钉直径为 14mm，其他铆钉直径为 8mm，螺栓不得滑丝			
扣件性能	与钢管的贴合面必须严格整形，应保证与钢管扣紧时接触良好。 扣件活动部位转动灵活，旋转扣件的两旋转面间隙应不大于 1.0mm。 扣件铆钉是否牢固，铆接头是否大于铆孔直径 1mm，是否有裂纹。 扣件活动部位是否灵活，旋转扣件两旋转面间隙是否小于 1mm。 旧扣件是否有裂缝、变形。 现场抽样检测报告是否合格			
其他				
验收结论				
租赁单位验收意见： 　　　　　　签字：　　　　　　　　　　　　　　　盖章：　　　年　月　日				
施工单位验收意见： 　　　　材料员：　　　　安全员：　　　　项目负责人：　　　盖章：　　　年　月　日				
监理单位验收意见： 　　　　专业监理工程师签字：　　　　　　　　　　盖章：　　　年　月　日				

说明：1. 本表是根据《建筑施工扣件式钢管脚手架安全技术规范》JGJ 130—2011、《钢管脚手架扣件》GB/T 15831—2023 中较重要条款制定，除应按本表要求进行验收外，还应依照相关规范标准进行验收；

2. 钢管扣件脚手架的构件进场分批次验收，按《建筑施工扣件式钢管脚手架安全技术规范》JGJ 130—2011 附录 D 表执行。

热轧工字钢进场入库检验记录（样本）

供应商		工程名称		到货日期	
型号规格		到货数量		抽检数量	
表面处理		检验标准		抽样方案	

［10 号　100×68×4.5］	［12.6 号　126×74×5.0］	［14 号　140×80×5.5］	［16 号　160×88×6.0］	
［18 号　180×94×6.5］	［20a 号　200×100×7.0］	［20b 号　200×102×9.0］	［22a 号　220×110×7.5］	
［22b 号　220×112×9.5］	［25a 号　250×116×8.0］	［25b 号　250×118×10.0］	［28a 号　280×122×8.5］	
［28b 号　280×121×10.5］	［32a 号　320×130×9.5］	［32b 号　320×132×11.5］	［32c 号　320×134×13.5］	
［36a 号　360×136×10.0］	［36b 号　360×138×12.0］	［36c 号　360×140×14］	［40a 号　400×142×10.5］	
［40b 号　400×141×12.5］	［40c 号　400×146×14.5］	［45a 号　450×150×11.5］	［45b 号　450×152×13.5］	
［45c 号　450×154×15.5］				

序号	检验项目	标准值	检测数据				检测工具	单项判定
			1	2	3	4		
1	高度偏差（mm）	［□<14±2.0］［□>14～18±2.0］［□>18～30±3.0］［□>30～40±3.0］［□>40～63±4.0］						
							钢卷尺	
2	腿宽偏差（mm）	［□<14±2.0］［□>14～18±2.5］［□>18～30±3.0］［□>30～40±3.5］［□>40～63±4.0］						
							钢卷尺	
3	腰厚度偏差（mm）	［□<14±0.5］［□>14～18±0.5］［□>18～30±0.7］［□>30～40±0.8］［□>40～63±0.9］						
							游标卡尺	
4	弯腰挠度	不应超过腰厚 $0.15d$（d为腰厚度）					直尺塞尺	
5	外缘斜度	单腿不大于 $1.5\%b$，双腿不大于 $2.5\%b$（b为腿宽）					直尺塞尺	
6	弯曲度	≤2mm/m，总弯曲度不大于总长度的 0.2%					靠尺塞尺	
7	镀锌厚度	□ $d\geqslant6$mm	□ 3mm≤d<6mm	□ 1.5mm≤d<3mm	□ $d<1.5$mm		
		□ 局部 70μm、□ 平均 85μm	□ 局部 55μm、□ 平均 70μm	□ 局部 45μm、□ 平均 55μm	□ 局部 35μm、□ 平均 45μm		
						测厚仪	
8	外观	1. 当钢材表面有锈蚀、麻点、划痕等缺陷时，其深度不大于钢材厚度允许偏差的 1/2。 2. 钢材端边或断口处，不应有分层夹渣现象。 3. 工字钢不得有明显扭转						

检验结论		检验员		检验日期	

落地式扣件脚手架搭设安全技术交底（样本）

编号：

工程名称		分部（分项）工程及工种名称	落地式扣件脚手架搭设
工程总承包单位		交底日期	

一、一般交底内容

1. 进入施工现场必须正确戴好安全帽，系好下颚带，锁好带扣；

2. 作业时必须按规定正确使用个人防护用品，着装要整齐，严禁赤脚和穿拖鞋、高跟鞋进入施工现场；

3. 在没有可靠安全防护设施的高处（2m 及以上）和陡坡施工时，必须系好安全带，安全带要系挂牢固，高挂低用，同时高处作业不得穿硬底和带钉易滑的鞋；

4. 新进场的作业人员必须首先参加入场安全教育培训，经考试合格后方可上岗，未经教育培训或考试不合格者，不得上岗作业；

5. 从事特种作业的人员，必须持证上岗，严禁无证操作，禁止操作与自己无关的机械设备；

6. 施工现场禁止吸烟，严禁追逐打闹，禁止酒后作业；

7. 施工现场的各种安全防护措施、安全标志等，未经领导及安全员批准严禁随意拆除和挪动；脚手架所使用的钢管、扣件及零配件等必须统一规格，证件齐全，杜绝使用次品和不合格的钢管

二、交底内容

1. 搭设脚手架的操作人员，必须经过专门培训和体格查验，持特种作业操作资格证方可上岗。患有高血压、心脏病、癫痫及其他不适宜高处作业人员，一律不准从事搭拆作业。

2. 进入作业区域，必须戴安全帽，带工具袋。悬空危险作业，必须先挂扣安全带，严禁穿拖鞋、赤脚或穿硬底鞋上棚架操作，严禁作业中吸烟，严禁酒后作业。

3. 搭设使用的材料及扣件的规格和质量必须符合有关技术规定和施工方案的要求，并经查验合格后才能使用。不准使用不合格的材料、扣件，不准钢、竹材料混搭。

4. 架子地基应平整夯实并找平后，加设垫木、垫板或底座，不得在未经处理的起伏不平和软硬不一的地面上直接搭设脚手架，不准用砖或砌块作垫块。

5. 严格按照脚手架搭设方案规定的构造尺寸进行搭设，控制好立杆的垂直偏差和横杆的水平偏差，并确保节点连接达到要求；垂直度 < 1/1000，绝对值不大于 15cm。

6. 首层、顶层和施工作业层必须有脚手板铺满，铺平铺稳，不得有探头板。架体与建筑之间应逐层进行封闭（用平网或脚手板）。

7. 传递杆件料具，不准碰触压钩高低压电源线和电气设备。

8. 搭设过程中要及时设置扫地杆、连墙杆、剪刀撑、斜撑杆以及必要的卸荷措施，保证架体剪刀撑与水平面夹角不小于45°且不大于60°。

9. 立网拉挂平整顺直，连接材料应符合要求。

10. 脚手架与建筑物之间应每两步三跨或按照专项施工方案规定设置牢固的连墙件。架高超过 40m 且有风涡流作用时，应采取抗上升翻流作用的连墙措施。

11. 内排立杆距建筑物不得大于200mm。

12. 架体上堆放材料、工具等荷载不得超过 1kN/m^2。

13. 钢管脚手架必须有良好可靠的防雷接地，高于四周建筑物的脚手架应设避雷装置。

14. 外脚手架搭设要有经审批的施工方案，每次搭高必须保持高于作业面 1.2m 以上，分段搭设完毕后应进行检查和分段量化验收，检查合格才能使用，不合格不准交付使用。

15. 在脚手架外侧搭设卸料平台时，操作人员必须先系扣好安全带。

16. 搭设上料及人员的斜梯与地面或水平夹角20°左右，踏步间距不大于30cm，不准搭在靠高压线一侧。

17. 遇有恶劣气候（如风力在六级以上）时，禁止在脚手架上作业，并将脚手架与建筑物拉结牢固。

18. 现场补充交底内容：

三、应急措施

1. 施工过程中人员出现擦皮、磕碰等轻微受伤，分包单位应该立即对受伤人员进行伤口处理

2. 现场发生高处坠落事故、物体打击等受伤严重或死亡事故，分包单位应该第一时间报告项目部，同时对受伤人员采取妥善的应急措施，情况严重时应第一时间送往医院救治。

3. 现场人员发现火情，应第一时间扑灭火险，并大声呼救，扑灭火险时应注意保护自身安全。现场人员应第一时间报告项目部

交底人签字		安全员签字	
被交底人 签字	（只签特种作业人员，普工采用一般交底内容）		

落地式扣件脚手架拆除安全技术交底

编号：

工程名称		分部（分项）工程及工种名称	落地式扣件脚手架拆除
工程总承包单位		交底日期	

一、一般交底内容

1. 进入施工现场必须正确戴好安全帽，系好下颚带，锁好带扣；

2. 作业时必须按规定正确使用个人防护用品，着装要整齐，严禁赤脚和穿拖鞋、高跟鞋进入施工现场；

3. 在没有可靠安全防护设施的高处（2m 及以上）和陡坡施工时，必须系好安全带，安全带要系挂牢固，高挂低用，同时高处作业不得穿硬底和带钉易滑的鞋；

4. 新进场的作业人员必须首先参加入场安全教育培训，经考试合格后方可上岗，未经教育培训或考试不合格者，不得上岗作业；

5. 从事特种作业的人员，必须持证上岗，严禁无证操作，禁止操作与自己无关的机械设备；

6. 施工现场禁止吸烟，严禁追逐打闹，禁止酒后作业；

7. 施工现场的各种安全防护措施、安全标志等，未经领导及安全员批准严禁随意拆除和挪动；脚手架所使用的钢管、扣件及零配件等必须统一规格，证件齐全，杜绝使用次品和不合格的钢管

二、交底内容

1. 按照施工方案的要求作业，持特种作业操作资格证方可上岗。患有高血压、心脏病、癫痫及其他不适宜高处作业人员，一律不准从事搭拆作业。

2. 拆除现场必须设警戒区域，张挂醒目的警戒标志，警戒区域内严禁非操作人员通行或脚手架下方继续组织施工，地面监护人员必须履行职责，高层建筑脚手架拆除应配备良好的通信装置。

3. 仔细检查吊运机械包括索具是否安全可靠，吊运机械不允许搭设在脚手架上，应另行设置。

4. 如遇强风、大雨等特殊气候，不应进行脚手架的拆除。夜间实施拆除作业，应具备良好的照明设备。

5. 所有高处作业人员，应严格按高处作业规定执行和遵守安全纪律、拆除工艺要求。

6. 建筑物体内所有窗户必须关闭锁好，不允许向外开启或向外伸挑物件。

7. 临街搭设脚手架时，外侧应有防止坠物伤人的防护措施。

8. 拆除人员进入岗位后，先进行检查、加固，清除步层内滞留的材料、物件及垃圾块。所有清理物应安全输送至地面，严禁高处抛掷。

9. 按搭设的反程序进行拆除，即安全网→挡脚板→防护栏杆→斜拉杆→连墙杆→大横杆→立杆。

10. 不允许分立面拆除或上、下二步同时拆除（踏步式），认真做到一步一清、一杆一清。

11. 所有连墙杆、斜拉杆、登高措施必须随脚手架同步拆除同步下降，不准先行拆除。

12. 所有杆件与扣件，在拆除时应分离，不允许杆件上附着扣件输送地面，或两杆同时拆下输送地面。

13. 所有脚手板拆除，应自外向里竖向搬运，防止自里向外翻起后，脚手板垃圾物件直接从高处坠落伤人。

14. 脚手架内使用电焊气割工艺时，必须有防火措施和专人看守，配备料斗（桶），防止火星和切割物溅落，严禁无证动用焊割工具。

15. 当日完工后，应仔细检查岗位周围情况，如发现留有隐患的部分，应及时进行修复或继续完成至一个程序、一个部位的结束，方可撤离。

16. 输送至地面的所有杆件、扣件等物体，应堆放整齐。

17. 当有六级及六级以上大风和雾、雨、雪天气时应停止脚手架拆除作业。雨、雪后上架作业应有防滑措施，并应扫除积雪。

18. 现场补充交底内容：

三、应急措施

1. 施工过程中人员出现擦皮、磕碰等轻微受伤，分包单位应该立即对受伤人员进行伤口处理。

2. 现场发生高处坠落事故、物体打击等受伤严重或死亡事故，分包单位应该第一时间报告项目部，同时对受伤人员采取妥善的应急措施，情况严重时应第一时间送往医院救治。

3. 现场人员发现火情，应第一时间扑灭火险，并大声呼救，扑灭火险时应注意保护自身安全。现场人员应第一时间报告项目部

交底人签字		安全员签字	
被交底人签字	（只签特种作业人员，普工采用一般交底内容）		

悬挑式脚手架搭设安全技术交底（样本）

编号：

工程名称		分部（分项）工程及 工种名称	悬挑式脚手架搭设
工程总承包 单位		交底日期	

一、一般交底内容

1. 进入施工现场必须正确戴好安全帽，系好下颚带，锁好带扣；

2. 作业时必须按规定正确使用个人防护用品，着装要整齐，严禁赤脚和穿拖鞋、高跟鞋进入施工现场；

3. 在没有可靠安全防护设施的高处（2m 及以上）和陡坡施工时，必须系好安全带，安全带要系挂牢固，高挂低用，同时高处作业不得穿硬底和带钉易滑的鞋；

4. 新进场的作业人员必须首先参加入场安全教育培训，经考试合格后方可上岗，未经教育培训或考试不合格者，不得上岗作业；

5. 从事特种作业的人员，必须持证上岗，严禁无证操作，禁止操作与自己无关的机械设备；

6. 施工现场禁止吸烟，严禁追逐打闹，禁止酒后作业；

7. 施工现场的各种安全防护措施、安全标志等，未经领导及安全员批准严禁随意拆除和挪动；脚手架所使用的钢管、扣件及零配件等必须统一规格，证件齐全，杜绝使用次品和不合格的钢管

二、针对性安全要求

1. 搭设前对钢管和扣件进行挑选，严重锈蚀、薄壁、弯曲、裂纹、焊接的杆件不得使用，严重锈蚀、裂缝、螺钉滑丝的扣件不得使用；

2. 悬挑式外脚手架搭设前，必须严格按方案要求安装预埋环、预留洞口和悬挑梁，预埋环（预留洞口）和悬挑梁之间的空隙必须用木楔楔紧；

3. 悬挑梁上放置立杆部位焊接长 100mmϕ25 的钢筋短料，水平联系梁设置立杆部位焊接 100mm 长ϕ20 的钢筋短料，防止立杆发生较大移位；

4. 架体在施工过程中严禁超载使用，不得在悬挑梁上堆放大量材料；

5. 作业人员应佩带工具袋，不要将工具放在架子上，不得往下或往上抛掷材料和工具等物，以免掉落伤人；

6. 立杆纵向间距 1.5m，横向间距 0.9m，内立杆距离墙皮 0.4m，钢管采用对接扣件接长，相邻立杆的接头应错开，并布置在不同的步距内，其接头的中心距主节点的距离不应大于步距的 1/3；

7. 纵向水平杆的接头不得设置在同步或同跨内，不同步或不同跨两个相邻接头在水平方向的错开距离不小于 500mm，且各接头至最近主节点的距离不大于纵距的 1/3；

8. 每一个主节点处必须设置一根横向水平杆，横向水平杆的轴线偏离主节点的距离不应大于 150mm，横向水平杆伸出立杆外侧大于等于 100mm（不超过 300mm），并且端部平齐；

9. 剪刀撑必须按方案要求进行设置，整个外立面每层剪刀撑的主节点必须在同一高度和同一截面上；

10. 连墙件必须按方案要求进行设置，应同时与内外排立杆（横杆）进行连接，可以与立杆连接时必须与立杆连接，连墙件必须逐层连接；

11. 在架体搭设完毕后应及时按方案要求将脚手板铺设完毕，挂安全网，设置护栏和挡脚板；

12. 在悬挑工字钢端部未固定牢固前不得进行联梁设置，联梁未固定牢固的不得进行架体搭设。

三、应急措施

1. 施工过程中人员出现擦皮、磕碰等轻微受伤，分包单位应该立即对受伤人员进行伤口处理。

2. 现场发生高处坠落事故、物体打击等受伤严重或死亡事故，分包单位应该第一时间报告项目部，同时对受伤人员采取妥善的应急措施，情况严重时应第一时间送往医院救治。

3. 现场人员发现火情，应第一时间扑灭火险，并大声呼救，扑灭火险时应注意保护自身安全。现场人员应第一时间报告项目部

交底人签字		安全员签字	
被交底人 签字		（只签特种作业人员，普工采用一般交底内容）	

悬挑式脚手架拆除安全技术交底（样本）

编号：

工程名称		分部（分项）工程及工种名称	悬挑式脚手架拆除
工程总承包单位		交底日期	

一、一般交底内容

1. 进入施工现场必须正确戴好安全帽，系好下颚带，锁好带扣；

2. 作业时必须按规定正确使用个人防护用品，着装要整齐，严禁赤脚和穿拖鞋、高跟鞋进入施工现场；

3. 在没有可靠安全防护设施的高处（2m 及以上）和陡坡施工时，必须系好安全带，安全带要系挂牢固，高挂低用，同时高处作业不得穿硬底和带钉易滑的鞋；

4. 新进场的作业人员必须首先参加入场安全教育培训，经考试合格后方可上岗，未经教育培训或考试不合格者，不得上岗作业；

5. 从事特种作业的人员，必须持证上岗，严禁无证操作，禁止操作与自己无关的机械设备；

6. 施工现场禁止吸烟，严禁追逐打闹，禁止酒后作业；

7. 施工现场的各种安全防护措施、安全标志等，未经领导及安全员批准严禁随意拆除和挪动；脚手架所使用的钢管、扣件及零配件等必须统一规格，证件齐全，杜绝使用次品和不合格的钢管

二、针对性安全要求

1. 施工前确定指挥人员，确定架子工，架子工必须持证上岗，脚手架拆除属于高空作业，禁止有高血压、心脏病的工人上架施工。

2. 设专人对架体的牢固程度进行全面检查，与结构的连结点是否符合要求，项目部安全员验收合格后再进行施工，确保安全。

3. 拆除架子时，作业区周围及进出口处，悬挂警戒标志并有专人看护，非工作人员不得进入警戒区内，以免发生伤亡事故。

4. 脚手架拆除前必须进行安全技术交底，班组长必须向工人进行安全教育，保证严格按技术交底的要求及安全操作规程施工。

5. 拆架体的高空作业人员必须正确佩戴安全帽，系好安全带，穿软底鞋上架作业。

6. 当有六级及六级以上大风和雾、雨、雪天气时应停止脚手架拆除作业。雨、雪后上架作业应扫除积雪，并应有防滑措施。

7. 架子工要随身携带工具袋，工具不得随处乱放。

8. 脚手架拆除应按由上到下的顺序，遵守"先搭后拆、后搭先拆"的原则，即先拆栏杆、脚手板、剪刀撑、斜撑，后拆小横杆、大横杆、立杆等；并按一步一清原则依次进行，禁止上下同时进行拆除工作。

9. 连墙件必须与脚手架同步拆除，不允许分段、分立面拆除，拆除外架立面应一步一步地拆除，某一立面比相邻立面拆除步数不能超过两步架。

10. 拆下的扣件和配件应及时运至地面，严禁高空抛掷。

11. 拆除下来的钢管禁止直接扔下，防止施工出现意外事故。钢管要及时清理到指定的地点，不准乱堆放。短管和扣件放置在作业层上，随层清理。

12. 拆架体与外装修应交替进行，拆架体时，下面不允许有外装修人员作业。

13. 脚手架拆除必须做好成品保护，施工时小心谨慎，防止破坏外墙装修及塑钢窗。

14. 脚手架拆除时必须把所要拆除部位的密目网拆掉，但施工的部位必须把密目网绑扎牢固。

15. 拆除的全部过程中，应指定一个责任心强、技术水平较高的工人担任指挥，并负责拆除、撤料和看护全部操作人员的安全作业。拆除过程中应注意架子缺扣、崩扣及拆除不合格的地方，避免踩在滑动的杆件上发生事故。

16. 已拆下的脚手架材料应及时清理，运至指定地点码放。拆至底部时，未埋设的架子应加临时加固措施。

三、应急措施

1. 施工过程中人员出现擦皮、磕碰等轻微受伤，分包单位应该立即对受伤人员进行伤口处理。

2. 现场发生高处坠落事故、物体打击等受伤严重或死亡事故，分包单位应该第一时间报告项目部，同时对受伤人员采取妥善的应急措施，情况严重时应第一时间送往医院救治。

3. 现场人员发现火情，应第一时间扑灭火险，并大声呼救，扑灭火险时应注意保护自身安全。现场人员应第一时间报告项目部

交底人签字		安全员签字	
被交底人签字	（只签特种作业人员，普工采用一般交底内容）		

附着式脚手架安装安全技术交底（样本）

编号：

工程名称		分部（分项）工程及 工种名称	附着式脚手架安装
工程总承包 单位		交底日期	

一、一般交底内容

1. 进入施工现场必须正确戴好安全帽，系好下颚带，锁好带扣；

2. 作业时必须按规定正确使用个人防护用品，着装要整齐，严禁赤脚和穿拖鞋、高跟鞋进入施工现场；

3. 在没有可靠安全防护设施的高处（2m 及以上）和陡坡施工时，必须系好安全带，安全带要系挂牢固，高挂低用，同时高处作业不得穿硬底和带钉易滑的鞋；

4. 新进场的作业人员必须首先参加入场安全教育培训，经考试合格后方可上岗，未经教育培训或考试不合格者，不得上岗作业；

5. 从事特种作业的人员，必须持证上岗，严禁无证操作，禁止操作与自己无关的机械设备；

6. 施工现场禁止吸烟，严禁追逐打闹，禁止酒后作业；

7. 施工现场的各种安全防护措施、安全标志等，未经领导及安全员批准严禁随意拆除和挪动；脚手架所使用的钢管、扣件及零配件等必须统一规格，证件齐全，杜绝使用次品和不合格的钢管

二、交底内容

1. 一般性要求

（1）脚手架安装人员必须是经考核合格的专业架子工，应持证上岗。

（2）作业人员严禁酒后上岗，疲劳作业、带病作业。

（3）进入施工现场正确佩戴安全帽。

（4）高处作业衣着要灵便，佩戴安全带，禁止穿硬底鞋和带钉易滑鞋、拖鞋或赤脚。

（5）遇五级以上大风和大雨、大雪、浓雾和雷雨等恶劣天气，禁止进行升降，一般情况夜间禁止升降。

2. 脚手架组装

（1）当主体施工已达到相应部位，即开始进行架体组装，配备合格人员，明确岗位责任，并做好安全技术交底。组装程序：

搭设作业平台（托架）→ 放线定位 → 组装竖向主框架和水平支承框架 → 吊装架体就位 → 搭设架体构架

（2）作业平台（托架）搭设，认真做好定位放线工作，明确机位。作业平台的水平精确度和承载能力，应满足架体 5kN/m² 荷载的要求，放线准确无误，距楼面不能大于架体防护，两处相邻机位支承点水平高差不准大于 3mm。

（3）竖向主框架和水平支承框架，根据施工现场环境，一般应在场地组装。以两个机位为一组，用垫木木方，将两机位对称的竖向主框架，按照设计尺寸，放线固定。此时，要严格控制水平度、垂直度。垂直度误差不能大于 2‰，水平度误差不能大于 3mm。

（4）竖向主框架定位后，开始用水平支承框架连接两片对称的竖向主框架。连接时，按里排架与外排架分别进行，上下弦拉杆用螺栓拉好，进行预紧，待检查合格后，再将各连接杆螺栓紧牢固定。

（5）根据主体施工进度要求，吊装竖向主框架就位。框架底部与楼面上皮标高垂直距离为 200mm，里排架管与建筑结构距离为 300～900mm，两支承点水平差不大于 2mm。

（6）预埋穿墙螺栓孔洞与主体施工同时进行，及时准确地做好孔洞预留工作，预埋孔洞的位置、尺寸应事先提供给班组，并由技术负责人做好技术交底。预埋管采用ϕ40 塑料管。

（7）架体构架搭设

搭设程序：立杆→大横杆→小横杆→剪刀撑→脚手板→踢脚板→安全网→底部大眼防护网

（1）立杆安装在已预留好的水平支承框架上弦管的支座上，用接头扣件连接。两立杆间距不大于 1.5m。对接接头交错布置，在高度方向错开距离不小于 500mm，垂直度小于 2mm。

（2）大横杆是纵向连接立杆的通长水平杆。安装在立杆的内侧，置于小横杆之下。采用直角扣件与立杆连接，其长度不小于三跨，并不小于 6m，水平度不大于 5mm。

（3）小横杆在每一主节点设置一根，其主轴线偏离主节点的距离不大于 150mm。操作层非主节点处，应根据脚手板的需要等间距设置，最大间距不大于柱距的 1/2。

（4）剪刀撑每隔 5 根杆设一道，覆盖水平支撑框架与架体全高。斜杆与地面夹角为 45°～60°，用旋转扣件与立杆或大小横

杆连接。扣件中心线距主节点不小于150mm。

（5）脚手板采用木制脚手板，其规格为5cm×30cm×4m，对接铺平，铺法不探头、无空隙。横向水平支撑杆不得少于3根，对接接头处设2根，距脚手板端部不大于300mm，外伸长度应为130～150mm。

3. 脚手架升降

在脚手架的组装、使用中，按照企业标准及安全技术操作规程，有针对性地实行各级、各阶段的检查、验收制度，主要在以下三个阶段进行控制验收：

（1）升降前的检查、验收：

检查架体所有障碍物是否拆除，约束是否解除；

检查防倾导轨是否连接无误，垂直有效；

检查防坠是否灵活有效；

检查电动葫芦制动是否灵敏可靠，链条不能有扭转、打结、堆积；

检查扣件联结点是否紧牢；

检查螺栓、螺母是否拧紧。

（2）升降过程中的检查、验收：

检查架体高度升降变化是否同步，当行程高差大于50mm时，停止升降，通过点控进行调平；

检查电动葫芦运转是否正常，有无异常声响，有无过热现象，吊钩、链条是否正常无扭转；链条受力是否均匀；

检查各种承力杆件焊缝有无裂缝，受力是否均匀；

检查升降装置在行程中是否有刮、碰现象。

（3）架体升降到位后，投入使用前的检查、验收：

检查承力拉杆是否与附墙支座锁紧、受力；

检查架体防护是否到位；

检查防坠吊杆是否固定灵活；

检查防倾导轨是否与操作层架体连接可靠；

检查作业层临时拉结点是否固定可靠；

检查电动控制台是否按岗位责任制要求锁好。

脚手架升降时，因为整个脚手架处于悬挂状态，除操作工以外作业人员，均应撤离，以确保职工人身安全。

对现场其他工种作业人员，进行附着式脚手架正确使用和维护的安全教育，严禁任意拆除和损坏架体结构或防护措施，严禁直接将重物吊放在脚手架上

交底人签字		安全员签字	
被交底人签字	（只签特种作业人员，普工采用一般交底内容）		

附着式脚手架拆除安全技术交底（样本）

编号：

工程名称		分部（分项）工程及 工种名称	附着式脚手架拆除
工程总承包 单位		交底日期	

一、一般交底内容

严禁违章指挥、违章操作、违反劳动纪律，未经专业培训不得从事本工种作业。

进入施工现场必须戴好安全帽，系好帽带，高处作业必须系好安全带，严禁高空抛物。

严禁酒后作业，禁止穿高跟鞋、拖鞋或赤脚进入施工现场。

禁止随意拆除、挪动各种防护装置

二、针对性交底内容

1. 拆架前技术人员必须进行安全技术交底，并对人员进行分工，且通信可靠。

2. 拆架时必须切实注意安全，必须先卸除所有使用荷载，清除架体上的所有建筑垃圾等。

3. 拆架前必须准备好所有拆架工具，如所需扳手等。

4. 架子工作业时，必须佩带好安全帽、系好安全带，严禁穿拖鞋或硬底、带钉易滑鞋作业，工具及零件应放在工具包内，服从指挥、集中思想、相互配合，拆除下来的材料不乱抛、乱扔。高层施工升降平台作业下方不准站人，架子工不准在高层施工升降平台上打闹、嬉笑。

5. 根据现场情况与拆除方案进行比对，完善补充原方案中不足的措施，并经过总包和监理单位批准。

6. 在架体下方用钢管、尼龙兜网、密目网搭设防护挑架，防止物体坠落。

7. 整个拆除施工过程中地面应设置安全警戒线，警戒范围为当日上午或下午计划待拆区域正方以外 15～20m 范围及塔式起重机吊运区域，设专人看守，防止非工作人员进入拆卸区范围，确保安全。

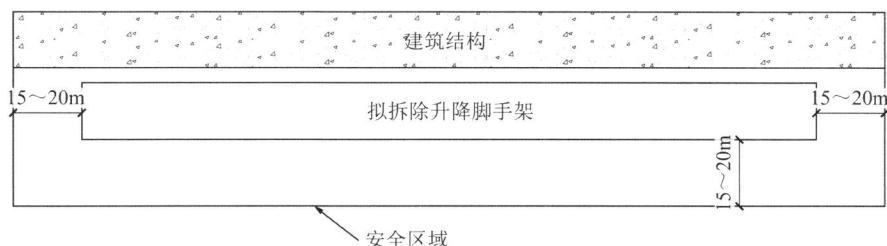

三、操作要求

（1）每次拆架作业前，现场管理人员必须对施工作业人员进行班前安全技术、人员分工、工作内容等进行交底，并做好相应的记录。操作人员必须身体健康，经过培训考核合格后方可持证上岗。

（2）全钢附着式升降脚手架最上一个附墙件以上架体在拆除前，应先对要拆除的架体主要构件进行安全拉结，防止在拆除过程中架体构件的坠落。

（3）清理架体上的垃圾杂物，以保证人员在拆除过程中的操作安全。

（4）检查附墙件主要承力螺栓承力状况。

（5）将附墙支座用钢丝绳捆扎或用 4 孔连接板固定在导轨上。

（6）在拟拆架区域下方地面划出安全区域，且必须有专人警戒守护，严禁与拆架无关的人员进入该区域。

（7）整个拆除过程中，操作人员应严格遵守全钢附着式升降脚手架的有关安全规定，严禁抛扔。

（8）拆除前将架体上存留的材料、杂物等清理干净，拆除后的较大构件应及时用塔式起重机运送至地面分类堆放，严禁将材料、杂物等直接抛掷至地面。小构配件及标准件应装入容器后再运送至地面。注意提升设备及控制设备等拆除、吊离时必须有保护措施，以免造成损坏。

（9）运至地面的构配件须及时按品种、规格整齐码堆存放，置于干燥通风处，防止锈蚀。

（10）架子利用塔式起重机向上提升拔出时，整个架子上严禁站有任何人员。

（11）全钢附着式升降脚手架拆除应按架体分组区段从上至下拆除，不得上下同时施工。

（12）拆除人员必须戴安全帽、系安全带、穿防滑鞋。

（13）严禁拆架施工作业人员酒后、带病、疲劳作业。

（14）拆除时不得污染外墙面和破坏门窗。

（15）当有 5 级以上大风、大雾和下雨等天气时，不得进行全钢附着式升降式脚手架的拆除工作。

（16）拆除分组缝之前必须将架体固定后方可进行。

（17）安全防护：架体下部搭设挑架，并采用密目安全网完全封闭。

（18）如需动切割，必须上报项目部，领取动火许可证后方可进行切割或焊接作业；在切割或焊接时，火源下方必须设置防火盆，并在作业范围 2m 内设置不少于 8 个灭火器。动火源上下位置必须有防火专管人员。

四、架体拆除步骤

（1）整个施工过程中地面应设置安全警戒线，警戒范围为当日上午或下午计划待拆区域正下方以外 5～10m 范围及塔式起重机吊运区域，设专人看守，防止非工作人员进入拆卸区范围，确保安全，并在架体拆除过程中，严禁使用施工电梯。

（2）拆除时严格按照拆除方案中的平面拆除顺序依次进行拆除，不得在结构上留多个断口。

（3）架体拆除只能由上而下，严禁上下同时操作。

（4）吊点所处位置均为架体的内外立杆，保证吊拆时能平衡吊装。

（5）钢丝绳规格：6×37＋FC-20-1870，满足吊装要求即可。

（6）空中吊运路线要求：材料吊运时，禁止通过施工电梯上空。

（7）拆除前必须清理干净架体内杂物，拆走松动或易脱落的物件。

（8）架体拆除分为整体吊装以及架体内部拆除两部分。整体吊装由塔式起重机进行，吊装的材料主要有走道板、网片、立杆、导轨、导座等不易松动的部件。架体内部由人工拆除，拆除的材料有吊点、电控单元、楼梯等易从架体上脱落的散件。

（9）架体整体吊装部分利用塔式起重机从空中吊装至地面后解体。其余散件利用施工电梯或者塔式起重机打包运输至地面。

（10）从平面拆除或分组缝开始拆除，吊装平面长度不超过 7m。

（11）塔式起重机将分离的架体整片吊装时，将吊用的钢丝绳（或尼龙带）钩牢在分组处的架体一个单元的吊钩上，塔式起重机稍往上提将其张紧，先拆除拉结连接件，接着拆除附墙件螺栓，最后将分离架体转到地面。

（12）指挥塔式起重机将一节架体上节慢慢往上吊，待架体与主体结构脱离后再吊至地面平放。

（13）继续重复以上两个步骤，从上至下拆除里面导座，横向顺时针进行拆除。

（14）未拆除的架体端部悬挑长度不得大于 2m，如距离过大需用 φ16 钢丝绳斜拉加固。

（15）架体如不为连续拆除，架体拆除后的端头防护为密目网，并在端口处设置防护栏杆。防止人从端头处通过。如遇大风大雨天气需停止拆除工作，并按不连续拆除处理（即架体拆除后的端头用密目网进行防护，并在端口处设置防护栏杆）。

（16）架体的最大吊跨度重量不得超过 1.5t。

五、吊装拆解时注意事项

（1）为了防止吊装单元超重，松开连接点后突然出现下坠现象造成塔式起重机倾覆的风险发生。在架体吊装时拴好钢丝绳后先进行试提，如不超重再拆除附墙件螺杆。如超重现象发生，先加固架体，再拆除架体网片，直至塔式起重机能吊动为止。

（2）每次拆解时，工作人员应在不分离架体上操作并扎牢安全带，被拆除架体上严禁上人操作。

六、单元重量

（1）塔式起重机承载力复核

下表以一个机位为一吊来进行计算。

整体吊装一个高度 14m 单元架体的材料有：6 层走道板，一吊 3 个导座，7 层两跨网片，立杆四边 16 根，1 根 6m 型导轨。

塔式起重机承载力复核

序号	名称	数量	单重（kg）	总重（kg）	备注
1	2000 走道板	7 块	57.5	402.5	
2	导座	3 个	12.61	37.83	
3	网片	18 片	31.15	560.7	
4	4.5m 立杆	16 根	21.18	338.88	
5	6m 导轨	1 根	122.23	122.23	
	架体总重			1462.14	

（2）本工程架体最大吊运长度为 5m，高度 14m。架体重量为 1.45t。满足塔式起重机的起重要求。为安全起见，本工程架体从上至下分两次吊装。先拆除架体上部 9.4m 高的架体，最后拆除底部 4.7m 高度的架体。拆除吊装长度不超过 7m（根据

现场实际情况可能会调整），吊装重量不超过 1.5t。

七、拆除吊装示意图

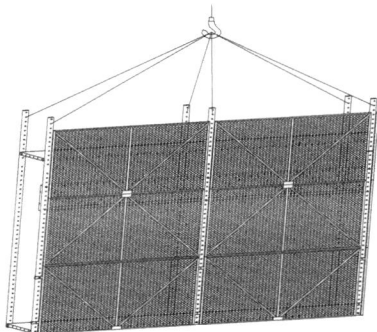

架体上部拆除吊装图　　　　　　　　架体底部拆除吊装图

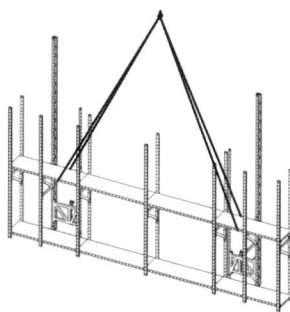

八、拆除阶段安全技术措施

（1）拆架前应由相应人员清除外架上的建筑垃圾及活动建筑材料。拆架人员进场后，由相关人员对拆架人员进行拆架安全技术交底，主要交代特殊位置的处理方法及有关拆架的安全注意事项和拆架方法及顺序，并派专人对架体进行连墙加固。由现场管理人员和项目部协调配合设置好安全警戒线、警戒标志，并派专人负责警戒。

（2）根据同类项目高空拆除经验，每一拆除小组设四人，架子工和杂工各两名，现场设工长一名，安全监督一名。

（3）每次拆架作业前，现场管理人员必须对施工作业人员进行班前安全技术、人员分工、工作内容等进行交底并做好相应的记录。操作人员必须身体健康，经过培训考核合格后方可持证上岗。

（4）应按架体分组区段从上至下拆除，不得上下同时施工。

（5）拆除作业应在白天进行。遇到 5 级及以上大风和大雨、大雪、浓雾和雷雨等恶劣天气时，不得进行拆除作业。

九、架体维护检查

为了保证升降架的正常使用，避免事故隐患，应定期对升降架进行维护和保养。

（1）升降架每次升降前，施工班组应对所升降的架体的固定导向座的附墙螺栓进行检查，螺杆露出螺母端部的长度不得小于 3 扣，并不小于 10mm，发现问题应及时解决和更换，由工程部验收签字后方可进行提升。

（2）定期对电动葫芦进行维护保养，加注润滑油，检查电动葫芦自锁装置、链条情况，检查传力捯链环链情况等。

（3）检查构件焊接情况、悬挂端下沉情况、扣件松紧情况等。

（4）检查吊挂件、捯链环链的松紧情况等。

（5）检查控制分机、重力传感器及自动控制线路，确保能正常使用。

（6）每个机位必须保证三道支座，提升时可以是两道支座。

（7）每个支座上必须有防坠、防倾装置及承重顶撑。

（8）每个支座（钢梁、装配支座、板梁）必须保证双螺栓且螺栓必须外露三丝。

（9）底部翻板不得有缺失（注：翻板尺寸不得小于 45cm）。

（10）架体上不得堆放任何材料。

（11）每次架体提升完毕后及时关闭小电盒开关，控制柜断电并拔掉大插头。

（12）禁止利用架体支撑钢模及模板。

（13）禁止拆除和移动架体上的安全防护措施。

（14）禁止任意拆除架体构件或松动连接件。

（15）禁止利用架体调运物料。

（16）架体提升时必须保证不低于 3 人在不同位置监督检查架体提升。

（17）架体提升过程中禁止任何人在架体上作业和任意走动。

（18）禁止作业人员酒后上岗。

（19）捯动葫芦、穿墙螺栓、承重顶撑定期上油保养（至少每月一次）。

（20）架体上的杂物、垃圾及时清理。

（21）定期检查架体上的螺栓是否有松动。

（22）电动葫芦预紧受力不得超过 8h。

（23）电动葫芦、电箱、电线必须有防雨防潮措施。

（24）架体提升到位后将两道承重顶撑顶好，并将电动葫芦链条松开，摘除下挂钩。

（25）提升前必须检查架体周围是否有障碍物，清除所有障碍物后方可提升。

（26）每次提升前必须通知安全员、工长、监理（工长通知）上楼检查，检查合格后签字确认方可提升，提升到位后必须复查，每一次提升必须履行签字确认程序。

（27）支座地板必须与墙体、梁体贴实，不得有扭转、抬头、低头现象。

（28）料台两侧及断口必须封堵严密，不得让人随意通过。 （29）夜间及遇到五级以上大风不得提升架体。 （30）预紧电葫芦时，操作人员必须单人单机单个依次预紧，不得几个电葫芦同时预紧。 （31）当爬架停工超过一个月或遇六级以上大风停工时，顶部必须做相应拉结（洞口拉结）；复工时，应进行检查，确认合格后方可使用。 （32）当架体提升过程遇塔式起重机附臂时，架体向下打开吊桥一层，不可多层打开吊桥，架体提升到位后及时恢复。 （33）当架体处于静止状态时，所有翻板必须盖严。 （34）电动葫芦不得有绞链、扭链、翻链现象。 （35）升降作业必须统一指挥，发现问题及时停止，待问题解决方可继续作业。 （36）及时更换开裂、破损安全网			
交底人签字		安全员签字	
被交底人 签字	（必须是持证上岗架子工签字，普工按照一般性交底实施）		

悬挑式卸料平台安装安全技术交底（样本）

工程名称：_____　　　　　　　　　　　　　　编号：

施工单位		建设单位	
分项工程		施工单位	
交底部门		交底人		施工期限	

交底内容：

1. 进入施工现场必须戴安全帽、扣好帽带，并正确使用个人劳动防护用品。

2. 悬空作业处应有牢靠的立足处，并必须视具体情况配置防护网、栏杆或其他安全设施。

3. 悬空作业所用索具、脚手板、吊篮、平台等设备，均需经过技术鉴定或验证方可使用。

4. 悬挑式钢平台，必须符合下列规定：

（1）悬挑式钢平台按现行的相应规范进行设计，其结构构造应能防止左右晃动，计算书及图纸应编入施工方案。

（2）悬挑式钢平台的搁置点与上部拉结点，必须位于建筑物上，不得设置在脚手架等施工设备上。

（3）斜拉杆或钢丝绳，构造上宜两边各设前后两道，两道中的每一道均应作单道受力计算。

（4）钢平台安装时，钢丝绳应采用专用的挂钩挂牢，采用其他方式时卡头应按下列标准设置：

卡头设置标准

钢丝绳直径（mm）	7～16	19～27	28～37	38～45
绳卡数量（个）	3	4	5	6
绳卡压板应在钢丝绳长头一边，绳卡间距不应小于钢丝绳直径的 6 倍				

（5）围系钢丝绳处如有锐角利口，应加衬软垫物，钢平台外口应略高于内口。

（6）悬挑钢平台左右两侧及外侧，必须装置固定的防护栏杆和挡板。

（7）悬挑钢平台吊装，需待支撑点固定、接好钢丝绳、调整完毕，确认安全后，方可松钩。

（8）悬挑钢平台使用时，应有专人进行检查，发现钢丝绳损伤超标应及时更换，焊缝脱焊应及时修复。

5. 悬挑钢平台上应显著地标明容许荷载值。钢平台上人员和物料的总重量，严禁超过设计的容许荷载。应配备专人加以监督。

6. 悬挑钢平台必须经验收合格后，挂牌使用

补充作业指导内容：

接受交底班组或员工签名：

落地扣件式钢管脚手架验收表（样本）

编号：

工程名称			施工单位			
架体用途		架体全高			验收日期	
架体总长度		架体荷载			分段验收高度	
施工负责人		验收人员				

序号	验收项目	验收内容及要求	验收结果
1	架体搭拆相关技术资料	专项施工方案应经过审核审批，架体高度20m及以上； 专项施工方案中的设计、详图、安全措施应与实际相符； 架体搭拆安全技术交底应符合方案及实际要求	
2	悬挑钢梁	钢梁截面尺寸应经设计计算确定，且截面形式应符合设计和规范要求； 钢梁锚固端长度不应小于悬挑长度的1.25倍； 钢梁锚固处结构强度、锚固措施应符合设计和规范要求； 钢梁外端应设置钢丝绳或钢拉杆与上层建筑结构拉结； 钢梁间距应按悬挑架体立杆纵距设置	
3	架体稳定	立杆底部应与钢梁连接柱固定； 承插式立杆接长应采用螺栓或销钉固定； 纵横向扫地杆的设置应符合规范要求； 剪刀撑应沿悬挑架体高度连续设置，角度应为45°～60°； 架体应按规定设置横向斜撑； 架体应采用刚性连墙件与建筑结构拉结，设置的位置、数量应符合设计和规范要求	
4	脚手板	脚手板材质、规格应符合规范要求； 脚手板铺设应严密、牢固，探出横向水平杆长度不应大于150mm	
5	荷载	架体上施工荷载应均匀，并不应超过设计和规范要求	
6	杆件间距	立杆纵、横向间距、纵向水平杆步距应符合设计和规范要求； 作业层应按脚手板铺设的需要增加横向水平杆	
7	架体防护	作业层应按规范要求设置防护栏杆； 作业层外侧应设置高度不小于180mm的挡脚板； 架体外侧应采用密目式安全网封闭，网间连接应严密	
8	层间防护	架体作业层脚手板下应采用安全平网兜底，以下每隔10m应采用安全平网封闭； 作业层里排架体与建筑物之间应采用脚手板或安全平网封闭； 架体底层沿建筑结构边缘在悬挑钢梁之间应采取措施封闭； 架体底层应进行封闭	
9	构配件材质	型钢、钢管、构配件规格材质应符合规范要求； 型钢、钢管弯曲、变形、锈蚀应在规范允许范围内	
10	其他	其他需要验收的内容	
验收结论			

搭设负责人	使用负责人	项目安全负责人	项目负责人

悬挑式钢管脚手架验收表（样本）

编号：

工程名称			施工单位		
架体用途		架体全高		验收日期	
架体总长度		架体荷载		分段验收高度	
施工负责人		验收人员			

序号	验收项目	验收内容及要求	验收结果
1	架体搭拆相关技术资料	专项施工方案应经过审核审批，架体高度 20m 及以上； 专项施工方案中的设计、详图、安全措施应与实际相符； 架体搭拆安全技术交底应符合方案及实际要求	
2	悬挑钢梁	钢梁截面尺寸应经设计计算确定，且截面形式应符合设计和规范要求； 钢梁锚固端长度不应小于悬挑长度的 1.25 倍； 钢梁锚固处结构强度、锚固措施应符合设计和规范要求； 钢梁外端应设置钢丝绳或钢拉杆与上层建筑结构拉结； 钢梁间距应按悬挑架体立杆纵距设置	
3	架体稳定	立杆底部应与钢梁连接柱固定； 承插式立杆接长应采用螺栓或销钉固定； 纵横向扫地杆的设置应符合规范要求； 剪刀撑应沿悬挑架体高度连续设置，角度应为 45°～60°； 架体应按规定设置横向斜撑； 架体应采用刚性连墙件与建筑结构拉结，设置的位置、数量应符合设计和规范要求	
4	脚手板	脚手板材质、规格应符合规范要求； 脚手板铺设应严密、牢固，探出横向水平杆长度不应大于 150mm	
5	荷载	架体上施工荷载应均匀，不应超过设计和规范要求	
6	杆件间距	立杆纵、横向间距、纵向水平杆步距应符合设计和规范要求； 作业层应按脚手板铺设的需要增加横向水平杆	
7	架体防护	作业层应按规范要求设置防护栏杆； 作业层外侧应设置高度不小于 180mm 的挡脚板； 架体外侧应采用密目式安全网封闭，网间连接应严密	
8	层间防护	架体作业层脚手板下应采用安全平网兜底，以下每隔 10m 应采用安全平网封闭； 作业层里排架体与建筑物之间应采用脚手板或安全平网封闭； 架体底层沿建筑结构边缘在悬挑钢梁之间应采取措施封闭； 架体底层应进行封闭	
9	构配件材质	型钢、钢管、构配件规格材质应符合规范要求； 型钢、钢管弯曲、变形、锈蚀应在规范允许范围内	
10	其他	其他需要验收的内容	
验收结论			

搭设负责人	使用负责人	项目安全负责人	项目负责人

附着式升降脚手架（整体提升）验收表（样本）

编号：

工程名称			验收时间		搭设时间	
验收类别		□ 首次搭设验收 □ 非首次搭设验收	验收部位		验收高度	
序号	验收项目	验收内容	验收结果		验收记录	
1	使用条件	住房和城乡建设部或省级行政主管部门组织鉴定并发放生产和使用证的产品	□ 符合 □ 整改后符合			
		有专项安全施工组织设计并经上级审批，针对性强，能指导施工	□ 符合 □ 整改后符合			
		有专项安全技术交底	□ 符合 □ 整改后符合			
		架体高度不应大于 5 倍楼层高	□ 符合 □ 整改后符合			
2	设计计算	有设计计算书并经上级审批	□ 符合 □ 整改后符合			
		压杆长细比应小于 150，拉杆长细比应小于 300。有完整的制作安装图	□ 符合 □ 整改后符合			
3	架体构造	架体宽度应不大于 1.2m	□ 符合 □ 整改后符合			
		架体支承跨度：直线布置应不大于 8m，折线（曲线）布置应不大于 5.4m。架体全高与支承跨度的乘积应不大于 110m²	□ 符合 □ 整改后符合			
		立杆间距应符合规定要求，步距应不大于 1.8m	□ 符合 □ 整改后符合			
		采用定型的主框架，相邻两主框架之间应是定型的支撑	□ 符合 □ 整改后符合			
		框架、主框架与支撑框架的连接须通过焊接或螺栓连接	□ 符合 □ 整改后符合			
		架体外侧应设置连续剪刀撑，其跨度应不大于 6m；其水平夹角为 45°～60°	□ 符合 □ 整改后符合			
		架体悬臂高度不得大于架体高度的 2/5 和 6m	□ 符合 □ 整改后符合			
4	附着支撑	采用普通穿墙螺栓将附着支撑结构与每个楼层锚固且双螺母固定，露出螺钉不少于 3 扣，垫板应大于 80mm × 80mm × 8mm	□ 符合 □ 整改后符合			
		钢挑架焊接符合要求，钢挑架与预埋件连接严密	□ 符合 □ 整改后符合			
		钢挑架上的螺栓与墙体连接应牢固并符合规定要求	□ 符合 □ 整改后符合			
5	升降装置	升降装置应符合设计要求。吊具、索具的安全系数应大于 6 倍	□ 符合 □ 整改后符合			
		升降时每个架体的主框架应有不少于 2 个以上的附着支撑装置	□ 符合 □ 整改后符合			
		具有同步升降装置且保证运行有效	□ 符合 □ 整改后符合			

序号	验收项目	验收内容	验收结果	验收记录
6	防坠落、导向及防倾斜装置	防坠装置在每一竖向主框架提升设备处必须设置一个，且灵敏可靠	☐ 符合 ☐ 整改后符合	
		垂直导向和防止左右、前后倾斜的防倾装置应齐全可靠	☐ 符合 ☐ 整改后符合	
		位于同一竖向平面的防倾装置不得少于 2 处，且最上和最下一个防倾覆支承点之间的最小间距不得少于架高的 1/3	☐ 符合 ☐ 整改后符合	
7	电气安全	电气安装应符合《建筑与市政工程施工现场临时用电安全技术标准》	☐ 符合 ☐ 整改后符合	
		控制箱应设置漏电保护装置	☐ 符合 ☐ 整改后符合	
		按规定设置防雷接地装置	☐ 符合 ☐ 整改后符合	
8	脚手板与防护栏杆	脚手板材质和铺设应符合要求	☐ 符合 ☐ 整改后符合	
		架体底层脚手板必须铺设严密且用安全网兜底	☐ 符合 ☐ 整改后符合	
		脚手架外侧应用密目式安全网封严	☐ 符合 ☐ 整改后符合	
		作业层外侧设置高 1.2m 和 0.6m 的双道防护栏杆及 18cm 高的挡脚板	☐ 符合 ☐ 整改后符合	
9	其他验收项目		☐ 符合 ☐ 整改后符合	

验收签字栏	使用单位全称		使用单位验收人	
	总包单位全称		安全交底人	
	组织实施人		工程经理	
	专职安全员		其他人员	
	安装单位全称		安装单位验收人	

验收意见	☐ 验收合格，同意使用。 ☐ 经复查合格，同意使用。 项目负责人： 年　月　日

附着式升降脚手架日常维护检查记录表（样本）

编号：

工程名称				使用登记证号		
设备名称			现使用高度 （或楼层）		检查日期	
序号	检查项目		检查要求			检查结果
1	爬升机构	附墙三角架	三角架各螺栓、螺母应润滑良好，不得有污物或锈蚀现象；防坠拔杆和刹车轮应转动灵活；导轨接头螺栓连接牢固可靠，应润滑良好			
		防坠装置				
		导轨				
2	提升机构		零部件连接牢固可靠，不得有损坏；链条润滑应良好；电源电缆及电气元件应完好，无损坏；电气控制柜工作平稳正常			
3	框架系统		连接螺栓齐全，牢固可靠			
4	防护系统	安全网	密目式安全网应符合规范要求，无破损，且张挂牢固可靠			
		走道板	操作层走道板封闭严密，固定牢固，无损坏			
		内封闭翻板、插板	无损坏，绑扎牢固			
		片架端头封闭	片架端头封闭应严密，固定牢固			
5	架体系统	钢管、扣件	杆件齐全，连接牢固可靠，无变形松脱现象；扣件无损坏、腐蚀、滑脱、移位现象			
		架内堆物	架内各层无垃圾，不得堆放建筑材料			
6	钢丝绳	绳卡	绳卡规格应与绳径匹配，其数量不得少于 3 个，间距不小于绳径的 6 倍，滑鞍应放在受力一侧			
		钢丝绳	钢丝绳不得有锈蚀、断股、打死结、严重变形或一个捻距内断丝数达到规定的报废标准更换			
安装单位检查意见	安装单位检查意见： 检查人（签字）：　　　　　　　　　　　（盖章） 安装单位项目负责人（签字）：　　　　年　月　日					
施工总包单位检查意见	使用单位检查意见（盖章）： 机械管理员（签字）：　　　　　　　　年　月　日					

钢管扣件式双排脚手架搭设验收表（样本）

编号：

工程名称										
验收部位			验收日期							
实测实量项目	检查项目		检查实测值							技术要求
	间距	步距值（　）m								±20mm
		横距值（　）m								±50mm
		纵距值（　）m								±20mm
	纵向水平杆高差	一根杆的两端								±20mm
		同跨内两根纵向水平杆高差								±10mm
	双排脚手架横向水平杆外伸长度（500mm）偏差									−50mm
	扣件安装	主节点各扣件中心点相互距离								≤150mm
		同步立杆上两个相隔对接扣件的高差								≥500mm
		立杆上的对接扣件至主节点的距离								≤步距/3
		纵向水平杆上的对接扣件至主节点的距离								≤跨度/3
安全措施设置	检查项目		检查情况							
	立杆基础									
	悬挑梁设置									
	连墙件设置情况									
	剪刀撑	架高在 24m 以下								
		架高在 24m 以上								
	横向斜撑（架高在 24m 以上）									
	一字形、开口形脚手架	连墙件								
		横向斜撑								
	通道									
	门洞的加固措施									
验收意见										
总/专业监理工程师			项目部技术负责人							

注：凡需专家论证的分部分项工程由总监理工程师签字。

钢管脚手架扣件拧紧抽样检查表（样本）

编号：

工程名称			所在部位			
抽样部位	安装扣件数量（个）	规定抽检数量（个）	允许不合格数（个）	实抽数（个）	不合格数（个）	所检部位质量判定
连接立杆与纵（横）向水平杆或剪刀撑的扣件；接长立杆、纵向水平杆或剪刀撑的扣件	51～90	5	0			□ 合格 □ 不合格
	91～150	8	1			□ 合格 □ 不合格
	151～280	13	1			□ 合格 □ 不合格
	281～500	20	2			□ 合格 □ 不合格
	501～1200	32	3			□ 合格 □ 不合格
	1201～3200	50	5			□ 合格 □ 不合格
	> 3200	n	n/10			□ 合格 □ 不合格
连接横向水平杆与纵向水平杆的扣件（非主节点处）	51～90	5	1			□ 合格 □ 不合格
	91～150	8	2			□ 合格 □ 不合格
	151～280	3	3			□ 合格 □ 不合格
	281～500	20	5			□ 合格 □ 不合格
	501～1200	32	7			□ 合格 □ 不合格
	1201～3200	50	10			□ 合格 □ 不合格
	> 3200	n	n/10			□ 合格 □ 不合格
检查结论						
处理意见						
检查人						

注：1. 使用力矩扳手检查，拧紧力矩 40～65N·m；
　　2. 扣件安装数量超过 3200 个，抽样数应增加；
　　3. 对检查不合格的部位，应重新拧紧后再次抽样检查，直至合格。

落地式转料平台验收表（样本）

编号：

工程名称		施工单位 （总包）		
验收部位			安装日期	年 月 日
平台类型	固定□ 移动□		搭设高度	
平台面积			限定荷载	

序号	验收内容	验收结果
1	按规范进行设计计算，编制专项施工方案并经审批	
2	底部坚实平整，符合施工方案要求，有排水措施	
3	立杆、大小横杆设置间距符合规定	
4	剪刀撑搭设间距、角度符合规定	
5	拉结、支撑设置的间距、角度符合规定	
6	架体横平竖直、整体稳定牢固、材质符合规定	
7	架体的立杆材质、连接部位与方式符合规定	
8	操作、施工作业面四周防护严密、牢靠、安全	
9	操作平台面铺设材料符合规定、不留孔隙	
10	登高扶梯防护措施齐全	
11	进入作业面的通道铺设牢固、平整	
12	有限载标志牌	
13	移动式操作平台，轮子与平台连接牢固，立柱底端离地面不得超过80mm，使用时有可靠的固定措施	

验收结论： 施工单位项目经理部（章） 年 月 日	项目负责人	
	项目技术负责人	
	施工负责人	
	专职安全员	

验收意见：

监理单位项目监理部（章）

总监理工程师（专业监理工程师）：
年 月 日

悬挑式钢平台验收表（样本）

编号：

工程名称		施工单位（总包）			
验收部位			安装日期		年　月　日
平台面积			限定荷载		
序号	验收内容				验收结果
1	按规范进行设计计算，编制专项施工方案，经上级审批				
2	搁置点与上部拉结点，必须位于建筑物上，不得设置在脚手架等施工设施或设备上，平台根部应与建筑物作保险连接，安装制作必须符合设计要求				
3	斜拉杆或钢丝绳，在平台两侧各设前后两道，两道中的每道均应作单道受力计算				
4	设置4个经过验算的吊环，用HPB300钢筋制作。吊运平台时应使用卡环				
5	安装时，钢丝绳应采用专用挂钩挂牢，采取其他方式时卡头的卡子不得少于3个				
6	建筑物锐角利口围系钢丝绳处应加衬软垫物，平台外口应略高于内口，有防位移措施				
7	平台铺设应牢固、严密，不准使用竹胶板，左右两侧必须装置固定的防护栏杆，正面可设置活动门				
8	标示限载牌				

验收结论：

施工单位项目经理部（章）

年　月　日

项目负责人	
项目技术负责人	
施工负责人	
专职安全员	

验收意见：

监理单位项目监理部（章）

总监理工程师（专业监理工程师）：

年　月　日

脚手架拆除审批、监控记录（样本）

编号：

工程名称		施工单位（总包）	
申请拆除内容		拆除部位	
申请拆除班组		申请人	
计划作业时间	年　月　日至　月　日	申请时间	年　月　日

拆除作业计划	主要防范加固措施
	实施人：

批准意见	施工单位项目经理部（章）　　　　　年　月　日	项目负责人	
		项目技术负责人	
		施工负责人	
		专职安全员	

拆除作业监控情况	监控人： 　年　月　日

第 10 章

高处作业吊篮

本章根据《建筑施工安全检查标准》JGJ 59—2011、陕西省住房和城乡建设厅检查标准并结合现场检查的需要，从高处作业吊篮专项方案的审批、专家论证、安全技术交底及验收等 4 个方面对相关资料进行了汇总整编。本章涉及的相关规范有《建筑施工高处作业安全技术规范》JGJ 80—2016、《建筑施工工具式脚手架安全技术规范》JGJ 202—2010、《高处作业吊篮安装、拆卸、使用技术规程》JB/T 11699—2025、《高处作业吊篮》GB/T 19155—2017。

10.1   高处作业吊篮概述

《建筑施工安全检查标准》JGJ 59—2011 第 3.10 条规定，高处作业吊篮检查评定保证项目应包括：施工方案、安全装置、悬挂机构、钢丝绳、安装作业、升降作业。

本章高处作业吊篮的资料整编主要针对《住房城乡建设部办公厅关于实施〈危险性较大的分部分项工程安全管理规定〉有关问题的通知》（建办质〔2018〕31 号）危险性较大的分部分项工程的高处作业吊篮和异形吊篮。

10.2   高处作业吊篮资料整编目录清单

（1）专项施工方案及报审报批表。

（2）产权（租赁）单位及安装资质相关资料、合格证、使用说明书、第三方检测报告、安全锁合格证及检测报告。

（3）高处作业吊篮入场验收表。

（4）高处作业吊篮安装告知/使用登记（根据当地主管部门要求建立）。

（5）超危工程论证报告/论证会签到表（异形吊篮）。

（6）专项施工方案及安全技术交底记录。

（7）高处作业吊篮安装验收表。

10.3 高处作业吊篮资料编写说明

1）专项施工方案及报审报批。

根据《住房城乡建设部办公厅关于实施〈危险性较大的分部分项工程安全管理规定〉有关问题的通知》（建办质〔2018〕31号），高处作业吊篮属于危大工程，严格按照《危险性较大的分部分项工程安全管理规定》（中华人民共和国住房和城乡建设部令第37号）相关要求进行报审批。《高处作业吊篮安装、拆卸、使用技术规程》JB/T 11699—2025第4.4条规定：对于特殊的建筑结构和非标设计方案，吊篮安装、拆卸的专项施工方案需经过评审，评审合格并经过总承包单位或使用单位、监理单位审核后，可进行吊篮的安装和拆卸工作（具体可参见第8章）。

2）《西安市建设工程质量安全监督站关于进一步规范建筑施工附着式升降脚手架和高处作业吊篮管理的通知》（市建站发〔2021〕16号）规定，建筑施工高处作业吊篮使用单位应当自验收合格之日起30日内，持下列资料到项目所在地建设工程质量安全监督机构进行登记：

（1）西安市高处作业吊篮使用登记表；

（2）吊篮作业人员技术交底；

（3）验收资料。

西安市范围内高处作业吊篮需按照《西安市建设工程质量安全监督站关于进一步规范建筑施工附着式升降脚手架和高处作业吊篮管理的通知》（市建站发〔2021〕16号）实行备案登记制度，其他地市没有相关要求的可不执行。

3）安全技术交底记录

本章高处作业吊篮安全技术交底只涉及特种作业人员1类：高处作业吊篮安装拆卸工，即在建筑工程施工现场从事高处作业吊篮的安装和拆卸作业。为划分清楚总分包单位之间的安全责任及义务，在安全技术交底之前总包单位施工管理人员可对现场作业人员进行风险告知。

本章涉及的技术交底只能是特种作业人员签字，不适用一般作业人员签字。

4）验收记录表

对于异形吊篮严格按照《陕西省房屋建筑和市政基础设施工程危险性较大的分部分项工程安全管理实施细则》（陕建发〔2019〕1116号）第二十八条规定的验收程序及要求进行验收（具体可参见第8章）。

高处作业吊篮资料总计7项内容，只需要按照目录在验收完之后一次整编即可，需要注意的是安拆人员证件涉及重大事故隐患，相关内容可在特种作业人员档案中查看。

高处作业吊篮进场验收表（样本）

编号：

工程名称		设备型号	
总包单位		使用单位	
租赁单位		安拆单位	
序号	验收项目	验收结果	
1	出租单位营业执照，产品合格证齐全		
2	安全锁标定证书/铭牌		
3	各主要零部件、安全装置是否齐全		
4	吊篮主构件有无开焊或明显腐蚀、破损外框有无明显变形、锈蚀		
5	提升机构的所有装置外露部分是否安装防护装置		
6	安全绳无磨损、残缺、打结、变形等		
7	钢丝绳无断丝、磨损、扭结、变形、腐蚀，无砂砾、灰尘附着，符合吊篮安全使用要求		
8	悬挂机构的零部件是否齐全正确，钢结构有无开焊、变形、裂纹、破损		
9	配重无残缺、破损，有重量标识		
10	电气系统各种安全装置是否齐全、可靠，电气元件是否灵敏可靠		
11	电线、电缆有无破损，电动吊篮专用箱必须达到一机一闸一漏		
验收结论			
验收人签字	租赁单位	使用单位	总包单位	监理单位

高处作业吊篮安全风险告知书

————————：

你单位在我项目部即将从事 <u>高处作业吊篮作业</u> 工作，为了使您更好地了解该项工作中所存在的安全风险及正确的防范措施、应急处置措施等，特编写本安全风险告知书，请您认真阅知，如您有困难和疑惑，请及时向我们专职安全员和工程技术人员提出，他们将会向您耐心讲解。如您确定已清楚了解所从事工作的安全风险后，请在下方签上您的姓名并盖上手印。

一、存在的危险源及防范措施

存在的危险源及防范措施

序号	部位或名称	危险源	潜在事故	防范措施
1	施工方案	未编制专项施工方案或未对吊篮支撑处结构的承载力进行验算；专项施工方案未按规定审核、审批	吊篮坠落、物体打击、高处坠落、触电等	编制专项施工方案及对吊篮支架支撑处结构的承载力进行验算；专项施工方案按规定审核、审批
2	安全装置	未安装防坠安全锁或安全锁失灵；防坠安全锁超过标定期限仍在使用；未设置挂设安全带专用安全绳及安全锁扣或安全绳未固定在建筑物可靠位置；吊篮未安装限位装置或限位装置失灵	吊篮坠落	安装防坠安全锁且安全锁灵敏；超过标定期限防坠安全锁禁止使用；设置挂设安全带专用安全绳及安全锁扣且安全绳固定在建筑物可靠位置；吊篮安装限位装置且限位装置灵敏
3	悬挂机构	悬挂机构前支架支撑在建筑物女儿墙上或挑檐边缘；前梁外伸长度不符合产品说明书规定；前支架与支撑面不垂直或脚轮受力；上支架未固定在前支架调节杆与悬挑梁连接的节点处；使用破损的配重块或采用其他替代物；配重块未固定或重量不符合设计规定	吊篮坠落	严禁悬挂机构前支架支撑在建筑物女儿墙上或挑檐边缘；前梁外伸长度应符合产品说明书规定；前支架与支撑面应垂直，脚轮不准受力；上支架应固定在前支架调节杆与悬挑梁连接的节点处；严禁使用破损的配重块或采用其他替代物；配重块应固定且重量符合设计规定
4	钢丝绳	钢丝绳有断丝、松股、硬弯、锈蚀或有油污附着物；安全钢丝绳规格、型号与工作钢丝绳不相同或未独立悬挂；安全钢丝绳不悬垂；电焊作业时未对钢丝绳采取保护措施	吊篮坠落	及时对断丝、松股、硬弯、锈蚀或有油污附着物的钢丝绳进行保养，严重的报废处理；安全钢丝绳规格、型号与工作钢丝绳应相同且独立悬挂；安全钢丝绳应悬垂；电焊作业时应对钢丝绳采取保护措施
5	安装作业	吊篮平台组装长度不符合产品说明书和规范要求；吊篮组装的构配件不是同一生产厂家的产品	吊篮坠落	吊篮平台组装长度符合产品说明书和规范要求；吊篮组装的构配件应使用同一生产厂家的产品
6	升降作业	操作升降人员未经培训合格；吊篮内作业人员数量超过 2 人；吊篮内作业人员未将安全带用安全锁扣挂置在独立设置的专用安全绳上；作业人员未从地面进出吊篮	物体打击高处坠落	操作升降人员须经培训合格；吊篮内作业人员数量不准超过 2 人；吊篮内作业人员应将安全带用安全锁扣挂置在独立设置的专用安全绳上；作业人员应从地面进出吊篮
7	交底与验收	未履行验收程序，验收表未经责任人签字确认；验收内容未进行量化；每天班前班后未进行检查；吊篮安装使用前未进行交底或交底未留有文字记录	吊篮坠落、高处坠落、物体打击	履行验收程序，验收表经责任人签字确认；验收内容进行量化；每天班前班后应进行检查；吊篮安装使用前应进行交底，交底有文字记录

续表

序号	部位或名称	危险源	潜在事故	防范措施
8	安全防护	吊篮平台周边的防护栏杆或挡脚板的设置不符合规范要求；多层或立体交叉作业未设置防护顶板	物体打击 高处坠落	吊篮平台周边的防护栏杆或挡脚板的设置应符合规范要求；多层或立体交叉作业应设置防护顶板
9	吊篮稳定	吊篮作业未采取防摆动措施；吊篮钢丝绳不垂直或吊篮距建筑物空隙过大	物体打击 高处坠落	吊篮作业应采取防摆动措施；吊篮钢丝绳应垂直，吊篮距建筑物空隙不准过大
10	荷载	施工荷载超过设计规定；荷载堆放不均匀	吊篮坠落	施工荷载在设计规定范围内；荷载堆放均匀
11	安全带	高空作业未系安全带；安全带系挂不符合要求；安全带不符合标准；坐在脚手架防护栏杆上休息和在脚手架上睡觉；不按规定设置安全绳	高处坠落	高空作业必须系安全带；安全带应高挂低用；不准坐在脚手架防护栏杆上休息和在脚手架上睡觉；使用符合标准的安全带；按规定设置安全绳
12	架空输电线	在架空输电线路下面工作未停电；不能停电时，也未采用隔离防护措施；与架空输电线路的最近距离不符合规定	触电	在架空输电线路下面工作应停电，不能停电时，应有隔离防护措施；与架空输电线路的最近距离应符合规定
13	吸烟	作业时随意吸烟，乱扔烟蒂	火灾	不吸游烟，不乱扔烟蒂，在指定的吸烟点吸烟

二、高处作业吊篮安全措施

1. 吊篮操作工，必须经建设行业主管部门培训合格，且持证上岗。无操作上岗证的人员，严禁操作吊篮。

2. 进入吊篮，必须戴好安全帽、安全带、钩牢保险钩。

3. 吊篮操作工和上篮人员，应严格遵守吊篮"使用说明书"和"安全技术规定"。

4. 上吊篮人员必须身体健康，无高血压、贫血病、心脏病、癫痫病和其他不适宜高空作业的疾病，严禁酒后操作，禁止在吊篮内玩笑戏闹。

5. 每班第一次升降吊篮前，必须先检查电源、钢丝绳、屋面悬臂架，检查悬臂架压铁是否符合要求，检查安全锁和升降电机是否完好。

6. 吊篮升降范围内，必须清除外墙面的障碍物。

7. 严禁将吊篮作为运输材料和人员的"电梯"使用，严格控制吊篮内的荷载。

吊篮内荷载

项目	长度 7.5m 及 7.5m 以下的吊篮		长度 10m 吊篮	
	指标			
	一般	悬臂最大限值时	一般	悬臂最大限值时
额定载荷（kg）	800	400	500	250
悬臂长度（m）	1.3～1.5	2.0	1.3～1.5	2.0

8. 上篮作业人员必须在上、下午离开吊篮前，对安全锁、升降机及钢丝绳等沾污的水泥浆等杂物垃圾作一次清除，以确保机械的安全可靠性。

9. 上吊篮人员在操作前必须做到下列几点：（1）检查电源线连接点，观察指示灯；（2）按启动按钮，检查平台是否处于水平；（3）检查限位开关；（4）检查提升器与平台的连接处；（5）检查安全绳与安全锁连接是否可靠，动作是否正常。

10. 每天下班停用吊篮，应将吊篮下降到二层楼窗厅口，并用拉杆将吊篮拉牢在建筑物窗洞口上，不使吊篮随风飘动。

三、项目部重点控制内容

1. 对作业人员加强安全教育，增强作业人员的自我保护意识；吊篮操作人员必须经过培训合格后方可上岗，吊篮必须由专人按照操作规程谨慎操作；施工人员必须在地面进出吊篮，严禁在空中进出吊篮。

2. 悬吊平台应设有靠墙轮或导向装置或缓冲装置。

3. 高处作业人员必须按照要求佩戴安全防护用品；有高处作业禁忌症的人员严禁从事高空作业。

4. 吊篮在安装过程中，严格按照吊篮说明书的相关要求进行安装。吊篮安全绳的强度和材料必须符合规范要求，转角部位按照要求做好保护措施。

5. 安全锁在安装前必须检测合格，且必须保证安全锁齐全、有效、动作灵敏。

6. 钢丝绳的直径、绳卡数量、间距、方向严格按照说明书上的相关要求执行，严禁用吊篮钢丝绳做电焊机的接地线使用。

四、潜在突发安全事故及应急措施

潜在突发安全事故及应急措施

序号	安全事故描述	应急措施	常备物品
1	高处坠落	（1）迅速将伤员拖离危险场地，移至安全地带。（2）保持呼吸道通畅，若发现窒息者，应及时解除其呼吸道梗塞和呼吸机能障碍，应立即解开伤员衣领，消除伤员口、鼻、咽、喉部的异物、血块、分泌物、呕吐物等。（3）有效止血，包扎伤口。（4）视其伤情采取报警直接送往医院，或待简单处理后去医院检查。（5）伤员有骨折，关节伤、肢体挤压伤、大块软组织伤都要固定。（6）若伤员有断肢情况发生应尽量用干净的干布（灭菌敷料）包裹装入塑料袋内，随伤员一起转送。（7）预防感染、止痛，可以给伤员用抗生素和止痛剂。（8）记录伤情，现场救护人员应边抢救边记录伤员的受伤部位、受伤程度等第一手资料。（9）立即拨打120与当地急救中心取得联系（医院在附近的直接送往医院），应详细说明事故地点、严重程度、本部门的联系电话，并派人到路口接应。（10）项目部接到报告后，应立即在第一时间赶赴现场，了解和掌握事故情况，开展抢救和维护现场秩序，保护事故现场	消毒用品、急救用品（绷带、无菌敷料）及各种常用小夹板、担架或床（木）板、止血带、氧气袋
2	物体打击	（1）抢救重点放在对伤者颅脑损伤、胸部骨折和出血部位的处理上。（2）首先观察伤者的受伤情况、部位、伤害性质，如伤员发生休克，应先处理休克。（3）遇呼吸、心跳停止者，应立即进行人工呼吸、胸外心脏按压。（4）处于休克状态的伤员要让其安静、保暖、平卧、少动，并将下肢抬高约20°左右，尽快送医院进行抢救治疗。（5）出现颅脑损伤，必须维持伤者呼吸道通畅。（6）昏迷者应平卧，面部转向一侧，以防舌根下坠或分泌物、呕吐物吸入，发生喉阻塞。（7）有骨折者，应初步固定后再搬运。（8）遇有凹陷骨折、严重的颅底骨折及严重的脑损伤症状出现，创伤处用消毒的纱布或清洁布等覆盖伤口，用绷带或布条包扎后，及时送就近有条件的医院治疗	

序号	安全事故描述	应急措施	常备物品
3	吊篮坠落	（1）事故发生后应立即报告项目部。（2）挖掘被掩埋伤员及时脱离危险区。（3）清除伤员口、鼻内泥块、凝血块、呕吐物等，将昏迷伤员舌头拉出，以防窒息。（4）进行简易包扎、止血或简易骨折固定。（5）对呼吸、心跳停止的伤员予以心脏复苏。（6）尽快与120急救中心取得联系，详细说明事故地点、严重程度，并派人到路口接应。（7）组织人员尽快解除重物压迫，减少伤员挤压综合征的发生，并将其转移至安全地方。（8）若有骨折时应及时用夹板等进行简易固定后立即送医院。（9）现场负责人应根据实际情况研究补救措施，在确保人员生命安全的前提下，组织恢复正常施工秩序。（10）现场安全员应对吊篮坠落事故进行原因分析，制定相应的整改措施，认真填写伤亡事故报告表、事故调查等有关处理报告，并上报公司	消毒用品、急救用品（绷带、无菌敷料）、干净毛巾及各种常用小夹板、担架或床（木）板、止血带、氧气袋
4	触电	（1）现场人员应当机立断地脱离电源，尽可能地立即切断电源（关闭电路），亦可用现场得到的绝缘材料等器材使触电人员脱带电体。（2）将伤员立即拖离危险地方，组织人员进行抢救。（3）若发现触电者呼吸或呼吸、心跳均停止，则将伤员仰卧在平地上或平板上立即进行人工呼吸或同时进行体外心脏按压。（4）立即拨打120与当地急救中心取得联系（医院在附近的直接送往医院），应详细说明事故地点、严重程度、本部门的联系电话，并派人到路口接应。（5）立即向所属公司领导汇报事故发生情况并寻求支持。（6）维护现场秩序，严密保护事故现场	
5	火灾	（1）发现人员应大声呼叫，并立即拨打现场负责人电话及"119"火警电话。（2）断绝可燃物，将燃烧点附近可能造成火势蔓延的可燃物移走。（3）切断流向燃烧点的可燃气体和液体的源头。（4）使用灭火器、水桶等工具进行扑救。（5）如火势威胁到电气线路、电气设备，或电气影响灭火人员安全时，首先要切断电源	灭火器、毛巾、逃生绳、烫伤药

　　本单位已清楚了解所从事工作的安全风险，将做好对本单位从业人员的教育和监督工作，愿意承担此风险，在工作中严格遵守及落实相关措施。

　　　　　　　　　　　　　　　　告　知　人（签名）：

　　　　　　　　　　　　　　　　被告知人（签名）：

　　　　　　　　　　　　　　　　日　　　期：　　年　月　日

高处作业吊篮安装验收表（样本）

工程名称		结构层次	
设备名称		规格型号	
制造单位		出厂日期	
备案登记证号		安装日期	
施工总包单位		项目负责人	
安装单位		项目负责人	
出租单位		负责人	

序号	检查部位	检查标准	检查结果
1	悬挑机构	悬挑机构的连接锚轴规格与安装孔相符，并用锁定销可靠锁定	
		悬挑机构稳定，前支架受力点平整，结构强度满足要求	
		悬挑机构抗倾覆系数大于等于2，配重铁足量稳妥安放，锚固点结构强度满足要求	
2	吊篮平台	吊篮平台组装符合产品说明书要求	
		吊篮平台无明显变形和严重锈蚀及大量附着物	
		连接螺栓无遗漏并拧紧	
3	操控系统	供电系统符合《建筑与市政工程施工现场临时用电安全技术标准》要求	
		电气控制柜各种安全保护装置齐全、可靠，控制器件灵敏可靠	
		电缆无破损裸露，收放自如	
4	安全装置	安全锁灵敏可靠，在标定有效期内，离心触发式制动距离小于等于200mm，摆臂防倾3°～8°锁绳	
		独立设置锦纶安全绳，锦纶绳直径不小于16mm，锁绳器符合要求，安全绳与结构固定点的连接可靠	
		行程限位装置是否正确稳固，灵敏可靠	
		超高限位器止挡安装在距顶端80cm处固定	
5	钢丝绳	动力钢丝绳、安全钢丝绳及索具的规格型号符合产品说明书要求	
		钢丝绳无断丝、断股、松股、硬弯、锈蚀，无油污和附着物	
		钢丝绳的安装稳妥可靠	
6	技术资料	吊篮安装和施工组织方案	
		安装、操作人员的资格证书	
		防护架钢结构构件产品合格证	
		产品标牌内容完整（产品名称、主要技术性能、制造日期、出厂编号、制造厂名称）	
7	防护	施工现场安全防护措施落实，划定安全区、设置安全警示标识	

产权单位验收意见：	安装单位验收意见：

负责人（签字）：　　　　（盖章） 　　　　　　　　　　年　月　日	负责人（签字）：　　　　（盖章） 　　　　　　　　　　年　月　日
使用单位验收意见： 　项目负责人（签字）：　　　（盖章） 　　　　　　　　　　年　月　日	监理单位验收意见： 　总监理工程师（签字）：　　　（盖章） 　　　　　　　　　　年　月　日

施工总承包单位验收意见	项目负责人（签字）：　　　　　　　　　（盖章） 　　　　　　　　　　年　月　日

注：本表由施工单位填报，监理单位、施工单位、产权单位、安拆单位各存一份。

高处作业吊篮日常维护检查表（样本）

工程名称			检查日期	
设备名称			规格型号	
使用登记证号			安装位置	
序号	检查部位	检查要求		检查结果
1	悬挂机构	定位是否可靠，安装位置是否可移动		
		配重是否缺失、破损、固定		
		接插件和紧固件是否齐全，连接是否可靠		
2	钢丝绳	与悬挂机构的连接是否牢固，钢丝绳绳夹是否松动		
		是否有断丝、乱丝、毛刺、扭伤、死弯、松散、起股、压痕、腐蚀，是否达到报废标准		
		是否附着涂料、泥沙、油污等杂物		
		上限位止挡和下端坠铁是否移位或松动		
3	悬吊平台	焊缝是否开裂，螺栓是否拧紧，结构件是否变形		
		底板、挡板和护栏是否有破损，是否牢固		
4	提升机构	与悬吊平台的连接是否牢固		
		油量是否充足，润滑是否良好，润滑油是否渗漏		
		手动滑降是否有效		
5	安全锁	穿绳性能是否良好		
		手动锁绳是否有效		
		快速抽绳是否动作		
6	电气系统	接零是否可靠，漏电保护装置是否有效，作业人员是否穿绝缘鞋		
		电线、电缆是否破损，是否有保护措施		
		通信是否正常		
7	安全带	带、绳是否断裂、磨损、腐蚀		
		金属配件是否完好		
		连接是否符合要求		
8	空载运行试验	操纵按钮动作是否灵敏、正常		
		上下限位是否有效		
		提升机构启动、制动是否正常，运行是否平稳		
		安全锁手动锁绳是否正常		
		整机有无异响及其他异常情况		
检查意见				

检查人（签字）：

施工总承包单位机械管理员（签字）   使用单位（盖章）

年 月 日

西安市建筑施工高处作业吊篮使用登记表（样本）

工程名称		工程地址	
施工总承包单位		项目经理及电话	
监理单位		项目总监及电话	
使用单位		项目负责人及电话	
出租单位		法定代表人及电话	
联合验收结论			
施工总承包单位意见	（公章） 年　月　日	使用单位意见	（公章） 年　月　日
出租单位意见	（公章） 年　月　日	监理单位意见	（公章） 年　月　日
使用登记			（公章） 年　月　日

第 11 章

模板支架

　　本章根据《建筑施工安全检查标准》JGJ 59—2011、陕西省住房和城乡建设厅检查标准并结合现场检查的需要，从模板支架专项方案的审批、专家论证、安全技术交底及验收等 4 个方面对相关资料进行了汇总整编。本章涉及的相关规范有《建筑施工模板安全技术规范》JGJ 162—2008、《建筑施工扣件式钢管脚手架安全技术规范》JGJ 130—2011、《建筑施工门式钢管脚手架安全技术标准》JGJ/T 128—2019、《建筑施工碗扣式钢管脚手架安全技术规范》JGJ 166—2016、《施工脚手架通用规范》GB 55023—2022、《建筑施工脚手架安全技术统一标准》GB 51210—2016、《建筑施工模板和脚手架试验标准》JGJ/T 414—2018。

11.1　模板支架概述

　　《建筑施工安全检查标准》JGJ 59—2011 第 3.12 条规定，模板支架检查评定保证项目应包括：施工方案、支架基础、支架构造、支架稳定、施工荷载、交底与验收。

　　本章模板支架的资料整编主要针对《住房城乡建设部办公厅关于实施〈危险性较大的分部分项工程安全管理规定〉有关问题的通知》（建办质〔2018〕31 号）危险性较大的分部分项工程的模板工程及支撑体系和超过一定规模的危险性较大的分部分项工程的模板工程及支撑体系两部分内容。

11.1.1　危险性较大的分部分项工程的模板工程及支撑体系

　　（1）各类工具式模板工程：包括滑模、爬模、飞模、隧道模等工程。

　　（2）混凝土模板支撑工程：搭设高度 5m 及以上，或搭设跨度 10m 及以上，或施工总荷载（荷载效应基本组合的设计值，以下简称设计值）10kN/m² 及以上，或集中线荷载（设计值）15kN/m 及以上，或高度大于支撑水平投影宽度且相对独立无联系构件的混凝土模板支撑工程。

　　（3）承重支撑体系：用于钢结构安装等满堂支撑体系。

11.1.2 超过一定规模的危险性较大的分部分项工程的模板工程及支撑体系

（1）各类工具式模板工程：包括滑模、爬模、飞模、隧道模等工程。

（2）混凝土模板支撑工程：搭设高度8m及以上，或搭设跨度18m及以上，或施工总荷载（设计值）15kN/m² 及以上，或集中线荷载（设计值）20kN/m 及以上。

（3）承重支撑体系：用于钢结构安装等满堂支撑体系，承受单点集中荷载7kN及以上。

11.2 模板支架资料整编目录清单

（1）专项施工方案及报审报批表。

（2）超危工程论证报告/论证会签到表。

（3）专项施工方案及安全技术交底记录。

（4）超危工程验收记录表。

11.3 模板支架资料编写说明

11.3.1 专项施工方案及报审报批

对于《住房城乡建设部办公厅关于实施〈危险性较大的分部分项工程安全管理规定〉有关问题的通知》（建办质〔2018〕31号）规定的危险性较大的分部分项工程的模板工程及支撑体系和超过一定规模的危险性较大的分部分项工程的模板工程及支撑体系中6类情况严格按照《危险性较大的分部分项工程安全管理规定》（中华人民共和国住房和城乡建设部令第37号）相关要求进行报审批（具体可参见第8章）。

11.3.2 安全技术交底记录

本章模板支架安全技术交底涉及滑模、爬模、飞模、隧道模4类模板支架及1种特种作业人员：建筑架子工（普通脚手架），即在建筑工程施工现场从事落地式脚手架、悬挑式脚手架、模板支架、外电防护架、卸料平台、洞口临边防护等登高架设、维护、拆除作业。

本章涉及的技术交底只能是特种作业人员签字，不适用一般作业人员签字。

11.3.3 验收记录表

对于需要验收的模板支架严格按照《陕西省房屋建筑和市政基础设施工程危险性较大的分部分项工程安全管理实施细则》（陕建发〔2019〕1116号）第二十八条规定组织验收（参见第8章）。

　　模板支架工程资料总计 7 项内容，只需要按照目录整编在验收完之后一次整编即可，需要注意的是钢管搭设人员证件为普通架子工证件，特种作业人员证件涉及重大事故隐患，相关内容可在特种作业人员档案中查看。

模板支架工程安全技术交底（样本）

编号：

工程名称		分部（分项）工程及 工种名称	
工程总承包单位		交底日期	

一、一般交底内容

1. 进入施工现场必须正确戴好安全帽，系好下颚带，锁好带扣；

2. 作业时必须按规定正确使用个人防护用品，着装要整齐，严禁赤脚和穿拖鞋、高跟鞋进入施工现场；

3. 在没有可靠安全防护设施的高处（2m 及以上）和陡坡施工时，必须系好安全带，安全带要系挂牢固，高挂低用，同时高处作业不得穿硬底和带钉易滑的鞋；

4. 新进场的作业人员必须首先参加入场安全教育培训，经考试合格后方可上岗，未经教育培训或考试不合格者，不得上岗作业；

5. 从事特种作业的人员，必须持证上岗，严禁无证操作，禁止操作与自己无关的机械设备；

6. 施工现场禁止吸烟，严禁追逐打闹，禁止酒后作业；

7. 施工现场的各种安全防护措施、安全标志等，未经领导及安全员批准严禁随意拆除和挪动；脚手架所使用的钢管、扣件及零配件等必须统一规格，证件齐全，杜绝使用次品和不合格的钢管

二、交底内容

1. 施工现场人员必须戴好安全帽，高空作业人员必须佩戴安全带，并应系牢。

2. 按照模板施工方案的要求作业。

3. 经医生检查认为不适宜高空作业的人员，不得进行高空作业。

4. 工作前应先检查使用的工具是否牢固，扳手等工具必须用绳链系在身上，钉子必须放在工具袋内，以免掉落伤人。工作时要思想集中，防止钉子扎脚和空中滑落。

5. 上层和下层支柱在同一垂直线上，模板及其支撑系统在安装过程中，必须设置临时固定设施。

6. 支柱全部安装完毕后，应及时沿横向和纵向加设水平支撑和垂直剪刀撑。

7. 支柱高度小于 4m 时，水平撑应设上下两道，两道水平撑之间，在纵、横向加设剪刀撑。

8. 拆除板、梁、柱、墙模板，在 4m 以上作业时应搭设脚手架或操作平台，并设防护栏杆，严禁在同一垂直面上操作。

9. 安装与拆除 5m 以上的模板，应搭脚手架，并设防护栏杆，防止上下在同一垂直面操作。

10. 高空、复杂结构模板的安装与拆除，事先应有切实的安全措施。

11. 遇有六级以上的大风和雨雪天，应暂停室外的高空作业，雨雪后应先清扫施工现场，略干不滑时再进行工作。

12. 安装和拆除柱、墙、梁、板的操作层，从首层以上各层应张挂安全平网。进行拆除作业时，应设置警示标牌。

13. 二人抬运模板时要互相配合、协同。传递模板、工具应用运输工具或绳子系牢后升降，不得乱抛。组合钢模板装拆时，上下应有人接应。钢模板及配件应随装随运送，严禁从高处掷下，高空拆模时，应有专人指挥。并在下面标出工作区，用绳子和红白旗加以围栏，暂停人员过往。

14. 不得在脚手架上堆放大批模板等材料。

15. 支撑、牵杠等不得搭在门窗框和脚手架上，通路中间的斜撑、拉杆等应设在 1.8m 高以上。

16. 支撑过程中，如需中途停歇，应将支撑、搭头、柱头板等钉牢。拆模间歇，应将已活动的模板、牵杠、支撑等运走或妥善堆放，防止因踏空、扶空而坠落。

17. 模板上有预留洞者，应在安装后将洞口盖好，混凝土板上的预留洞应在模板拆除后立即将洞口盖好。

18. 现场补充交底内容：（结合专项方案里的安全技术措施填写）

交底人签字		安全员签字	
被交底人 签字		（木工及架子工人员签字）	

高支模模板支架工程安全技术交底（样本）

编号：

工程名称		分部（分项）工程及 工种名称	
工程总承包单位		交底日期	

一、一般交底内容

1. 进入施工现场必须正确戴好安全帽，系好下颚带，锁好带扣；

2. 作业时必须按规定正确使用个人防护用品，着装要整齐，严禁赤脚和穿拖鞋、高跟鞋进入施工现场；

3. 在没有可靠安全防护设施的高处（2m 及以上）和陡坡施工时，必须系好安全带，安全带要系挂牢固，高挂低用，同时高处作业不得穿硬底和带钉易滑的鞋；

4. 新进场的作业人员必须首先参加入场安全教育培训，经考试合格后方可上岗，未经教育培训或考试不合格者，不得上岗作业；

5. 从事特种作业的人员，必须持证上岗，严禁无证操作，禁止操作与自己无关的机械设备；

6. 施工现场禁止吸烟，严禁追逐打闹，禁止酒后作业；

7. 施工现场的各种安全防护措施、安全标志等，未经领导及安全员批准严禁随意拆除和挪动；脚手架所使用的钢管、扣件及零配件等必须统一规格，证件齐全，杜绝使用次品和不合格的钢管

二、交底内容

1. 进入现场必须遵守安全操作规程、安全生产十大纪律和文明施工的规定。

2. 按照高支模方案的要求作业。

3. 作业前应先检查使用工具是否安全牢固，作业条件及基础是否符合安全要求。

4. 严格按照高支模模板支架安全施工方案进行搭设，不合格的材料、扣件不准使用。

5. 支架立杆底部应设置底座或垫板并设置纵横向扫地杆，立杆接头应错开布置，支架立杆应竖直设置，2m 高度的垂直度允许偏差应 ≤ 15mm。

6. 钢管立杆接长除顶层顶步外，其余各层各步接头必须采用对接。

7. 当梁模板支架采用单根立杆时，立杆应设在梁模板中心处且偏心距不应大于 25mm。

8. 模板支架四边与中间每隔四排支架立杆应设置一道纵向剪刀撑，由底至顶连续设置。水平剪刀撑从顶层开始向下每隔 2 步设置一道。

9. 传递钢管等材料时，严禁碰、触、压电源电线。

10. 扳手、扣件、螺母应放入工具袋，不准抛扔。

11. 模板尺寸准确，安装模板必须及时钉（扣）牢固，不得留松板或浮板，预留孔口应及时盖板封闭牢固。

12. 使用手持电钻、电锯、电刨应符合安全用电要求，如有故障，应先拉闸断电，送机修组维修，不准擅自检修。

13. 遇有六级阵风或雨雪天气应停止作业。

14. 架设完毕必须严格验收，不合格不准进行下道工序作业，不准边加固边上钢筋边绑扎钢筋作业，严防坍塌事故发生。

15. 现场补充交底内容：

交底人签字		安全员签字	
被交底人 签字		（木工及架子工人员签字）	

爬模提升安全技术交底（样本）

编号：

工程名称		分部（分项）工程及工种名称	
工程总承包单位		交底日期	

一、一般交底内容

1. 进入施工现场必须正确戴好安全帽，系好下颚带，锁好带扣；

2. 作业时必须按规定正确使用个人防护用品，着装要整齐，严禁赤脚和穿拖鞋、高跟鞋进入施工现场；

3. 在没有可靠安全防护设施的高处（2m 及以上）和陡坡施工时，必须系好安全带，安全带要系挂牢固，高挂低用，同时高处作业不得穿硬底和带钉易滑的鞋；

4. 新进场的作业人员必须首先参加入场安全教育培训，经考试合格后方可上岗，未经教育培训或考试不合格者，不得上岗作业；

5. 从事特种作业的人员，必须持证上岗，严禁无证操作，禁止操作与自己无关的机械设备；

6. 施工现场禁止吸烟，严禁追逐打闹，禁止酒后作业；

7. 施工现场的各种安全防护措施、安全标志等，未经领导及安全员批准严禁随意拆除和挪动；脚手架所使用的钢管、扣件及零配件等必须统一规格，证件齐全，杜绝使用次品和不合格的钢管

二、交底内容

1. 安装施工准备

（1）爬模架体及配件已经运抵现场并验收合格。

（2）起重设备吊装能力满足爬模设备安装拆除要求。

（3）现场施工场地、水电已满足要求。

（4）现场技术交底，并且施工人员已经过专业培训合格。

（5）对爬模安装标高的下层结构外形尺寸、预留承载螺栓孔、爬锥进行检查，对超出允许偏差的结构进行剔凿修正。

2. 安装注意事项

（1）架体及预埋件间距位置要按照施工图纸施工，误差控制在要求范围内。

（2）为便于爬锥拆卸，安装前应先涂抹黄油再用胶带包裹。

（3）为防止高强螺杆及埋件板浇筑时脱落，安装前应在高强螺杆两端缠绕生料带或麻绳后安装爬锥及埋件板，并把高强螺杆用扎丝固定在钢筋笼上及在爬锥和高强螺杆端涂抹黄油，防止砂浆进入。

（4）高强螺杆及爬锥安装时不能用力过度，而导致高强螺杆及爬锥中间的销轴顶出到安装受力螺栓的位置，使受力螺栓无法安装。

（5）爬模操作平台及护栏应做到安全可靠，并满足规范要求。

3. 爬升注意事项

（1）混凝土强度必须大于 10MPa 时方可爬升架体。

（2）爬升前检查是否有架体与其他结构碍事连接的地方，如果有要完全解除。

（3）后移装置齿轮插销一定要安装好。

（4）爬升过程中上平台荷载 ≤ 0.75kN/m²，液压操作平台的允许荷载 ≤ 1.5kN/m²，并按规定堆放。

（5）提升导轨及架体时，确定防坠爬升器内棘爪处于相应的提升位置。

4. 施工阶段注意事项

①架体爬升到位后，上防坠爬升器的扳手应向下，下防坠爬升器的扳手换向应向上，防止导轨及架体下滑。

②浇筑混凝土过程中避免振动棒碰到埋件及对拉螺杆。

③如果折线爬升，爬锥位置每节都有变化，需用定位螺栓安装在面板上，两埋件间的连接与爬升轨迹线夹角为90°。

④每层操作平台应在显著位置标明允许荷载值，设备、材料及人员等荷载应均匀分布。人员、物料不得超过允许荷载，禁止超载作业，结构施工时，爬模施工荷载（限两层同时作业）小于 4kN/m²，严禁在操作平台上堆放无关物品。在操作平台上进行电、气焊作业时，应有防火措施和专人看护。

⑤斜爬时附墙座每节安装时要注意左进及右进区别，附墙挂座安装后应及时拧紧限位螺栓。

（1）施工流程

混凝土浇筑完成→模板拆模后移→安装附墙装置→提升导轨→爬升架体→绑扎钢筋→模板清理刷脱模剂→预埋件固定在模板上→合模→浇筑混凝土。爬模循环流程如下图所示

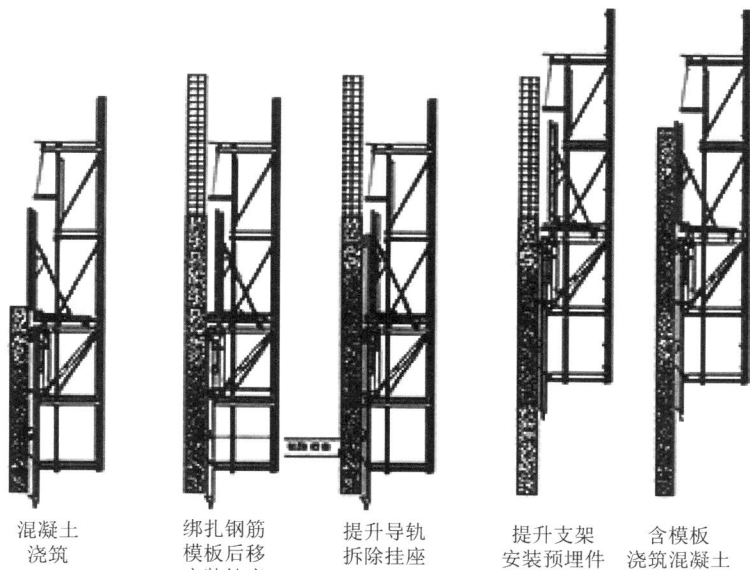

| 混凝土
浇筑 | 绑扎钢筋
模板后移
安装挂座 | 提升导轨
拆除挂座 | 提升支架
安装预埋件 | 含模板
浇筑混凝土 |

爬模循环流程图

（2）爬模施工技术要求

①合模前将模板清理干净，刷好脱模剂，装好埋件系统，测量模板拉杆孔的位置，是否与钢筋冲突，埋件、对拉螺栓如和钢筋有冲突，将钢筋适当移位处理后再进行合模。

②用线坠或仪器校正调整模板垂直度，穿好套管、拉杆，拧紧每根对拉螺杆。

③混凝土振捣时严禁振捣棒碰撞受力螺栓套管或锥形接头等。

④上层混凝土强度达到 10MPa 时，由项目部开具提升通知单，爬模技术指导与施工方安全员共同对架体系统（包括架体上的杂物、各连接部位的连接及液压控制系统等）进行检查并填写提升前检查记录表，清理架体杂物，符合要求后方可提升。提升时现场在相应楼层准备临时电箱。

⑤爬升架体或提升导轨时液压控制台应有专人操作，每榀架子设专人看管是否同步，发现不同步，可调节液压阀门进行控制。

⑥拆模时，外侧支架先拔出齿轮插销，内筒支架松动后移动螺母，扳动后移装置将模板后移；后移到位后，外侧支架再插上齿轮插销，内筒支架拧紧后移螺母。

⑦维护、检修的内容：检查架体系统的连接部位和防护是否符合要求，否则及时整改，对电气控制系统要定期调试，及时更换易损件。

5. 拆除阶段注意事项

①爬模的拆卸工作须严格按照专项方案及安全操作规定的有关要求进行。

②爬模的拆除必须经项目部生产经理、总工程师签字后方可进行。拆除工作前对施工人员进行安全技术交底，拆除中途不得换人，如更换人员必须重新进行安全技术交底。

（1）拆除准备

①爬模拆除条件：当结构施工完毕，即可对爬模进行拆除。

②机械设备：由现场塔式起重机配合爬模的拆除作业。

③人员组织：施工方负责爬模的拆除工作，配备专业架子工，爬模拆除前，工长应向施工人员进行书面安全交底。交底接受人应签字。

④爬模拆除时应先清理架上杂物，如脚手板上的混凝土、砂浆块、U 形卡、活动杆件及材料。拆除后，要及时将结构周圈搭设防护栏杆。

⑤爬模拆除前，先将进入楼的通道封闭，并做醒目标识，画出拆除警戒线，严禁人员进入警戒线内。

（2）拆除顺序

按照规定要求，爬模装置拆除前应明确平面和竖向拆除顺序，按照现场塔式起重机起重力矩要求，将爬模装置的外筒拆除顺序按照顺时针（或逆时针）方向逐个单元拆除，内筒爬模架体按照各独立小筒整体拆除。

（3）拆除流程

①拆除完最后一层→②爬升→③拆除模板→④拆除上支架→⑤拆除导轨→⑥拆除下架体，拆除挂座（见下图）。

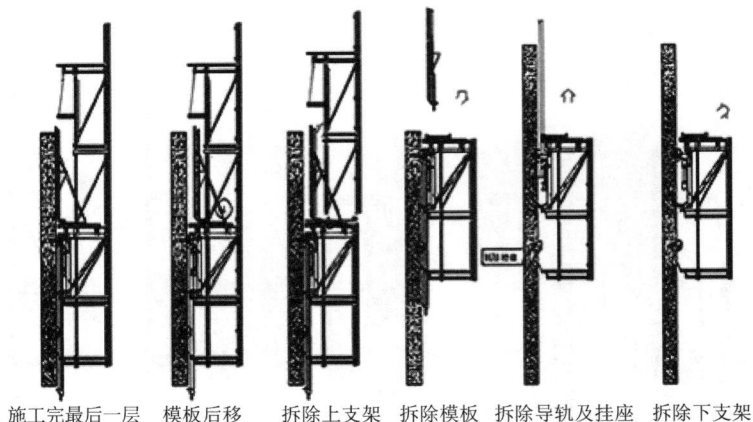

施工完最后一层　　模板后移　　拆除上支架　　拆除模板　　拆除导轨及挂座　　拆除下支架

液压自爬模拆除流程示意图

6. 爬模施工过程安全技术措施

（1）安装前应根据专项施工方案要求，配备合格人员，明确岗位职责，并对有关施工人员进行安全技术交底。

（2）严格控制预埋件和预埋套管的埋设质量，为保证预埋位置的准确，应用辅助筋将预埋套管与墙体横向钢筋固定可靠，防止跑偏。预埋孔位偏差未达到要求的不得进行安装；预埋孔处墙面必须平整，保证挂座与墙体的充分接触；螺母必须拧紧，以确保附墙座与墙面的充分接触。

（3）在结构墙体混凝土强度超过10MPa（特殊要求的另行规定）后，方可进行爬模安装。

（4）爬模上所有零部件的连接螺栓、销轴、锁紧钩及楔板必须拧紧和锁定到位，经常插、拔的零件要用细钢丝拴牢。

（5）操作平台上按相关规范要求设置灭火器，并确保灭火器可靠有效。

（6）爬模安装完毕后，根据相关规范要求，组织监理、专业公司等相关方（包括负责生产、技术、安全的相关人员），对爬模安装进行检查验收，经验收合格签字后方可投入使用。验收合格后任何人不得擅自拆改，需局部拆改时，应经设计负责人同意，由架子工操作。

（7）严禁在夜间进行架体的安装和搭设。

7. 爬模提升过程安全技术措施

（1）爬模提升时，架体上不允许堆放与提升无关的杂物。严禁非爬模操作人员上爬模架。

（2）提升过程中应实行统一指挥、规范指令，提升指令只能由一人下达，但当有异常情况出现时，任何人均可立即发出停止指令。

（3）爬模提升到位后，必须及时按使用状态要求进行附着固定。在没有完成架体固定工作之前，施工人员不得擅自离岗或下班，未办交付使用手续的，不得投入使用。

（4）遇六级（含六级）以上大风和大雨、大雪、浓雾和雷雨等恶劣天气时，禁止进行提升和拆卸作业，禁止夜间进行提升作业。

（5）正在进行提升作业的爬模作业面的正下方严禁人员进入，并应设专人负责监护。

8. 爬模拆除过程安全技术措施

（1）爬模的拆卸工作须严格按照专项方案及安全操作规定的有关要求进行。

（2）拆除工作前对施工人员进行安全技术交底，拆除中途不得换人，如更换人员必须重新进行安全技术交底。

（3）爬模拆除属于高空作业，从事高空作业的人员必须经过体检，凡患有高血压、心脏病、癫痫病、晕高症或视力不够以及不适合高空作业的，不得从事登高拆除作业。

（4）操作人员必须经专业安全技术培训，持证上岗，同时熟知本工种的安全操作规定和施工现场的安全生产制度，不违章作业。对违章作业的指令有权拒绝，并有责任制止他人违章作业。操作人员将安全带系于墙体在台仓外一侧的施工钢管操作架上，防止爬模拆除过程中本身失稳造成坠落事故。

（5）操作人员必须正确使用个人安全防护用品，必须着装灵便（紧身紧袖），必须正确佩戴安全帽和安全带，穿防滑鞋。作业时精力要集中，团结协作，统一指挥。不得"走过挡"和跳跃架子，严禁打闹玩笑，酒后上班。

（6）拆除架体前划定作业区域范围，并设警戒标识，与拆除架体无关的人员禁止进入。拆除架体时应有可靠的防止人员与物料坠落的措施，严禁抛掷物料。

（7）遇六级（含六级）以上大风和雨雪天气、浓雾和雷雨天气时，禁止进行架体的拆除工作，并预先采取加固架体的措施。禁止夜间进行爬模的拆除工作。

（8）拆除工作因故不连续时，应对未拆除部分采取可靠的固定措施。

（9）拆除架体的人员应配备工具套，手上拿钢管时，不准同时拿扳手，工具用后必须放在工具套内。拆下来的各种配件要随拆、随清、随运、分类、分堆、分规格码放整齐，要有防水措施，以防雨后生锈。

9. 爬模安全防护措施

架体与墙体的防护及架体间的防护：外侧各片架体间留有 200mm 的间隙，以保证单独架体的提升。为安全防护，在离架体的空隙处铺设翻板，当架体提升时将翻板翻开，架体提升到位后，应立即将翻板铺好。

10. 其他事项

（1）定期检查架体上各个连接件及受力件，如发现异常及时反馈。

（2）为施工方便，丝杠、齿轮、齿条、导轨、防坠爬升器等部件应及时涂抹黄油维护。

（3）定期维护液压系统

交底人签字		安全员签字	
被交底人 签字			

模板工程安全技术要求和验收表（样本）

项目名称：　　　　　　　　　施工部位：　　　　　　　　　编号：

序号	验收项目	技术要求	验收结论
1	支撑系统	支撑系统材料的规格、尺寸、接头方法、间距及剪刀撑设置均应符合施工方案要求	
2	立杆稳定	立杆底部应有垫板，立杆间距不大于 2m；按高度不超过 2m 设置纵横水平支撑，支撑系统两端应设置剪刀撑	
3	施工荷载	模板上材料应堆放均匀，荷载不得超过施工方案的规定	
4	模板存放	各种模板堆放整齐、安全，高度不超过 2m，大模板存放要有防倾斜措施	
5	支拆模板	支拆模板时，2m 以上高处作业必须有可靠的立足点，并有相应的安全防护措施；拆除模板时应设置临时警戒线并有专人监护，不得留有未拆除的悬空模板	
6	混凝土强度	模板拆除前必须有混凝土强度报告，强度达到规定要求后方可进行拆模审批	
7	运输道路	在模板上运输混凝土必须有专用运输通道，运输通道应平整牢固	
8	作业环境	模板作业面的预留孔洞和临边应进行安全防护，垂直作业应采取上下隔离措施	
验收结论意见			验收人员	项目经理： 技术负责人： 施工员： 安全员： 验收日期：

整体提升模板（滑模、爬模）安装验收表（样本）

验收日期：　　年　月　日　　　　　　　　　　　　　　　　编号：

工程名称		型号	
工程地址		机位数量	
施工单位		架体高度	
安拆单位		租赁单位	
项目	验收要求		验收结果
架体系统	架体各部位连接正常、牢靠；是否有变形现象		
模板后移装置	后移可调齿条装置与架体之间连接是否牢固；后移装置是否进退自如		
附墙装置	附墙装置与导轨和主三脚架的安装情况		
爬升装置	上换向盒内的承力块的位置是否正确；上、下换向盒内组装件是否转动灵活、定位正确可靠		
电气控制和液压升降系统	电控系统是否工作正常、灵敏可靠；接线、电缆接头是否绝缘可靠；液压系统是否工作正常、可靠、升降平稳，二缸同步误差不超过 2% 或 12mm；超载时溢流阀保护，油缸油管破裂时液压锁保护；当油缸不同步时可以单独升降某个油缸		
防坠、导向防倾装置	防坠装置是否每个机位设置一套 防坠装置是否灵敏、可靠、有效 防倾装置的导向间隙是否小于 5mm		
租赁单位验收意见： 负责人签章： 年　月　日	安装单位验收意见： 负责人签章： 年　月　日	施工单位验收意见： 负责人签章： 年　月　日	监理单位监督验收意见： 总监理工程师签章： 年　月　日

整体提升模板（滑模、爬模）提升前检查验收表（样本）

爬升区域：　　　　　　第　次提升　　年　月　日　　　　　　　　编号：

工程名称		模板型号		爬升前高度	
施工单位		产权编号		爬升后高度	
检查项目	检查内容			检查情况	
天气情况	不出现强风、强雨、大雾、大雪等天气				
附墙、挂钩支座	与建筑物结构单独连接并连接可靠				
	下层附墙装置已拆除				
	预埋锥体与高强度螺栓拧紧				
	螺杆露出螺母 3～5 扣丝				
电力控制系统	漏电保护，错、断相保护，接地装置可靠				
	动力、照明、信号、通信正常				
	电缆线路完好				
油缸、油管、阀门及油管接头	接头连接可靠				
	无漏油现象				
	油缸在空载作用下调试同步				
防坠爬升器	与油缸两端采用销接，销体齐全				
	导座数量齐全、调节装置有效				
	防坠爬升器棘爪处于提升状态				
导轨	无变形、裂缝等情况				
	无钢筋、混凝土污染				
架体	无倾斜、变形				
	爬升单元之间的连接需断开				
	防倾调节支腿已退出或松动				
	架体上材料、设备已清除，满足荷载要求				
	所有翻板均处于翻开状态，不影响爬升				
	架体爬升时无螺杆、钢筋头等障碍物				
	挂钩锁定销已拔出				
钢丝绳	无断股、生锈现象				
	绳卡数量齐全、牢固可靠				
承载体	承载体受力处混凝土强度达到 10MPa				
安全防护	准备升降的架体下方设置安全警戒线				
	钢板网固定牢靠；临边防护完成				

检查项目	检查内容	检查情况
人员安排	由总指挥统一指挥；分段机位配备足够监控人员；非操作人员撤离	

租赁单位验收意见： 负责人签章： 年　月　日	安装单位验收意见： 负责人签章： 年　月　日	施工单位验收意见： 负责人签章： 年　月　日	监理单位验收意见： 总监理工程师签章： 年　月　日

整体提升模板（滑模、爬模）提升后验收表（样本）

爬升区域：　　　　　第 次提升　年 月 日　　　　　　　　　　　编号：

工程名称		模板型号		爬升前高度	
施工单位		产权编号		爬升后高度	
验收项目	主要检查内容		验收情况		
附墙、挂钩支座	与建筑物结构单独连接并连接可靠				
	下层附墙装置已拆除				
	预埋锥体与高强度螺栓拧紧				
	螺杆露出螺母 3～5 扣丝				
电力控制系统	漏电保护、错、断相保护、接地装置可靠				
	动力、照明、信号、通信正常				
	电缆线路完好				
	关闭所有开关，锁定液压位置				
液压装置	油缸、油管、阀门及油管接头连接可靠				
	无漏油现象				
防坠爬升器	与油缸两端采用销接，销体齐全				
	导座数量齐全、调节装置有效				
	上下防坠爬升器全部调到爬轨挡位				
导轨	无变形、裂缝等情况				
架体	无倾斜、变形				
	单个架体各构件连接是否牢固				
	防倾调节支腿就位				
	平台限重设备正常				
	所有翻板均处于封闭状态				
	挂钩锁定销就位				
钢丝绳	无断股、生锈现象				
	绳卡数量齐全、牢固可靠				
安全防护	临边防护牢靠				
	钢板网固定密实牢靠				
租赁单位验收意见： 负责人签章： 年 月 日	安装单位验收意见： 负责人签章： 年 月 日		施工单位验收意见： 负责人签章： 年 月 日	监理单位验收意见： 总监理工程师签章： 年 月 日	

爬升作业通知单（样本）

编号：

工程名称		
总包单位		
施工单位		
提升楼层		提升时间

施工单位自检情况	 技术负责人：　　　　　　　　　　项目负责人： 　　　　　年　月　日　　　　　　　　年　月　日
总包单位意见	 项目安全总监：　　年　月　日 项目负责人：　　年　月　日

备注：1. 爬模施工单位每次提升爬模前应有总包单位或者土建承包单位的书面通知单；
　　　2. 本单一式三份，监理、总包、施工单位各执一份。

第 12 章

施工用电

本章根据《建筑施工安全检查标准》JGJ 59—2011、陕西省住房和城乡建设厅检查标准并结合现场检查的需要，从施工用电专项方案（施工组织设计）的审批、平面布置图及配电设施清单、安全技术交底、电阻测试、验收、巡检及用电设施交接等 7 个方面对相关资料进行了汇总整编。本章涉及的相关规范有《建筑与市政工程施工现场临时用电安全技术标准》JGJ/T 46—2024、《建设工程施工现场供用电安全规范》GB 50194—2014、《系统接地的型式及安全技术要求》GB 14050—2008、《低压电气装置 第 4-41 部分：安全防护 电击防护》GB/T 16895.21—2020。

12.1 施工用电概述

《建筑施工安全检查标准》JGJ 59—2011 第 3.14 条规定，施工用电检查评定的保证项目应包括：外电防护、接地与接零保护系统、配电线路、配电箱与开关箱。

12.2 施工用电资料整编目录清单

（1）施工现场用电管理制度。

（2）临时用电施工组织设计及报审报批表。

（3）临时用电平面布置图及配电设施清单。

（4）临时用电安全技术交底。

（5）临时用电工程检查验收表。

（6）电阻测试记录。

（7）用电设施交接验收记录表。

（8）电工安装、巡检、维修、拆除记录表。

12.3 施工用电资料编写说明

12.3.1 临时用电施工组织设计及报审报批表

《建筑与市政工程施工现场临时用电安全技术标准》JGJ/T 46—2024 规定，施工现场临时用电设备在 5 台及以上或设备总容量在 50kW 及以上者，应编制用电组织设计。施工现场临时用电设备在 5 台以下和设备总容量在 50kW 以下者，应制定安全用电和电气防火措施。

临时用电组织设计及变更时，必须履行"编制、审核、批准"程序，由电气工程技术人员组织编制，经相关部门审核及具有法人资格企业的技术负责人批准后实施。变更用电组织设计时应补充有关图纸资料。临时用电工程必须经编制、审核、批准部门和使用单位共同验收，合格后方可投入使用。工程分包单位施工现场临时用电组织设计的编制、专业部门会签、批准等程序均应按上述要求执行，并服从总包单位对施工现场临时用电的安全管理，接受总包单位对临时用电安全的监督、检查与指导，达到总包单位对分包单位的安全生产工作实行统一领导、统一管理的目的。

12.3.2 临时用电平面布置图及配电设施清单

临时用电平面布置图须结合场布综合绘制，作为施工的依据，要结合施工便道、钢筋加工区的位置、现场各单体的位置、大型机械的布置以及主要用电设备的具体位置综合绘制，并在相应位置上标注用电设备功率，确保临时用电平面布置图能起到具体的指导作用。为方便局部及整体用电功率的计算，应专门在临时用电平面布置图旁边附上用电设备清单及相应功率。

12.3.3 临时用电工程检查验收表

当现场临时用电布置基本完成即将投入运行时进行验收检查，填写此记录，并办理有关签字手续。检查、验收、签字人员至少 3 人以上。验收内容包含：施工方案、外电防护、安全技术交底、配电线路、接地与接零保护系统、配电箱、现场照明、变配电装置等内容，具体见临时用电工程检查验收表。

12.3.4 电阻测试记录

《建筑与市政工程施工现场临时用电安全技术标准》JGJ/T 46—2024 规定了各类接地电阻值。

单台容量超过 100kVA 或使用同一接地装置并联运行且总容量超过 100kVA 的电力变压器或发电机的工作接地电阻值不得大于 40Ω。

单台容量不超过 100kVA 或使用同一接地装置并联运行且总容量不超过 100kVA 的电力变压器或发电机的工作接地电阻值不得大于 10Ω。

在土壤电阻率大于 $10000\Omega \cdot m$ 的地区，当达到上述接地电阻值有困难时，工作接地电阻值可提高到 30Ω。

TN 系统中的保护要线除必须在配电室或总配电箱处做重复接地外，还必须在配电系统的中间处和末端处做重复接地。在 IN 系统中，保护零线每一处重复接地装置的接地电阻值不应大于 10℃。在工作接地电阻值允许达到 10Ω 的电力系统中，所有重复接地的等效电阻值不应大于 10Ω。

12.3.5　电工安装、巡检、维修、拆除记录表

由安全员负责建立和审查，可指定电工代管，每周由项目经理审批认可，当临时用电工程拆除后统一归档。对巡视过程中发现的问题及隐患进行记录，针对这些问题制定相应的维修措施，并对维修过程进行记录，限定维修完成时间。

电工必须经过国家现行标准考核合格后，持证上岗工作；安装、巡检、维修或拆除临时用电设备和线路，必须由电工完成，并应有人监控。

维修完成后，必须经有关人员验收；分析问题产生的原因，制定预防措施，防止事故再次发生。

安全技术资料应由项目经理部电气专业技术负责人建立与管理，每周由项目经理组织对施工现场临时用电工程的实体安全、内业资料进行检查，并应在临时用电工程拆除后统一归档管理。

临时用电资料总计 8 项内容，其中 1～7 项相关内容在交接、验收后就相对固定，可一次装订成册，永久使用。巡检记录表需要每月更新，可按照不同配电箱每月汇总整理，也可按照同一配电箱月度汇总，年度整编装订。

临时用电工程分项安全技术交底记录（样表）

项目名称：

工程名称		分部分项工程		工种	

1. 严格执行《建筑与市政工程施工现场临时用电安全技术标准》JGJ/T 46—2024，按照施工用电组织设计现场采用 TN-S 供电系统，电源线通过过道或穿墙均要用钢管或胶套管保护，严禁利用大地作为工作零线。认真贯彻《建筑施工安全检查标准》JGJ 59—2011 中对临时用电的规定。

2. 配电箱、开关箱内电气设备完好无缺，由箱体下方进出线；开关箱应符合"一机一闸一漏一箱"的要求，门、锁完善，有防雨、防尘措施，箱内无杂物，箱前通道畅通，并应对电箱统一编号，刷上危险标志。保护零线（PE、绿/黄线）中间和末端必须重复接地，严禁与工作零线混接，产生振动的设备的重复接地不少于两处。

3. 临时用电施工组织设计和临时安全用电技术措施及电气防火措施，必须由电气工程技术人员编制，技术负责人审核，经主管部门批准后实施。

4. 安装、维修或拆除临时用电工程，必须由持证电工完成，无证人员禁止上岗。电工等级应同工程的难易程度和技术复杂性相适应。

5. 使用设备必须按规定穿戴和配备好相应的劳动保护用品，并应检查电气装置和保护设施是否完好，严禁设备带病运转和进行运转中维修。

6. 停用的设备必须拉闸断电，锁好开关箱。负载线、保护零线和开关箱发现问题应及时报告解决。搬迁或移动的用电设备，必须由专业电工切断电源并作妥善处理。

7. 按规范做好施工现场临时安全用电的安全技术档案。

8. 在建工程与外电线路的安全距离及外电防护和接地与防雷等应严格按规范执行。

9. 配电线路的架空线必须采用绝缘铜线和绝缘铝线，架空线必须设置在专用电杆上，严禁架设在树木或脚手架、尼龙架或井字架上。

10. 空线的接头、相序排列、挡距、线间距离及横担和垂直距离的选择及规格，严格执行规范规定。

11. 动力配电箱与照明配电箱应分别设置，如合置在同一配电箱内，动力和照明线路应分路设置。

12. 开关箱应由末级配电箱配电，配电箱、开关箱制作所用的材料、箱的规格设置要求及安装技术应按规范执行。配电箱、开关箱最好购买合格的成品使用。

13. 配电箱、开关箱内的开关电器安装，绝缘要求和相壳保护接零应按规范执行。

14. 每台用电设备应有各自专用的开关箱，必须实行"一机一闸"制。严禁用同一个开关电器直接控制二台及二台以上用电设备（含插座）。

15. 开关箱内必须装设漏电保护器，漏电保护器的选择应符合《剩余电流动作保护装置安装和运行》GB/T 13955—2017，漏电保护器的安装要求和额定漏电动作参数应符合规范要求。

16. 总配电箱和开关箱中两级漏电保护器的额定动作时间应合理配合，使之具有分段保护的功能。

17. 手动开关电器只许用于直接控制照明电器和容量不大于 5.5kW 的动力电路。大于 5.5kW 的动力电路，应采用自动开关电器或降压启动装置控制，各种开关电器的额定值与其控制用电设备的额定值相适应。

18. 所有配电箱、开关箱应由专人负责，且应每月定期检修一次。检查、维修人员必须是专业电工，检查、维修时必须按规定穿戴绝缘鞋、手套，必须使用电工绝缘工具。

19. 对配电箱、开关箱进行检查、维修时，必须将其前一级的电源开关分闸断电，并悬挂停电检修标志牌，严禁带电作业。

20. 移动用电设备使用的电源线路，必须使用绝缘胶套管式电缆。

21. 用电设备和电气线路必须有保护接零。

22. 严禁施工现场非正式电工乱接用电线和安装用电开关。

23. 残缺绝缘盖的闸刀开关禁止使用，开关不得采用铜、铁、铝线作熔断保险丝。

24. 现场补充交底内容：

交底人签字：　　　　　　　　专职安全员：　　　　　　　　　　日期：

接受人签字：

注：本交底一式三份，班组、交底人、安全员各一份。

临时用电工程检查验收表（样本）

编号：

工程名称					供电方式	
计算用电电流（A）		计算用电负荷（kVA）			选择变压器容量（kVA）	
选择电源电缆或导线截面面积（mm²）		供电局变压器容量（kVA）			保护方式	
序号	验收项目	验收内容				验收结果
1	施工方案	用电设备在 5 台及以上或设备总容量 50kW 及以上者应编制临时用电施工组织设计，施工单位技术负责人批准、总监理工程师审批				
		用电设备在 5 台以下或设备总容量 50kW 以下者应制定安全用电和电气防火措施，施工单位技术负责人批准、总监理工程师审批				
		应有用电工程总平面图、配电装置布置图、配电系统接线图（总配电箱、分配电箱、开关箱）、接地装置设计图				
2	安全技术交底	有安全技术交底				
3	外电防护	外电架空路线下方应无生活设施、作业棚、堆放材料、施工作业区				
		与外电架空线之间的最小安全操作距离符合规范要求				
		达不到最小安全距离要求时，应设置坚固、稳定的绝缘隔离防护设施，并悬挂醒目的警告标志				
4	配电路线	架空线、电杆、横担应符合规定要求，架空线应架设在专用电杆上，不得架设在树木、脚手架及其他设施上。架空线在一个挡距内，每层导线的接头数不得超过该层导线条数的 50%，且一条导线应只有一个接头				
		架空线路布设符合规范要求。架空线路的挡距 ≤ 35m，架空线路的线间距 ≥ 0.3m				
		架空线与邻近线路或固定物的距离符合规范要求				
		电杆埋地、接线符合规范要求				
		电缆中应包含全部工作芯线和用作保护零线或保护线的芯线。需要三相四线制配电的电缆线路必须采用五芯电缆				
		五芯电缆应包含淡蓝、绿/黄两种颜色绝缘芯线。淡蓝色芯线必须用作工作零线（N 线）；绿/黄双色芯线必须用作保护零线（PE 线），严禁混用				
		架空电缆敷设应符合规范要求				
		埋地电缆敷设方式、深度应符合规范要求，埋地电缆路径应设方位标志				
		埋地电缆在穿越建筑物、构筑物、道路、易受机械损伤场所、介质腐蚀场所及引出地面 2m 至地下 0.2m 处，应采用可靠的安全防护措施				
		在建工程内的电缆线路严禁穿越脚手架引入，垂直敷设固定点每楼层不得少于一处				
		装饰装修工程或其他特殊阶段，应补充编制单项施工用电方案。电源线可沿墙角、地面敷设，但应采取防机械损伤和电火措施				
		室内配线必须是绝缘导线或电缆，过墙处应穿管保护				

序号	验收项目	验收内容	验收结果
5	接地与接零保护系统	应采用 TN-S 接零保护系统供电，电气设备的金属外壳必须与 PE 线连接	
		当施工现场与外电线路共用同一供电系统时，电气设备的接地、接零保护应与原系统保持一致	
		PE 线采用绝缘导线。PE 线上严禁装设开关或熔断器，严禁通过工作电流，且严禁断线	
		TN 系统中，PE 线除必须在配电室或总配电箱处做重复接地外，还必须在配电系统的中间处和末端处做重复接地。接地装置符合规范要求，每一处重复接地装置的接地电阻值不应大于 10Ω	
		工作接地电阻值符合规范要求	
		不得采用铝导体做接地体或地下接地线。垂直接地体不得采用螺纹钢。接地可利用自然接地体，但应保证其电气连接和热稳定	
		需设防雷接地装置的，其冲击接地电阻值不得大于 30Ω	
		做防雷接地机械上的电气设备，所连接的 PE 线必须同时做重复接地，同一台机械电气设备的重复接地和机械的防雷接地可共用同一接地体，但接地电阻应符合重复接地电阻值的要求	
6	配电箱	符合三级配电两级保护要求，箱体符合规范要求，有门、有锁，有防雨、防尘措施	
		每台用电设备必须有各自专用的开关箱，动力开关箱与照明开关箱必须分设	
		配电箱设置位置应符合有关要求，有足够两人同时工作的空间或通道	
		配电柜（总配电箱）、分配电箱、开关箱内的电器配置与接线应符合有关要求，连接牢固，完好可靠	
		配电箱的电器安装板上必须分设 N 线端子板和 PE 线端子板。N 线端子必须与金属电器安装板绝缘；PE 线端子板必须与金属电器安装板做电气连接	
		隔离开关应设置于电源进线端，应采用分断时具有可见分断点，并能同时断开电源所有极的隔离电器	
		配电箱、开关箱的电源进线端严禁采用插头或插座做活动连接；开关箱出线端如连接需接 PE 线的用电设备，不得采用插头或插座做活动连接	
		漏电保护装置应灵敏、有效，参数应匹配	
		开关箱中漏电保护器的额定漏电动作电流不应大于 30mA，额定漏电动作时间不应大于 0.1s	
		总配电箱中漏电保护器的额定漏电动作电流应大于 30mA，额定漏电动作时间应大于 0.1s，但其额定漏电动作电流与额定漏电动作时间的乘积不应大于 30mA·s	
7	现场照明	照明回路有单独开关箱，应装设隔离开关、短路与过载保护电器和漏电保护器	
		灯具金属外壳应做接零保护。室外灯具安装高度不低于 3m，室内安装高度不低于 2.5m	
		照明器具选择符合规范要求。照明器具、器材应无绝缘老化或破损	
		按规定使用安全电压。隧道、人防工程、高温、有导电灰尘、比较潮湿或灯具离地面高度低于 2.5m 等场所的照明，电源电压不应大于 36V	
		照明变压器必须使用双绕组型安全隔离变压器，严禁使用自耦变压器	
		照明装置符合规范要求	

序号	验收项目	验收内容	验收结果
7	现场照明	对夜间影响飞机或车辆通行的在建工程及机械设备，必须设置醒目的红色信号灯，其电源应设在施工现场总电源开关的前侧，并应设置外电线路停止供电时的应急自备电源	
8	变配电装置	配电室布置应符合有关要求，自然通风，应有防止雨雪侵入和动物进入的措施	
		发电机组电源必须与外电线路电源连锁，严禁并列运行	
		发电机组并列运行时，必须装设同期装置，并在机组同步运行后再向负载供电	

项目经理部验收结论：

施工单位验收意见：

　　　　　　　　　　　　　　　验收负责人：　　　　年　月　日（章）

监理单位意见：

　　　　　　　　项目负责人：
　　　　　　项目技术负责人：
　　　　专职安全管理人员：
　　　　　　　　　　电工：
　　　　　　　　其他人员：

　　　　　　　年　月　日（章）

　　　　　　　总监理工程师：　　　　年　月　日（章）

绝缘电阻测试记录（样本）

编号：

工程名称					施工单位				
计量单位		MΩ（兆欧）			测试日期				
仪表型号					天气情况			气温	℃
测量实物	测试项目								
	相间			相对零			相对地		零对地
	L1-L2	L2-L3	L3-L1	L1-N	L2-N	L3-N	L1-PE	L2-PE	L3-PE	N-PE
测试结果									
测试人员签字	项目用电负责人： 项目专职安全员：　　　　　　　测试人：								

说明：1. 电动机的绝缘电阻值不小于 0.5MΩ。Ⅰ 类工具的绝缘电阻值不小于 2MΩ；Ⅱ 类工具的绝缘电阻值不小于 7MΩ；Ⅲ 类工具的绝缘电阻值不小于 1MΩ。

2. 施工现场移动用具及手持电动工具应每月检测一次。测试合格后贴上标签，方可使用。

3. 表中 L1 代表第一相，L2 代表第二相，L3 代表第三相，N 代表零线（中性线），PE 代表保护接零线。

施工现场安全用电（电箱）检查记录表（样本）

编号：

年月			电箱编号	
日期	检查项目名称			检查人
1	□ 配电箱门锁	□ 配电线路	□ 漏电保护器	□ 接地装置	
2	□ 配电箱门锁	□ 配电线路	□ 漏电保护器	□ 接地装置	
3	□ 配电箱门锁	□ 配电线路	□ 漏电保护器	□ 接地装置	
4	□ 配电箱门锁	□ 配电线路	□ 漏电保护器	□ 接地装置	
5	□ 配电箱门锁	□ 配电线路	□ 漏电保护器	□ 接地装置	
6	□ 配电箱门锁	□ 配电线路	□ 漏电保护器	□ 接地装置	
7	□ 配电箱门锁	□ 配电线路	□ 漏电保护器	□ 接地装置	
8	□ 配电箱门锁	□ 配电线路	□ 漏电保护器	□ 接地装置	
9	□ 配电箱门锁	□ 配电线路	□ 漏电保护器	□ 接地装置	
10	□ 配电箱门锁	□ 配电线路	□ 漏电保护器	□ 接地装置	
11	□ 配电箱门锁	□ 配电线路	□ 漏电保护器	□ 接地装置	
12	□ 配电箱门锁	□ 配电线路	□ 漏电保护器	□ 接地装置	
13	□ 配电箱门锁	□ 配电线路	□ 漏电保护器	□ 接地装置	
14	□ 配电箱门锁	□ 配电线路	□ 漏电保护器	□ 接地装置	
15	□ 配电箱门锁	□ 配电线路	□ 漏电保护器	□ 接地装置	
16	□ 配电箱门锁	□ 配电线路	□ 漏电保护器	□ 接地装置	
17	□ 配电箱门锁	□ 配电线路	□ 漏电保护器	□ 接地装置	
18	□ 配电箱门锁	□ 配电线路	□ 漏电保护器	□ 接地装置	
19	□ 配电箱门锁	□ 配电线路	□ 漏电保护器	□ 接地装置	
20	□ 配电箱门锁	□ 配电线路	□ 漏电保护器	□ 接地装置	
21	□ 配电箱门锁	□ 配电线路	□ 漏电保护器	□ 接地装置	
22	□ 配电箱门锁	□ 配电线路	□ 漏电保护器	□ 接地装置	
23	□ 配电箱门锁	□ 配电线路	□ 漏电保护器	□ 接地装置	
24	□ 配电箱门锁	□ 配电线路	□ 漏电保护器	□ 接地装置	
25	□ 配电箱门锁	□ 配电线路	□ 漏电保护器	□ 接地装置	
26	□ 配电箱门锁	□ 配电线路	□ 漏电保护器	□ 接地装置	
27	□ 配电箱门锁	□ 配电线路	□ 漏电保护器	□ 接地装置	
28	□ 配电箱门锁	□ 配电线路	□ 漏电保护器	□ 接地装置	
29	□ 配电箱门锁	□ 配电线路	□ 漏电保护器	□ 接地装置	

日期	检查项目名称				检查人
30	□ 配电箱门锁	□ 配电线路	□ 漏电保护器	□ 接地装置	
31	□ 配电箱门锁	□ 配电线路	□ 漏电保护器	□ 接地装置	
注	√: 合格		×: 不合格		

漏电保护器检测记录（样本）

编号：

设备名称			设备编号		额定功率	
漏电保护器型号			额定电流		额定漏电动作电流与动作时间	
检测日期	L1 相对地		L2 相对地		L3 相对地	
年	动作电流	动作时间	动作电流	动作时间	动作电流	动作时间	检测结论	检测人
月　　日								
月　　日								
月　　日								
月　　日								
月　　日								
月　　日								
月　　日								
月　　日								
月　　日								
月　　日								
月　　日								
月　　日								
月　　日								
月　　日								
月　　日								

注：每月检测一次。

电工安装、调试、迁移、拆除工作记录（样本）

编号：

工程名称		施工单位					
日期	施工内容（施工部位、电缆或导线截面面积及敷设方式、箱柜类型、安装完毕通电运行结果）			现场作业电工及随行施工人员	工作评价	用电负责人	专职安全员

说明：1. 此表由当日操作电工填写，下班后交项目用电负责人保存，每周由项目用电负责人将此表交由项目安全资料管理人员保存。
2. 操作电工在安装或拆除过程中发现问题应立即向项目用电负责人及专职安全管理人员汇报，并做好记录。
3. 由项目用电负责人及专职安全管理人员对安装、拆除进行过程监督。
4. 工作评价结果分为合格、不合格。

电工维修工作记录（样本）

编号：

工程名称				施工单位			
日期	值班电工	检查情况		维修记录		复查结果	复查人员

说明：1. 此表由当日值班电工填写，下班后交项目用电负责人保存，每周由项目用电负责人将此表交由项目安全资料管理人员保存。

2. 值班电工在巡视时发现问题应立即向项目用电负责人、项目专职安全管理人员汇报，并做好记录。

3. 由项目用电负责人及项目专职安全管理人员对维修结果进行复查。

电工巡检维修记录（样本）

编号：

电工姓名		值班时间	时　　分至　　时　　分		
供电方式		额定容量			
序号	巡视检查项目	巡视检查内容		隐患	维修结果
1	高压线防护	按方案进行防护并做到严密、安全可靠			
2	接地或接零保护系统	工作接地、重复接地牢固可靠。系统保护零线重复接地不少于3处。工作接地电阻不大于4Ω，定期检测重复接地电阻，阻值不大于10Ω。保护零线正确，采用绿/黄双色线，其截面与工作零线截面相同或不小于相线的1/2，严禁将绿/黄双色线用作负荷线			
3	配电箱开关箱	总配电箱中应在电源隔离开关（可视明显断开点）的负荷侧装置漏电保护器，并灵敏可靠。分配电箱设置正确并与开关箱距离不大于30m，固定开关箱（一机一闸一漏一箱）漏电保护装置在设备负荷侧，灵敏可靠，并距离设备不大于3m。固定配电箱、开关箱安装位置正确，高度在1.4~1.6m。移动配电箱、开关箱安装高度在0.8~1.6m。电箱底进出线不混乱，并应加绝缘护套，采用固定夹成束卡固在箱体花栏架构上。箱内无杂物，有门、锁、编号、防触电标志及防雨措施。闸具、保护零线端子、工作零线端子齐全完好。箱门与箱体之间必须采用软铜线电气连接。电器用途明确标识。箱内不应有带电明露点。箱内应有本箱体的配电系统图			
4	现场、生活区照明	现场照明回路有漏电保护器，动作灵敏可靠。灯具金属外壳应做保护接零。室内220V灯具安装高度大于2.5m，低于2.5m使用安全电压供电。手持照明灯具必须使用电压36V（含）以下照明，电源线必须采用橡套电缆线，不得使用塑绞线，手柄及外防护罩完好无损。低压安全变压器应放置在专用配电箱内。碘钨灯照明必须采用密闭式防雨灯具，金属灯具和金属支架应做好保护接零，架杆手持部位采取绝缘措施，电源线必须采用橡套电缆线，电源侧应装设漏电保护器			
5	配电线路	配电线路无老化、破损、断裂现象，与交通线路交叉的电源线应符合有关安装架设标准。架空线路架符合有关规定，严禁架在树木、脚手架上			
6	变配电装置	露天变压器设置符合规定要求，配电元器件间距符合规范要求，并有可靠安全的防护措施，及正确悬挂警告标志，门应朝外开，有锁。变配电室内不得堆放杂物，并设有消防器材。发电机组及其配电室内严禁存放贮油桶，发电机设有短路、过负荷保护。配电室必须有相应的配电制度、配电平面图、配电系统图、防火管理制度、值班制度、责任人；具有良好的照明及应急照明；具有防止小动物的措施；具有良好的绝缘操作措施、良好通风条件			
7	其他	除以上内容发现的其他隐患			

用电设施交接验收记录表（样本）

编号：

工程名称		承包单位	
设施移交单位		设施接受单位	
移交部位或设施		临时用电设施	
移交单位意见：		接受单位验收意见：	
移交单位安全员		接受单位安全员	
移交单位负责人		接受单位负责人	
移交日期		接受日期	
承包单位意见： 负责人： 日期：			

注：1. 凡施工单位中甲单位的安全防护措施或设备，由乙单位在施工中使用时，或由乙单位委托甲单位搭设的安全防护设施及提供的设备时，必须办理交接验收记录。

　　2. 移交单位的安全防护设施或设备、防护设备标准必须符合规定要求，接受单位在验收合格接受后，施工中必须保持安全设施或设备的完好。

电气设备进场查验登记表（样本）

工程名称：_____　　　　　　　　　施工单位：

序号	设备名称	型号规格	数量	许可证号	合格证号	查验情况	验收人	验收日期
1								
2								
3								
4								
5								
6								
7								
8								
9								
10								
11								
12								
13								
14								
15								
16								
17								
18								
19								
20								
材料员：			安全员：			日期：		

施工现场临时用电设备明细表（样本）

工程名称：_____　　　　　　　　　　施工单位：

序号	设备名称	数量（台）	设备数据					总容量（kW）	备注
			容量/台（kW）	相数（相）	功率因素	电压（V）	暂载率（%）		

总容量合计：　　　（kW）　　　　　　　　　　　　　　　　　　填表人：

电气负责人：　　　　　　　　　　　　　　　　　　　　　　　　日期：

注：每月更新。

第13章

施工升降机

《中华人民共和国安全生产法》第三十六条规定，安全设备的设计、制造、安装、使用、检测、维修、改造和报废，应当符合国家标准或者行业标准。生产经营单位必须对安全设备进行经常性维护、保养并定期检测，保证正常运转。维护、保养、检测应当作好记录，并由有关人员签字。生产经营单位不得关闭、破坏直接关系生产安全的监控报警、防护、救生设备、设施，或者篡改、隐瞒、销毁其相关数据、信息。

本章根据《建筑施工安全检查标准》JGJ 59—2011、陕西省住房和城乡建设厅检查标准并结合现场检查的需要，从安装告知、使用登记、过程资料管理、拆卸告知等4个方面对相关资料进行了汇总整编。本章涉及的相关规范主要有《施工升降机安全使用规程》GB/T 34023—2017、《建筑施工升降设备设施检验标准》JGJ 305—2013、《建筑施工升降机安装、使用、拆卸安全技术规程》JGJ 215—2010、《施工升降机安全规程》GB 10055—2007、《施工升降机用齿轮渐进式防坠安全器》GB/T 34025—2017。

13.1 施工升降机概述

《建筑施工安全检查标准》JGJ 59—2011规定，检查评分表保证项目应包括：安全装置、限位装置、附墙件、钢丝绳、轮滑与对重、安拆、验收与使用。

本章施工升降机的资料整编主要针对《住房城乡建设部办公厅关于实施〈危险性较大的分部分项工程安全管理规定〉有关问题的通知》（建办质〔2018〕31号）危险性较大的分部分项工程和超过一定规模的危险性较大的分部分项工程中的起重吊装及起重机械安装拆卸工程及《房屋市政工程生产安全重大事故隐患判定标准》（2024版）中涉及施工升降机重大事故隐患的相关项目。

13.2 施工升降机资料整编目录清单

13.2.1 安装告知资料（15项）

（1）供方单位考察记录。

（2）出租单位合同及安全协议（两方）。

（3）安装单位合同及安全协议（三方）。

（4）出租单位营业执照、资质证书、安全生产许可证。

（5）安装单位营业执照、资质证书、安全生产许可证。

（6）施工升降机设备进场查验。

（7）设备产权备案、特种设备制造许可证、产品合格证、使用说明书。

（8）建筑施工起重机械安装告知、建筑起重机械安装审核表。

（9）施工升降机安装专项方案及报审报批表。

（10）施工升降机安装应急救援预案及报审报批表。

（11）基础验收报告。

（12）无障碍证明。

（13）进入施工现场安装人员任命文件及证件。

（14）安装前安全技术交底。

（15）汽车起重机安全技术交底及操作人员证件、辅助起重机械检测报告。

13.2.2 使用登记资料（8项）

（1）建筑施工起重机械使用登记表。

（2）安装完成自检表。

（3）机械设备法定检验检测单位检测报告（第三方检测报告）。

（4）施工升降机防坠安全器定期检验报告。

（5）出租单位、安装单位、监理单位、施工总承包单位联合验收资料（四方联合验收表）。

（6）施工升降机司机及信号工证件。

（7）管理制度及维修保养制度。

（8）应急救援预案。

13.2.3 过程管理资料（10项）

（1）危大工程公示牌、验收牌、风险告知卡。

（2）现场维修保养人员任命书及证件。

（3）施工升降机每月检查表。

（4）施工升降机顶升加节验收记录。

（5）施工升降机附着锚固检验记录。

（6）施工升降机防雷接地电阻记录。

（7）施工升降机交接班记录（两个司机以上需要）。

（8）施工升降机每日运行记录。

（9）施工升降机垂直度及沉降观测记录。

（10）施工升降机维修保养记录。

13.2.4　拆卸告知资料（11 项）

（1）出租单位合同及安全协议（两方）。

（2）安装单位合同及安全协议（三方）。

（3）出租单位营业执照、资质证书、安全生产许可证。

（4）安装单位营业执照、资质证书、安全生产许可证。

（5）建筑施工起重机械拆卸告知、建筑起重机械拆卸审核表。

（6）施工升降机安装专项施工方案及报审报批表。

（7）施工升降机拆卸应急救援预案及报审报批表。

（8）进入施工现场拆卸人员任命文件及证件。

（9）拆卸前安全技术交底。

（10）汽车起重机安全技术交底及操作人员证件、辅助起重机械检测报告。

（11）分包单位评价表。

13.3　施工升降机资料编写说明

13.3.1　安装告知资料

《建筑施工升降机安装、使用、拆卸安全技术规程》JGJ 215—2010 规定，施工升降机安装单位应具备建设行政主管部门颁发的起重设备安装工程专业承包资质和建筑施工企业安全生产许可证。施工升降机安装、拆卸项目应配备与承担项目相适应的专业安装作业人员以及专业安装技术人员。施工升降机的安装拆卸工、电工、司机等应具有建筑施工特种作业操作资格证书。施工升降机使用单位应与安装单位签订施工升降机安装拆卸合同，明确双方的安全生产责任。实行施工总承包的，施工总承包单位应与安装单位签订施工升降机安装、拆卸工程安全协议书。施工升降机应具有特种设备制造许可证、产品合格证、使用说明书、起重机械制造监督检验证书，并已在产权单位工商注册所在地县级以上建设行政主管部门备案登记。施工升降机安装作业前，安装单位应编制施工升降机安装、拆卸工程专项施工方案，由安装单位技术负责人批准后，报送施工总承包单位或使用单位、监理单位审核，并告知工程所在地县级以上建设行政主管部门。

施工升降机地基、基础应满足使用说明书的要求。对基础设置在地下室顶板、楼面或其他下部悬空结构上的施工升降机，应对基础支撑结构进行承载力验算。施工升降机安装前应对各部件进行检查，对有可见裂纹的构件应进行修复或更换，对有严重锈蚀、严重磨损、整体或局部变形的构件必须进行更换，符合产品标准的有关规定后方能进行安装。安装作业前，应对辅助起重设备和其他安装辅助用具的机械性能和安全性能进行检查，合格后方能投入作业。安装作业前，安装技术人员应根据施工升降机安装、拆卸工程专项施工方案和使用说明书的要求，对安装作业人员进行安全技术交底，并由安装作业人员在交底书上签字。在施工期间，交底书应留存备查。

对于施工升降机安拆资质的确定，具体见《建筑业企业资质管理规定》相关规定，安拆单位的资质、安全生产许可证、基础验收报告以及安拆人员的证件涉及重大事故隐患，应重点审查。

13.3.2 使用登记资料

《建筑施工升降机安装、使用、拆卸安全技术规程》JGJ 215—2010 第 4.3 条规定，施工升降机安装完毕且经调试后，安装单位应对安装质量进行自检，并应向使用单位进行安全使用说明。安装单位自检合格后，应经有相应资质的检验检测机构监督检验。检验合格后，使用单位应组织租赁单位、安装单位和监理单位等进行验收。实行施工总承包的，应由施工总承包单位组织验收。严禁使用未经验收或验收不合格的施工升降机。使用单位应自施工升降机安装验收合格之日起 30 日内，将施工升降机安装验收资料、施工升降机安全管理制度、特种作业人员名单等，向工程所在地县级以上建设行政主管部门办理使用登记备案。安装自检表、检测报告和验收记录等应纳入设备档案。

使用登记资料中的使用登记表、联合验收记录、防坠器的标定、安全技术交底中特种作业人员证件及司机证件涉及重大事故隐患的，应重点关注。

13.3.3 过程管理资料

过程管理资料主要是从安装完毕验收开始，到施工升降机的拆卸，包含月度维修保养、顶升加节、防雷接地电阻测试、垂直度观测、维保人员及司机证件管理等方面。其中维保及司机的证件、顶升加节及垂直度观测涉及重大事故隐患的，应重点关注。

13.3.4 拆卸告知资料

《建筑施工升降机安装、使用、拆卸安全技术规程》JGJ 215—2010 规定，拆卸前应对施工升降机的关键部件进行检查，当发现问题时，应在问题解决后方能进行拆卸作业。施工升降机拆卸作业应符合拆卸工程专项施工方案的要求。

拆除告知资料中涉及的拆除作业人员证件、拆除单位资质、拆除的施工方案、安全技术交底的签字等方面涉及重大事故隐患的，应重点关注。

资料在整编汇总时需按照安装告知、使用登记、过程资料管理、拆卸告知等 4 个板块 45 项内容单独建档并编号存放，每个板块资料按序号汇总，做到目录清晰内容明确。对过程管理资料中的月度检查记录表和维修保养记录 2 项内容，根据检查频率每月收集，按月归档；顶升加节记录和施工升降机交接班记录 2 项内容，按照工序交接时间整理汇总。

供方单位考察记录表（样表）

考察单位		设备类别	
被考察单位			
考察内容	考察要求		考察情况
企业资质	企业营业执照、资质证书、安全生产许可证、制造许可证、检验评估报告等是否齐全有效		
安全生产能力及条件	企业安全生产管理机构是否建立		
	专职安全管理人员配备数量与企业规模是否匹配		
	特种作业人员配置数量及持证上岗情况是否满足要求		
	近2年是否存在违法转包、挂靠、司法诉讼记录、安全生产领域失信行为记录、失信惩戒记录、安全事故记录		
	是否购置安全生产保险		
	机械设备状况是否符合要求		
	安全技术管理档案是否齐全		
如近2年是否存在违法转包、挂靠、司法诉讼记录、安全生产领域失信行为记录、失信惩戒记录、安全事故记录；或机械设备状况不符合要求；或上一年度被列入不合格分包商名录的，视为考察不通过			
项目考察意见： 考察人员：　　　　　　　　　　　　　　　　　年　月　日			
分公司考察意见： 考察人员：　　　　　　　　　　　　　　　　　年　月　日			
集团安全监督管理部： 考察人员：　　　　　　　　　　　　　　　　　年　月　日			

施工升降机进场查验表

项目名称					设备规格型号	
生产厂家		出厂日期			产权备案号	
产权单位					联系电话	
序号	部位名称	查验项目			查验结论	检查部位照片
1	资料部分	设备备案情况			□ 有　　□ 无	
		产权是否登记在出租单位			□ 是　　　否	
		品牌、型号和出厂年限是否与合同约定及产权登记一致			□ 是　　　否	
		特种设备制造许可证、产品合格证、制造监督检验证明是否完整			□ 符合　□ 不符合	
		上个工地的检测报告是否完整			□ 符合　□ 不符合	
2	金属结构部分	是否产生塑性变形			□ 产生　□ 未产生	
		是否存在焊缝开裂			□ 存在　□ 不存在	
		是否存在锈蚀严重（重点检查导轨内壁、吊笼、附墙）			□ 存在　□ 不存在	
		底架是否与说明书一致			□ 是　　　否	
		底架护栏、缓冲弹簧			□ 存在　□ 不存在	
		笼顶护栏、吊杆			□ 存在　□ 不存在	
		电缆导向装置、护线架、电缆筒			□ 存在　□ 不存在	
3	安全装置	防坠安全器是否在有效期内			□ 是　　□ 否	
		防松绳开关（含对重设备应设置）			□ 完好　□ 不完好	
		对重天轮			□ 完好　□ 不完好	
		钢丝绳			□ 完好　□ 不完好	
		安全钩			□ 完好　□ 不完好	
		吊笼门安全钩、连锁装置			□ 存在　□ 不存在	
		紧急逃离门			□ 完好　□ 不完好	
		上限位器			□ 完好　□ 不完好	
		下限位器			□ 完好　□ 不完好	
		上极限限位			□ 完好　□ 不完好	
		下极限限位			□ 齐全　□ 不齐全	
		制动系统			□ 完好　□ 不完好	
		刹车片是否破损或磨损严重			□ 是　　□ 否	
4	保险装置	电铃装置			□ 完好　□ 不完好	
		安全电控系统			□ 完好　□ 不完好	

序号	部位名称	查验项目	查验结论	检查部位照片
4	保险装置	超载保护装置	□ 完好　□ 不完好	
		急停开关	□ 完好　□ 不完好	
5	部件	导向轮及背轮	□ 符合　□ 不符合	
		齿轮齿条啮合	□ 符合　□ 不符合	
		传动部件保护装置	□ 符合　□ 不符合	
		附墙架符合要求	□ 符合　□ 不符合	
		螺栓是否与说明书一致	□ 是　　□ 否	
		电缆是否符合使用标准	□ 符合　□ 不符合	
		操作室是否有破损	□ 有　　□ 无	
		灭火器材配备	□ 配备　□ 未配备	
6	安全标识	操作台按钮是否有明确标识	□ 有　□ 不全　□ 无	
		安全操作规程牌	□ 已准备　　　□ 未准备	
查验意见				
产权单位负责人		安装单位负责人		
项目负责人		项目机械设备 管理人员		

注：该表在进场验收时由相关人员填写，对不符合要求的部件应在安装前更换或者整体退场。

建筑起重机械安装（拆除）审核表（样表）

设备名称			规格型号	
设备备案号			设备安装高度	
工程名称			工程地点	
安拆单位			法人代表	
技术负责人			安装负责人	

		材料分项名称	分项审核情况
报送审核材料	1	建筑起重机械安装（拆除）告知书（三份）	
	2	建设工程质量安全监督申报书（复印件）	
	3	建筑起重机械备案证明、安拆单位资质证书、营业执照、安全生产许可证副本（复印件核对原件）	
	4	出租单位与施工总承包单位签订的租赁合同，安拆单位与施工总承包单位签订的安装（拆卸）合同及安拆单位与施工总承包单位签订的安全协议书（原件）	
	5	建筑起重机械安装工程专项施工方案（原件）	
	6	建筑起重机械安装（拆卸）工程生产安全事故应急救援预案（原件）	
	7	安拆单位负责人、专职安全生产管理人员、专业技术人员及特种作业人员名单及证书、辅助起重机械资料及特种作业人员证书（复印件加盖公章）	
	8	提供现场毗邻建筑物、构筑物供电管线等可能影响机械使用安全的有关资料（原件）	
	9	起重机械地基基础相关验收资料（原件）	

审核意见	总工审核（签字）： 总承包单位（公章）： 年　月　日	总监审核（签字）： 监理单位（公章）： 年　月　日

注：本表为安装、拆卸审核通用表格，在使用时应将不适用的文字划掉。

陕西省建筑工程施工质量验收技术资料统一用表
监理质量控制资料

监理 B-1 施工组织设计/（专项）施工方案报审表

工程名称：_____   编号：

致：	（项目监理机构）
我方已完成	工程施工组织设计/（专项）施工方案的编制

<table>
<tr><td colspan="2">并按规定已完成相关审批手续，请予以审查。</td></tr>
<tr><td>附件： ☐</td><td>施工组织设计</td></tr>
<tr><td>☐</td><td>专项施工方案</td></tr>
<tr><td>☐</td><td>施工方案</td></tr>
</table>

施工项目经理部（盖章）： 项目经理（签字）： 　　　　　　　　　年　月　日
审查意见：   专业监理工程师（签字）： 　　　　　　　　　年　月　日
审核意见：   项目监理机构（盖章）： 总监理工程师（签字）： 　　　　　　　　　年　月　日
审批意见（仅对超过一定规模的危险性较大分部分项工程专项施工方案）：   建设单位（盖章）： 建设单位代表（签字）： 　　　　　　　　　年　月　日

注：本表一式三份，项目监理机构、建设单位、施工单位各一份。

陕西省建筑工程施工质量验收技术资料统一用表

危险性较大的分部分项施工方案报批表（分包单位）

工程名称		建设单位		
文件名称			册 共	页
编制单位		主编人		
内容概述				
分包单位 审核意见	（盖章） 项目经理： 年　月　日			
	（公章） 分包单位技术负责人： 年　月　日			
施工单位 审查意见	（盖章） 项目经理： 年　月　日			
	（公章） 施工单位技术负责人： 年　月　日			
监理（建设） 单位审批意见	（公章） 总监理工程师（建设单位项目负责人）： 年　月　日			

注：1. 本表由编制单位填制，然后按程序报批；
　　2. 编制的文件附后。

建筑起重机械安装基础验收报告（样表）

使用单位	
施工单位	
设备类型	□ 塔式起重机　　　　□ 升降机
设备名称	□ 普通塔式起重机 □ 齿轮齿条式施工升降机 □ 钢丝绳式施工升降机
设备型号规格	
安装地点	
基础结构形式	□ 力固定式　　　　□ 移动式
验收结论	地基普探资料齐全 地基承载力满足要求 隐蔽验收记录齐全 混凝土强度合格，折算满足安装要求 预埋件使用厂配件 混凝土基础平整度、几何尺寸符合设计文件要求 经验收合格

施工单位负责人	使用单位负责人	监理单位负责人
施工单位（盖章）： 　　年　月　日	使用单位（盖章）： 　　年　月　日	监理单位（盖章）： 　　年　月　日

证　　明

_____:

　　我单位_____现租赁一台生产型号为:_____、出厂编号:_____。现根据施工需要将安装于_____,现场周围无影响安装作业的高大建筑物、供电管线等障碍物,不存在各类安全隐患。安装时现场有维护、警戒,有专人看护,具备安全的安装作业条件。

　　特此证明!

监理单位（签章）　　　　　　　　　　　　使用单位（签章）

监理单位负责人:　　　　　　　　　　　　使用单位负责人:

　　年　月　日　　　　　　　　　　　　　　年　月　日

陕西省建筑起重机械使用登记申请表（样表）

使用单位：（公章）　　　　　　　　电话：　　　　　　　　年　月　日

产权单位					电话		
机械名称		规格型号			出厂日期		
备案编号		安装高度（m）		首次安装			
				最终使用			
工程名称			项目经理			电话	
工程地址							
安装单位			资质等级			资质证号	
安装起止时间	年　月　日起 年　月　日止		安装单位安全许可证号			现场安装负责人	
检验检测单位			检测日期				
检验检测负责人			联合验收日期				
操作人员	姓名						
	工种						
	操作证号						
安装单位意见	技术负责人： 安装单位（章）： 年　月　日		附：检验检测结果	年　月　日	使用单位意见	技术负责人： 使用单位（章）： 年　月　日	
产权单位意见	技术负责人： 产权单位（章）： 年　月　日		总承包单位意见	总工： 总承包单位（章）： 年　月　日	监理单位意见	项目总监： 监理单位（章）： 年　月　日	
机械科意见	年　月　日		站领导意见	年　月　日			

注：此表作为安装验收用表，各参加验收单位签署合格或不合格意见后，各存档一份。检验检测结果栏由使用单位填写检验检测单位出具的检测结果，并持检测结果原件，留复印件。

施工升降机安装联合验收表（样表）

工程名称		工程地址	
设备型号		备案登记号	
设备生产厂		出厂编号	
出厂日期		安装高度	
安装负责人		安装日期	

检查结果代号说明		√＝合格　　○＝整改后合格　　✕＝不合格　　无＝无此项		
检查项目	序号	内容和要求	检查结果	备注
主要部件	1	导轨架、附墙架连接安装齐全、牢固		
	2	螺栓拧紧力矩达到技术要求		
	3	导轨架安装垂直度满足要求		
	4	结构件无变形、开焊、裂纹		
	5	对重导轨符合使用说明书要求		
传动系统	6	钢丝绳规格正确，未达到报废标准		
	7	钢丝绳固定和编结符合标准要求		
	8	各部位滑轮转动灵活、可靠，无卡阻现象		
	9	齿条、齿轮、曳引轮符合标准要求、保险		
	10	各机构转动平稳、无异常响声		
	11	各润滑点润滑良好、润滑油牌号正确		
	12	制动器、离合器动作灵活可靠		
电气系统	13	供电系统正常，额定电压值偏差 ≤±5%		
	14	接触器、继电器接触良好		
	15	仪表、照明、报警系统完好可靠		
	16	控制、操纵装置动作灵活、可靠		
	17	各种电气安全保护装置齐全、可靠		
	18	电气系统对导轨架的绝缘电阻应 ≥0.5MΩ		
	19	接地电阻应 ≤4Ω		
安全系统	20	防坠安全器在有效标定期限内		
	21	防坠安全器灵敏可靠		
	22	超载保护装置灵敏可靠		
	23	上、下限位开关灵敏可靠		
	24	上、下极限开关灵敏可靠		
	25	急停开关灵敏可靠		
	26	安全钩完好		

检查项目	序号	内容和要求		检查结果	备注
安全系统	27	额定载重量标牌牢固清晰			
	28	地面防护围栏门、吊笼门继电联锁灵敏			
试运行	29	空载	双吊笼施工升降机应分别对两个吊笼进行试运行。试运行中吊笼应启动、制动正常，运行平稳，无异常现象		
	30	额定载重量			
	31	125%额定载重量			
坠落试验	32	吊笼制动后，结构及连接件应无任何损坏或永久变形，且制动距离应符合要求			
资料核查	33	安装单位安装自检表、法定检测单位检测报告、防坠器定期标定记录			
	34	安装单位资质、安全生产许可证、专项施工方案、安装人员资格证书			

验收结论：

　　　　　　　　　　　总承包单位（盖章）：　　　　　　　　　　　　验收日期：　　年　月　日

总承包单位		参加人员签名	
使用单位		参加人员签名	
安装单位		参加人员签名	
监理单位		参加人员签名	
租赁单位		参加人员签名	

注：1. 新安装的施工升降机及在用的施工升降机应至少每三个月进行一次额定载重量的坠落试验；新安装及大修后的施工升降机应作125%额定载重量试运行。

　　2. 对不符合要求的项目应在备注栏具体说明，对要求量化的参数应填实测值。

　　3. 本表在施工升降机经法定检测单位检测合格后，由出租单位完善签字手续，存项目备查。

施工升降机每月检查表（样表）

编号：

设备型号		备案登记号	
工程名称		工程地址	
设备生产厂		出厂编号	
出厂日期		安装高度	
安装负责人		安装日期	

检查结果代号说明		√ = 合格　　○ = 整改后合格　　×= 不合格　　无 = 无此项			
名称	序号	检查项目	要求	检查结果	备注 （后附水印照片）
标志	1	统一编号牌	应设置在规定位置		
	2	警示标志	吊笼内应有安全操作规程、操纵按钮，其他危险处应有醒目的警示标志，施工升降机应设限载和楼层标志		
基础和维护设施	3	地面防护围栏门及机电联锁保护装置	应装机电联锁装置，吊笼位于底部规定位置地面防护围栏门才能打开，地面防护围栏门开启后吊笼不能启动		
	4	地面防护围栏	基础上吊笼和对重升降通道周围应设置防护围栏，地面防护围栏高 ≥ 1.8m		
	5	安全防护区	当施工升降机基础下方有施工作业区时，应加设防对重坠落伤人的安全防护区及其安全防护措施		
	6	电缆收集筒	固定可靠，电缆能正确导入		
	7	缓冲弹簧	应完好		
金属结构件	8	金属结构件外观	无明显变形、脱焊、开裂和锈蚀		
	9	螺栓连接	紧固件安装准确、紧固可靠		
	10	销轴连接	销轴连接定位可靠		
	11	导轨架垂直度	架设高度h（m）　　垂直度偏差（mm） $h \leqslant 70$　　　　　$\leqslant (1/1000)h$ $70 < h \leqslant 100$　　　$\leqslant 70$ $100 < h \leqslant 150$　　$\leqslant 90$ $150 < h \leqslant 200$　　$\leqslant 110$ $h > 200$　　　　　$\leqslant 130$ 对 SS 型施工升降机，垂直度偏差应 ≤ $(1.5/1000)h$		
吊笼及层门	12	紧急逃离门	应完好		
	13	吊笼顶部护栏	应完好		
	14	吊笼门	开启正常，机电联锁有效		
	15	层门	应完好		

名称	序号	检查项目	要求	检查结果	备注 （后附水印照片）
传动及导向	16	防护装置	转动零部件的外露部分应有防护罩等防护装置		
	17	制动器	制动性能良好，手动松闸功能正常		
	18	齿轮齿条啮合	齿条应有 90%以上的计算宽度参与啮合，且与齿轮的啮合侧隙应为 0.2～0.5mm		
	19	导向轮及背轮	连接及润滑应良好、导向灵活，无明显倾侧现象		
	20	润滑	无漏油现象		
附着装置	21	附墙架	应采用配套标准产品		
	22	附着间距	应符合使用说明书要求		
	23	自由端高度	应符合使用说明书要求		
	24	与构筑物连接	应牢固可靠		
安全装置	25	防坠安全器	应在有效标定期限内使用		
	26	放松绳开关	应有效		
	27	安全钩	应完好有效		
	28	上限位	安装位置：提升速度 $v < 0.8$ m/s 时，留有上部安全距离应 $\geqslant 1.8$m		
	29	上极限开关	极限开关应为非自动复位型，动作时能切断总电源，动作后须手动复位才能使吊笼启动		
	30	越程距离	上限位和上极限开关之间的越程距离应 $\geqslant 0.15$m		
	31	下限位	应完好有效		
	32	下极限开关	应完好有效		
	33	紧急逃离门安全开关	应有效		
	34	急停开关	应有效		
电气装置	35	绝缘电阻	电动机及电气元件（电子元器件部分除外）的对地绝缘电阻应 $\geqslant 0.5$MΩ		
	36	接地保护	电动机和电气设备金属外壳均应接地，接地电阻应 $\leqslant 4$Ω		
	37	失压、零位保护	应有效		
	38	电气线路	排列整齐，接地、零线分开		
	39	相序保护装置	应有效		
	40	通信联络装置	应有效		
	41	电缆与电缆导向	电缆完好无破损，电缆导向架按规定设置		

续表

名称	序号	检查项目	要求	检查结果	备注 （后附水印照片）
对重和 钢丝绳	42	钢丝绳	应规格正确，且未达到报废标准		
	43	对重导轨	接缝平整，导向良好		
	44	钢丝绳 端部固结	应固结可靠。绳卡规格应与绳径匹配，其数量不得少于 3 个，间距不小于绳径的 6 倍，滑鞍应放在受力一侧		

检查结论：

租赁单位检查人签字：

使用单位检查人签字：

日期：　　年　月　日

注：对不符合要求的项目应在备注栏具体说明，对要求量化的参数应填实测值。

施工升降机维修保养记录（样表）

工程名称			使用单位		
租赁单位			备案号		
设备名称	规格型号	自编号码	出厂日期	使用年限	上次维修保养时间
检查项目	具体检查、维修、保养项目		检查结果	问题及处理	整改完成日期
金属结构	导轨架、吊笼、其他金属结构、连接螺栓及销铀、齿条、单滚轮、双滚轮、驱动齿、背轮				
绳轮钩系统	导轮、滚轮、进出门钢丝绳、滑轮、连接螺栓、轴、防脱槽装置				
传动系统	减速面、滚轮、刹车片、电机固定装置、各连接螺栓、驱动齿、背轮				
电气系统	电缆线、配电箱、操作台内各元器件、电缆保护装置				
附着锚固	连接螺栓、连墙件螺栓、钢结构、销轴、附着之间距离				
安全限位保险装置	上下限位和上下极限开关、防坠器、各限位和机械锁、急停、缓冲装置及其他保险装置				
基础	地脚螺栓、缓冲弹簧、基础积水、基础是否有杂物				
检查意见：					
安装单位：　　　　　　　　　总包单位： 机管员：　　　　　　　　　　技术负责人： 维保人：　　　　　　　　　　安全员： 　年　月　日　　　　　　　　　年　月　日					

注：本表由租赁单位填写，施工单位、租赁单位各存一份。

284

施工升降机加节验收记录（样表）

工程名称			工程地点		
安装单位			顶升负责人		
设备备案编号			接高时间		
型号		原高度		接高后高度	
项目	检查内容与要求			验收结果	
接高前检查	天轮及对重应按要求拆下；不需要拆下的天轮及对重按说明书要求进行操作，以不影响加节作业为准				
	附着件、标准节型号及数量应正确、齐全。附着的预埋（留）应正确				
	附着件、标准节应是原厂家产品，无开焊、变形和裂纹问题				
	当附着架不能满足施工现场要求时，应对附着架另行设计。附着架设计应满足构件刚度、强度、稳定性等要求，制作应满足设计要求				
	吊杆灵活可靠、吊具齐全				
	吊笼启、制动正常，无异常响声				
	防坠安全器（即限速器）的上次标定时间应符合国家标准				
	在使用控制盒操作时，其他操作装置应均不起作用，但吊笼的安全装置仍应起保护作用				
接高后检查	标准节连接可靠，螺栓齐全				
	标准节连接螺栓拧紧力矩应符合技术要求				
	导轨架安装垂直度偏差应符合技术要求				
	天轮与对重安装应符合技术要求				
	上、下限位开关，上、下极限开关，急停开关，防松（断）绳保护安全装置应灵敏可靠				
	附着件的安装应符合设计要求				
	附着锚固点间距应符合说明书要求				
验收结论：					
			安装单位技术负责人： 专职安全员： 使用单位负责人： 年　月　日		

接地电阻测试记录表（样表）

工程名称				工程总包单位		
天气		气温		仪表名称及型号		
序号	检测项目		接地装置名称	允许值	实测值	结论
测试结果						
测试人				日期		年　月　日

施工升降机运行记录表

工程名称		施工单位		使用单位	
设备租赁单位		设备名称		设备编号	
时间	时分	运行情况			司机（签名）
年　月　日	起止	外观□ 安全装置□ 传动机构□ 连接件□ 制动器□ 滑轮□ 钢丝绳□ 液位、油位□ 电源、电压□			
年　月　日	起止	外观□ 安全装置□ 传动机构□ 连接件□ 制动器□ 滑轮□ 钢丝绳□ 液位、油位□ 电源、电压□			
年　月　日	起止	外观□ 安全装置□ 传动机构□ 连接件□ 制动器□ 滑轮□ 钢丝绳□ 液位、油位□ 电源、电压□			
年　月　日	起止	外观□ 安全装置□ 传动机构□ 连接件□ 制动器□ 滑轮□ 钢丝绳□ 液位、油位□ 电源、电压□			
年　月　日	起止	外观□ 安全装置□ 传动机构□ 连接件□ 制动器□ 滑轮□ 钢丝绳□ 液位、油位□ 电源、电压□			
年　月　日	起止	外观□ 安全装置□ 传动机构□ 连接件□ 制动器□ 滑轮□ 钢丝绳□ 液位、油位□ 电源、电压□			
年　月　日	起止	外观□ 安全装置□ 传动机构□ 连接件□ 制动器□ 滑轮□ 钢丝绳□ 液位、油位□ 电源、电压□			
年　月　日	起止	外观□ 安全装置□ 传动机构□ 连接件□ 制动器□ 滑轮□ 钢丝绳□ 液位、油位□ 电源、电压□			

注：1. 施工升降机司机，应按照规定认真填写记录并在机组存放。

2. 工作记录主要内容：

（1）每班首次作业前试验情况；

（2）各安全装置、电气线路检查情况；

（3）设备作业的情况。

3. 运行中如发现设备有异常情况，应立即停用，排除故障后方可继续运行，同时将情况填入记录表。

4. 运行记录单独组卷，每本填写完后送交设备产权单位存档。

施工升降机垂直度观测记录表（样表）

工程名称				工程总包单位			
设备名称及型号					设备编号		
垂直度与沉降量检测记录	监测点编号	第　　　次				第　　　次			
		沉降量（mm）		垂直度		沉降量（mm）		垂直度	
		本次	累计	方向（　）	方向（　）	本次	累计	方向（　）	方向（　）
工程状态								
观测者								
记录者		年　月　日				年　月　日		
垂直度与沉降量检测记录	监测点编号	第　　　次				第　　　次			
		沉降量（mm）		垂直度		沉降量（mm）		垂直度	
		本次	累计	方向（　）	方向（　）	本次	累计	方向（　）	方向（　）
工程状态					年　月　日			
观测者								
记录者		年　月　日				年　月　日		

施工升降机维修保养记录

工程名称			使用单位		
租赁单位			备案号		
设备名称	规格型号	自编号码	出厂日期	使用年限	上次维修保养时间
检查项目	具体检查、维修、保养项目		检查结果	问题及处理	整改完成日期
金属结构	导轨架、吊笼、其他金属结构、连接螺栓及销轴、齿条、单滚轮、双滚轮、驱动齿、背轮				
绳轮钩系统	导轮、滚轮、进出门钢丝绳、滑轮、连接螺栓、轴、防脱槽装置				
传动系统	减速面、滚轮、刹车片、电机固定装置、各连接螺栓、驱动齿、背轮				
电气系统	电缆线、配电箱、操作台内各元器件、电缆保护装置				
附着锚固	连接螺栓、连墙件螺栓、钢结构、销轴、附着之间距离				
安全限位保险装置	上下限位和上下极限开关、防坠器、各限位和机械锁、急停、缓冲装置及其他保险装置				
基础	地脚螺栓、缓冲弹簧、基础积水、基础是否有杂物				
检查意见：					
安装单位： 机管员： 维保人： 　年　月　日		总包单位： 技术负责人： 安全员： 　年　月　日			

注：本表由租赁单位填写施工单位、租赁单位各存一份。

《中华人民共和国安全生产法》第三十六条规定，安全设备的设计、制造、安装、使用、检测、维修、改造和报废，应当符合国家标准或者行业标准。生产经营单位必须对安全设备进行经常性维护、保养并定期检测，保证正常运转。维护、保养、检测应当作好记录，并由有关人员签字。生产经营单位不得关闭、破坏直接关系生产安全的监控报警、防护、救生设备、设施，或者篡改、隐瞒、销毁相关数据、信息。

本章根据《建筑施工安全检查标准》JGJ 59—2011、陕西省住房和城乡建设厅检查标准并结合现场检查的需要，从安装告知、使用登记、过程资料管理、拆卸告知等4个方面对相关资料进行了汇总整编。本章涉及的相关规范主要有《建筑施工塔式起重机安装、使用、拆卸安全技术规程》JGJ 196—2010、《塔式起重机混凝土基础工程技术标准》JGJ/T 187—2019、《塔式起重机安全规程》GB 5144—2006、《起重机 钢丝绳 保养、维护、检验和报废》GB/T 5972—2023、《起重机 手势信号》GB/T 5082—2019、《起重机械安全技术规程》TSG 51—2023。

14.1　塔式起重机概述

《建筑施工安全检查标准》JGJ 59—2011规定，塔式起重机检查评定保证项目应包括：载荷限制装置、行程限位装置、保护装置、吊钩、滑轮、卷筒与钢丝绳、多塔作业、安拆、验收与使用。

本章塔式起重机的资料整编主要针对《住房城乡建设部办公厅关于实施〈危险性较大的分部分项工程安全管理规定〉有关问题的通知》（建办质〔2018〕31号）危险性较大的分部分项工程和超过一定规模的危险性较大的分部分项工程中的起重吊装及起重机械安装拆卸工程及《房屋市政工程生产安全重大事故隐患判定标准》（2024年版）中涉及的施工升降机重大事故隐患的相关项目。

14.2　塔式起重机资料整编目录清单

14.2.1　安装告知资料（15项）

（1）供方单位考察记录。

（2）出租单位合同及安全协议（两方）。

（3）安装单位合同及安全协议（三方）。

（4）出租单位营业执照、资质证书、安全生产许可证。

（5）安装单位营业执照、资质证书、安全生产许可证。

（6）塔式起重机设备进场查验。

（7）设备产权备案、特种设备制造许可证、产品合格证、使用说明书。

（8）建筑施工起重机械安装告知、建筑起重机械安装审核表。

（9）塔式起重机安装专项方案及报审报批表。

（10）塔式起重机安装应急救援预案及报审报批表。

（11）基础验收报告。

（12）无障碍证明。

（13）进入施工现场安装人员任命文件及证件。

（14）安装前安全技术交底。

（15）汽车起重机安全技术交底及操作人员证件、辅助起重机械检测报告。

14.2.2 使用登记资料（7项）

（1）建筑施工起重机械使用登记表。

（2）安装完成自检表。

（3）机械设备法定检验检测单位检测报告（第三方检测报告）。

（4）出租单位、安装单位、监理单位、施工总承包单位联合验收资料（四方联合验收表）。

（5）塔式起重机司机及信号工证件。

（6）管理制度及维修保养制度。

（7）群塔作业防碰撞方案及应急救援预案。

14.2.3 过程管理资料（10项）

（1）危大工程公示牌、验收牌、风险告知卡。

（2）现场维修保养人员任命书及证件。

（3）塔式起重机每月检查表。

（4）塔式起重机顶升加节验收记录。

（5）塔式起重机附着锚固检验记录。

（6）塔式起重机垂直度观测记录。

（7）塔式起重机防雷接地电阻测试记录。

（8）塔式起重机交接班记录（两个司机以上需要）。

（9）塔式起重机每日运行记录。

（10）群塔作业平面布置图。

14.2.4　拆卸告知资料（11 项）

（1）出租单位合同及安全协议（两方）。

（2）安装单位合同及安全协议（三方）。

（3）出租单位营业执照、资质证书、安全生产许可证。

（4）安装单位营业执照、资质证书、安全生产许可证。

（5）建筑施工起重机械拆卸告知、建筑起重机械拆卸审核表。

（6）塔式起重机拆卸专项施工方案及报审报批表。

（7）塔式起重机拆卸应急救援预案及报审报批表。

（8）进入施工现场拆卸人员任命文件及证件。

（9）拆卸前安全技术交底。

（10）汽车起重机安全技术交底及操作人员证件、辅助起重机械检测报告。

（11）分包单位评价表。

14.3　塔式起重机资料编写说明

14.3.1　安装告知资料

《建筑施工塔式起重机安装、使用、拆卸安全技术规程》JGJ 196—2010 规定，塔式起重机安装、拆卸单位必须具有从事塔式起重机安装、拆卸业务的资质；塔式起重机应具有特种设备制造许可证、产品合格证制造监督检验证明，并已在县级以上地方建设主管部门备案登记。塔式起重机安装、拆卸作业应配备两类人员：一是持有安全生产考核合格证书的项目负责人和安全负责人、机械管理人员；二是具有建筑施工特种作业操作资格证书的建筑起重机械安装拆卸工、起重司机、起重信号工、司索工等特种作业操作人员。

塔式起重机安装、拆卸前，应编制专项施工方案，指导作业人员实施安装、拆卸作业。专项施工方案应根据塔式起重机使用说明书和作业场地的实际情况编制，并应符合国家现行相关标准的规定。专项施工方案应由本单位技术、安全、设备等部门审核，技术负责人审批后，经监理单位批准实施。

14.3.2　使用登记资料

《建筑施工塔式起重机安装、使用、拆卸安全技术规程》JGJ 196—2010 规定，塔式起重机的安全装置必须齐全，并应按程序进行调试合格，安装单位应对安装质量进行自检，并填写自检报告书。安装单位自检合格后，应委托有相应资质的检验检测机构进行检测，检验检测机构应出具检测报告书。安装质量的自检报告书和检测报告书应存入设备档案，经自检、检测合格后，应由总承包单位组织出租、安装、使用、监理等单位进行验收，并填写验收表，合格后方可使用。

塔式起重机停用 6 个月以上的，在复工前，应重新进行验收，合格后方可使用。塔式起重机起重司机、起重信号工、司索工等操作人员应取得特种作业人员资格证书，严禁无证上岗。塔式起重机使用前，应对起重司机、起重信号工、司索工等作业人员进行安全技术交底。

14.3.3　过程管理资料

《建筑施工塔式起重机安装、使用、拆卸安全技术规程》JGJ 196—2010 规定，实行多班作业的设备，应执行交接班制度，认真填写交接班记录，接班司机经检查确认无误后，方可开机作业。塔式起重机应实施各级保养，转场时，应作转场保养，并应有记录。塔式起重机的主要部件和安全装置等应进行经常性检查，每月不得少于一次，并应有记录；当发现有安全隐患时，应及时进行整改。当塔式起重机使用周期超过一年时，应进行一次全面检查，合格后方可继续使用。当使用过程中塔式起重机发生故障，应及时维修，维修期间应停止作业。

过程管理资料中的维保人员证件、顶升加节验收记录、附着检验记录、垂直度观测记录涉及多塔作业的安全距离涉及重大事故隐患应重点关注。

《建筑施工塔式起重机安装、使用、拆卸安全技术规程》JGJ 196—2010 规定，塔式起重机拆卸作业宜连续进行；当遇特殊情况拆卸作业不能继续时，应采取措施保证塔式起重机处于安全状态。当用于拆卸作业的辅助起重设备设置在建筑物上时，应明确设置位置、锚固方法，并应对辅助起重设备的安全性及建筑物的承载能力等进行验算。拆卸前应检查主要结构件、连接件、电气系统、起升机构、回转机构、变幅机构、顶升机构等项目，发现隐患应采取措施，解决后方可进行拆卸作业。附着式塔式起重机应明确附着装置的拆卸顺序和方法，自升式塔式起重机每次降节前，应检查顶升系统和附着装置的连接等，确认完好后方可进行作业。拆卸时应先降节、后拆除附着装置，拆卸完毕后，为塔式起重机拆卸作业而设置的所有设施应拆除，清理场地上作业时所用的吊索具、工具等各种零配件和杂物。

安拆单位的资质证书、安全生产许可证、安拆人员的资质证书、专项方案的报审批、基础验收报告 5 方面资料涉及重大事故隐患。安拆单位资质证书查询参考《建筑业企业资质标准》相关规定；人员资质证件参考住房和城乡建设部《建筑施工特种作业人员管理规定》及陕西省住房和城乡建设厅《关于进一步加强建筑施工特种作业人员管理的通知》（陕建质发〔2018〕120 号）相关规定；基础验收参考《塔式起重机混凝土基础工程技术标准》JGJ/T 187—2019；安拆专项施工方案报审批参考《危险性较大的分部分项工程安全管理规定》（中华人民共和国住房和城乡建设部令第 37 号）相关规定。顶升加节、附墙件检验、垂直度观测及群塔作业平面布置相关资料参考附带说明书。

　　资料在整编汇总时需按照安装告知、使用登记、过程资料管理、拆卸告知 4 个板块 43 项内容单独建档并编号存放，每个板块资料按序号汇总，做到目录清晰、内容明确。对过程管理资料中的月度检查记录表和维修保养记录 2 项内容，根据检查频率每月收集，按月归档；顶升加节记录和塔式起重机交接班记录 2 项内容，按照工序交接时间整理汇总。

供方单位安全考察记录表（样表）

考察单位		设备类别	
被考察单位			
考察内容	考察要求		考察情况
企业资质	企业营业执照、资质证书、安全生产许可证、制造许可证、检验评估报告等是否齐全有效		
安全生产能力及条件	企业安全生产管理机构是否建立		
	专职安全管理人员配备数量与企业规模是否匹配		
	特种作业人员配置数量及持证上岗情况是否满足要求		
	近 2 年是否存在违法转包、挂靠、司法诉讼记录、安全生产领域失信行为记录、安全事故记录		
	是否购置安全生产保险		
	机械设备状况是否符合要求		
	安全技术管理档案是否齐全		
如近 2 年是否存在违法转包、挂靠、司法诉讼记录、安全生产领域失信行为记录、失信惩戒记录、安全事故记录；或机械设备状况不符合要求；或上一年度被列入不合格分包商名录的，视为考察不通过			
项目考察意见： 考察人员： 年　月　日			
分公司考察意见： 考察人员： 年　月　日			
集团安全监督管理部： 年　月　日			

塔式起重机进场查验表（样表）

项目名称				设备规格型号	
生产厂家				出厂日期	
产权单位				产权备案号	
安装单位				出厂编号	
序号	部位名称	查验项目	查验结论		检查部位照片（水印照片，可后附）
1	资料部分	设备备案情况	□ 有　　□ 无		
		产权是否登记在出租单位	□ 是　　□ 否		
		品牌、型号和出厂年限是否与合同约定及产权登记一致（核查标准节、臂架、拉杆、塔帽等主要结构件是否为同一生产厂家并有可追溯制造厂家和日期的永久标志）	□ 是　　□ 否		
		特种设备制造许可证、制造监督检验证明是否完整	□ 符合　□ 不符合		
		产品合格证是否完整	□ 符合　□ 不符合		
		上个工地的检测报告是否完整	□ 符合　□ 不符合		
2	金属结构部分	是否产生塑性变形	□ 产生　□ 未产生		
		是否存在焊缝开裂	□ 存在　□ 不存在		
		是否存在锈蚀严重	□ 存在　□ 不存在		
3	安全装置	力矩限制器	□ 完好　□ 不完好		
		重量限制器	□ 完好　□ 不完好		
		高度限位器	□ 完好　□ 不完好		
		回转限位器	□ 完好　□ 不完好		
		幅度限位器	□ 完好　□ 不完好		
		行走限位器	□ 完好　□ 不完好		
		风速仪	□ 完好　□ 不完好		
		变幅小车防钢丝绳断绳保护装置	□ 齐全　□ 不齐全		
		制动系统	□ 可靠　□ 不可靠		
		刹车片是否破损或磨损严重	□ 是　　□ 否		
4	保险装置	滑轮的防钢丝绳脱槽装置	□ 有效　□ 无效		
		卷筒的防钢丝绳脱槽装置	□ 有效　□ 无效		
		吊钩的防钢丝绳脱槽装置	□ 有效　□ 无效		
		爬梯护圈、小车护栏临边防护设置情况	□ 已设置 □ 未设置		
5	部件	卷筒是否符合国家使用标准	□ 符合　□ 不符合		
		滑轮是否符合国家使用标准	□ 符合　□ 不符合		

序号	部位名称	查验项目	查验结论	检查部位照片（水印照片，可后附）
5	部件	钢丝绳是否符合国家使用标准	□ 符合　□ 不符合	
		液压系统油表以及平衡阀体铅封	□ 完好　□ 不完好	
		高强度螺栓	□ 配备　□ 未配备	
		电缆是否符合使用标准	□ 符合　□ 不符合	
		驾驶室是否有破损	□ 有　　□ 无	
		灭火器材配备	□ 配备　□ 未配备	
6	安全标识	操作台按钮是否有明确标识	□ 有　□ 不全　□ 无	
		安全操作规程牌	□ 已准备　□ 未准备	

查验意见				
产权单位负责人		安装单位负责人		
项目负责人		项目设备管理员		
分公司审批意见	分公司负责人：　　　　　　　年　月　日			
安监部审批意见				
	审核人		日期	年　月　日

渭南市建筑起重机械安装（拆除）审核表（样表）

设备名称		规格型号	
设备备案号		设备安装高度	
工程名称		工程地点	
安拆单位		法人代表	
技术负责人		安装负责人	

	序号	材料分项名称	分项审核情况
报送审核材料	1	建筑起重机械安装（拆除）告知书（三份）	
	2	建设工程质量安全监督申报书（复印件）	
	3	建筑起重机械备案证明、安拆单位资质证书、营业执照、安全生产许可证副本（复印件核对原件）	
	4	出租单位与施工总承包单位签订的租赁合同，安拆单位与施工总承包单位签订的安装（拆卸）合同及安拆单位与施工总承包单位签订的安全协议书（原件）	
	5	建筑起重机械安装工程专项施工方案（原件）	
	6	建筑起重机械安装（拆卸）工程生产安全事故应急救援预案（原件）	
	7	安拆单位负责人、专职安全生产管理人员、专业技术人员及特种作业人员名单及证书、辅助起重机械资料及特种作业人员证书（复印件加盖公章）	
	8	提供现场毗邻建筑物、构筑物供电管线等可能影响机械使用安全的有关资料（原件）	
	9	起重机械地基基础相关验收资料（原件）	

审核意见	总工审核（签字）： 总承包单位（公章）： 年 月 日	总监审核（签字）： 监理单位（公章）： 年 月 日

注：本表为安装、拆卸审核通用表格，在使用时应将不适用的文字划掉。

陕西省建筑工程施工质量验收技术资料统一用表
监理质量控制资料

监理 B-1 施工组织设计/（专项）施工方案报审表

工程名称：＿＿＿＿＿＿＿＿＿＿＿　　　　　　　　　编号：

致：	（项目监理机构）
我方已完成	工程施工组织设计/（专项）施工方案的编制
并按规定已完成相关审批手续，请予以审查。 　附件：□ 施工组织设计 　　　　□ 专项施工方案 　　　　□ 施工方案 施工项目经理部（盖章）： 项目经理（签字）： 　　　　　　　　　　年　月　日	
审查意见： 专业监理工程师（签字）： 　　　　　　　　　　年　月　日	
审核意见： 项目监理机构（盖章）： 总监理工程师（签字）： 　　　　　　　　　　年　月　日	
审批意见（仅对超过一定规模的危险性较大分部分项工程专项施工方案）： 建设单位（盖章）： 建设单位代表（签字）： 　　　　　　　　　　年　月　日	

注：本表一式三份，项目监理机构、建设单位、施工单位各一份。

陕西省建筑工程施工质量验收技术资料统一用表

危险性较大的分部分项施工方案报批表（分包单位）

工程名称		建设单位		
文件名称			册　共　页	
编制单位		主编人		
内容概述				
分包单位审核意见			（盖章） 项目经理： 年　月　日	
			（公章） 分包单位技术负责人： 年　月　日	
施工单位审查意见			（盖章） 项目经理： 年　月　日	
			（公章） 施工单位技术负责人： 年　月　日	
监理（建设）单位审批意见			（公章） 总监理工程师（建设单位项目负责人）： 年　月　日	

注：1. 本表由编制单位填制，然后按程序报批；

　　2. 编制的文件附后。

建筑起重机械安装基础验收报告（样表）

编号：

使用单位	
施工单位	
设备类型	□ 塔式起重机　　　　　□ 升降机
设备名称	□ 普通塔式起重机 □ 齿轮齿条式施工升降机 □ 钢丝绳式施工升降机
设备型号规格	
安装地点	
基础结构形式	□ 力固定式　　　　　□ 移动式
验收结论	地基普探资料齐全 地基承载力满足要求 隐蔽验收记录齐全 混凝土强度合格折算满足安装要求 预埋件使用厂配件 混凝土基础平整度、几何尺寸符合设计文件要求 经验收合格

施工单位负责人	使用单位负责人	监理单位负责人
施工单位（盖章）： 　　　年　月　日	使用单位（盖章）： 　　　年　月　日	监理单位（盖章）： 　　　年　月　日

证　　明

＿＿＿＿＿＿＿＿＿＿＿＿：

　　我单位＿＿＿＿＿＿＿＿＿现租赁一台＿＿＿＿＿＿＿＿＿生产的型号为：＿＿＿＿＿＿＿＿＿、出厂编号：＿＿＿＿＿＿＿＿＿。现根据施工需要将安装于＿＿＿＿＿＿＿＿，现场周围无影响安装作业的高大建筑物，供电管线等障碍物，不存在各类安全隐患。安装时现场有维护，警戒，有专人看护，具备安全的安装作业条件。

　　特此证明！

监理单位（签章）　　　　　　　　　　　使用单位（签章）

监理单位负责人：　　　　　　　　　　　使用单位负责人：

　　年　　月　　日　　　　　　　　　　　　年　　月　　日

塔式起重机安装前验收表（样表）

产权单位		产权备案编号		项目名称	
生产厂家		规格型号		安装单位	
序号	项目	检查要求			检查记录
1	资料	出厂合格证、产权备案证、制造许可证及改造（维修）许可证			
2	基础	地耐力必须符合升降机说明书要求			
3		基础应有隐蔽工程验收报告，并由土建负责人签字			
4	金属结构	金属结构无变形、裂损、脱焊、严重锈蚀			
5		各部分的连接螺栓、销轴、开口销应齐全、可靠			
6	工作机构	制动器的间隙调整应合理，摩擦片磨损应符合要求			
7		减速箱、轴承按规定加油、润滑应良好			
8		各机构应连接正确，壳体、传动部件完好			
9	电气设备	电器元件齐全、完好			
10		电器绝缘电阻 $\geq 0.5M\Omega$			
11		电器柜接头无松动，线路无破裂、脱皮、老化			
12	安全装置及安全设施	安全装置和安全设施应齐全完好			
13	其他部分	平衡重、压重应符合要求			
14		滑轮组应转动灵活、无裂纹损伤			
15		钢丝绳润滑应良好，符合使用要求，扎实、绳卡齐全完好			
16		吊钩应无变形、损伤，润滑应良好			
17	液压顶升系统	液压系统应不渗漏			
18		顶升油缸安装前试验应正常			
19		液压控制阀控制应正确			
检查结论					
安装单位（公章）	产权单位（公章） 年 月 日		使用单位（公章） 年 月 日		监理单位（公章） 年 月 日

塔式起重机安装安全技术交底记录表（样表）

编号：

工程名称		分部（分项）工程及工种名称	
工程总承包单位		交底日期	
一、一般交底内容 1. 严禁违章指挥、违章操作，违反劳动纪律，未经专业培训不得从事本工种作业。 2. 进入施工现场必须戴好安全帽，高处作业必须系好安全带，严禁高空抛物。 3. 严禁酒后作业，禁止穿高跟鞋、拖鞋或赤脚进入施工现场。 4. 禁止随意拆除、挪动各种防护装置			
二、针对性交底内容 1. 安装人员应取得特种作业人员操作证。 2. 安装应有指挥人员，安装垂直度不允许超过偏差范围，严禁违章加节顶升。 3. 进入施工现场要戴好安全帽，做好高空作业防护措施。 4. 按安全技术操作规程作业安装，禁止违章作业。 5. 安装区域未设置安全警戒线，无关人员进入安装区域下方。 6. 高处安装作业，需其他人员配合时，待与对方商定好后方可开始工作。 7. 工具必须装袋随身携带，需要他人传递工具时，不得抛掷。 8. 安装作业应在风力小于 5 级的情况下进行，遇到大雨、大雾等恶劣天气必须停止安装。 9. 安装作业应在白天进行，严禁晚上进行安装作业。 10. 安装作业必须有专人看管电源、专人操作液压系统和专人紧固螺栓，专人负责顶升横梁。 11. 安装完成后进行自检并出具自检报告			
交底人签字		安全员签字	
被交底人签字			

陕西省建筑起重机械使用登记申请表（样表）

使用单位：（公章）　　　　　　　　　　电话：　　　　　　　　　　　年 月 日

产权单位							电 话		
机械名称			规格型号				出厂日期		
备案编号				安装高度（m）			首次安装		
							最终使用		
工程名称				项目经理			电话		
工程地址									
安装单位				资质等级			资质证号		
安装起止时间	年 月 日起 年 月 日止			安装单位安全许可证号			现场安装负责人		
检验检测单位				检测日期					
检验检测负责人				联合验收日期					
操作人员	姓名								
	工种								
	操作证号								
安装单位意见	技术负责人： 安装单位（章） 年 月 日		附：检验检测结果	年 月 日		使用单位意见	技术负责人： 使用单位（章） 年 月 日		
产权单位意见	技术负责人： 产权单位（章） 年 月 日		总承包单位意见	总工： 总承包单位（章） 年 月 日		监理单位意见	项目总监： 监理单位（章） 年 月 日		
机械科意见		年 月 日		站领导意见				年 月 日	

注：此表作为安装验收用表，各参加验收单位签署合格或不合格意见后，各存档一份。检验检测结果栏由使用单位填写检验检测单位出具的检测结果，并持检测结果原件，留复印件。

塔式起重机安装验收记录表（样表）

工程名称								
塔式起重机	型号		设备编号		起升高度			m
	幅度	m	起重力矩	kN·m	最大起重量	t	塔高	m
与建筑物水平附着距离		m	各道附着间距	m	附着道数			
验收部位	验收要求						结果	
塔式起重机结构	部件、附件、连接件安装齐全、位置正确							
	螺栓拧紧力矩达到技术要求，开口销完全撬开							
	结构无变形、开焊、疲劳裂纹							
	压重、配重的重量与位置符合使用说明书要求							
基础与轨道	地基坚实、平整，地基或基础隐蔽工程资料齐全、准确							
	基础周围有排水措施							
	路基箱或枕木铺设符合要求，夹板、道钉使用正确							
	钢轨顶面纵、横方向上的倾斜度不大于 1/1000							
	塔式起重机底架平整度符合使用说明书要求							
	止挡装置距钢轨两端距离 ≥ 1m							
	行走限位装置距止挡装置距离 ≥ 1m							
	轨接头间距不大于 4mm，接头高低差不大于 2mm							
机构及零部件	钢丝绳在卷筒上面缠绕整齐、润滑良好							
	钢丝绳规格正确，断丝和磨损未达到报废标准							
	钢丝绳固定和编插符合国家及行业标准							
	各部位滑轮转动灵活、可靠，无卡塞现象							
	吊钩磨损未达到报废标准，保险装置可靠							
	各机构转动平稳、无异常响声							
	各润滑点润滑良好、润滑油牌号正确							
	制动器动作灵活可靠，联轴节连接良好、无异常							
附着锚固	锚固框架安装位置符合规定要求							
	塔身与锚固框架固定牢靠							
	附着框、锚杆、附着装置等各处螺栓、销轴齐全、正确、可靠							
	垫铁、楔块等零部件齐全可靠							
	最高附着点以下塔身轴线对支承面垂直度不得大于相应高度的 2/1000							
	独立状态或附着状态下最高附着点以上塔身轴线对支承面垂直度不得大于 4/1000							
	附着点以上塔式起重机悬臂高度不得大于规定要求							

验收部位	验收要求	结果
电气系统	供电系统电压稳定、正常工作，电压为（380±10%）V	
	仪表、照明、报警系统完好、可靠	
	控制、操纵装置动作灵活、可靠	
	电器按要求设置短路和过电流、失压及零位保护，切断总电源的紧急开关符合要求	
	电气系统对地的绝缘电阻不大于 0.5MΩ	
安全限位与保险装置	起重量限制器灵敏可靠，其综合误差不大于额定值的±5%	
	力矩限制器灵敏可靠，其综合误差不大于额定值的±5%	
	回转限位器灵敏可靠	
	行走限位器灵敏可靠	
	变幅限位器灵敏可靠	
	超高限位器灵敏可靠	
	顶升横梁防脱装置完好可靠	
	吊钩上的钢丝绳防脱钩装置完好可靠	
	滑轮、卷筒上的钢丝绳防脱装置完好可靠	
	小车断绳保护装置灵敏可靠	
	小车断轴保护装置灵敏可靠	
环境	布设位置合理，符合施工组织设计要求	
	与架空线最小距离符合规定	
	塔式起重机的尾部与周围建（构）筑物及其外围施工设施之间的安全距离不小于 0.6m	
其他	对检测单位意见复查	

出租单位验收意见： 签章：　　　　　日期：	安装单位验收意见： 签章：　　　　　日期：
使用单位验收意见： 签章：　　　　　日期：	监理单位验收意见： 签章：　　　　　日期：
总承包单位验收意见： 签章：　　　　　日期：	

注：本表在塔式起重机经法定检测单位检测合格后，由出租单位填写，完善签字手续后存项目备查。

授权委托书

　　我公司委托_____（证件号：_____）为___楼使用的_____，生产的型号为_____塔式起重机一台（出厂编码_____）的维护保养负责人，（证件号：_____）为我公司机械管理负责人，（证件号：_____）为我公司塔式起重机司机，代理期限截至塔式起重机使用完毕之日。

年　　月　　日

塔式起重机（季度/月度）安全检查表（样表）

项目名称			设备编号		设备型号		日期	
序号	检查部位	检查方法		检查结论		检查部位照片（带水印）		
1	力矩限位装置	小车和主卷扬机超过规定负荷时停止运行						
2	高度限位装置	吊钩到达最上部之前随着警报音停止运转						
3	应急停止装置	按下按钮时停止动作，按钮后需要手动恢复						
4	起重量限位装置	超过额定负荷时随着警报停止运转						
5	回转限位装置	控制回转范围，防止电缆缠绕						
6	操作杆装置	防止误触装置（传感器、按钮）运作良好						
7	幅度限制装置	小车前后运行至最前端或最后端停止运行						
8	小车及吊钩	吊钩防坠装置无脱落等异常发生，走轮可正常旋转						
9	钢丝绳	断丝、变形等符合规范，末端固定可靠						
10	钢丝绳防脱装置	从卷扬机到末端不可有钢丝绳脱离现象，并遵守制造商的基准来设置						
11	标准节连接螺栓	检查螺栓是否松动，使用力矩扳手检测力矩是否满足说明书要求						
12	制动及离合器	制动、离合、驾驶装置等功能正常						
13	附墙装置	是否采用原厂附墙杆件，连接螺栓未使用双螺母，未露三丝						
14	电气及配电系统	检查电箱接线是否规范，电线是否老化，PE 线是否连接						
租赁单位检查人员				检查意见				
项目机管员/安全员								

塔式起重机维修保养记录（样表）

检修单位		设备名称及编号	
主修人员		日期	
检修项目及存在问题，主要零部件更换情况			
序号	检验内容	检修结果	结论
1	金属结构件及外观		
2	传动系统		
3	电器方面		
4	防护装置		
5	保险装置		
6	限位装置		
7	润滑装置		
8	液压系统		
9	试运转		
备注			

注：本表由租赁单位填写，施工单位、租赁单位各存一份。

塔式起重机顶升（降塔）验收记录（样表）

工程名称				工程地点			
安装单位				顶升负责人			
型号		设备备案编号		原塔高	m	顶升后高	m
项目	检测内容					结论	
顶升之前检查项目	顶升系统必须完好						
	标准节数量和型号正确						
	标准节套架、平台等无开焊、变形和裂纹问题						
	塔式起重机下支座与顶升套架应可靠连接						
	顶升横梁应搁置正确						
	液压系统的动力电源应接线正确						
	套架滚轮转动灵活，与塔身的间隙合适						
	塔式起重机应配平，顶升过程中，应确保塔式起重机的平衡						
	电缆线应放松到足够长度						
	顶升安全装置灵敏可靠						
	顶升过程中，不应进行起升、回转、变幅等操作						
顶升之后检查项目	塔身连接应可靠，螺栓和销子齐全						
	塔身与回转下支座连接应可靠连接，螺栓拧紧力矩应达到标准要求						
	加节后须进行附着的，应按照先装附着装置、后顶升加节的顺序进行，附着装置的位置和支撑点的强度应符合要求						
	最高附着点下塔身轴线对支承面垂直度不得大于相应高度的2/1000						
	独立状态或附着状态下最高附着点以上塔身轴线对支承面垂直度不得大于4/1000						

验收结论：

安装单位技术负责人：

专职安全员：

使用单位负责人：

年 月 日

塔式起重机附着锚固检验记录（样表）

工程名称				安装单位			
安装地点				作业负责人			
塔式起重机	型号		设备备案编号		原高	m	锚固后高	m
	附着道数		各道附着间距	m	与建筑物水平附着距离			m
项目	检测内容				结论			
附着锚固之前检查项目	附着装置的设置和自由端高度应符合有关规定							
	锚杆长度和结构形式是否符合附着要求							
	附着框、锚杆、附着装置等应无开焊、变形和裂纹							
	当附着水平距离、附着间距等不满足使用说明书要求时，应进行设计计算，绘制制作图和编写相关说明							
	附着装置的构件和预埋件应由原制造厂家或由具有相应能力的企业制作							
	建筑物上附着点布置和强度应符合要求							
附着锚固之后检查项目	锚固框架安装位置符合规定要求							
	塔身与锚固框架固定牢靠							
	附着框、锚杆、附着装置等各处螺栓、销轴齐全、正确、可靠							
	垫铁、楔块等零部件齐全可靠							
	最高附着点下塔身轴线对支承面垂直度不得大于相应高度的2/1000							
	独立状态或附着状态下最高附着点以上塔身轴线对支承面垂直度不得大于4/1000							
	塔式起重机悬臂高度应符合使用说明书要求							

验收结论：

安装单位技术负责人：

专职安全员：

使用单位负责人：

年　月　日

塔式起重机垂直度沉降观测记录表（样表）

工程名称					工程总包单位			
设备编号及型号			自由高度			附着以下高度		

垂直度与沉降量检测记录	监测点编号	第　　次				第　　次			
		沉降量（mm）		垂直度		沉降量（mm）		垂直度	
		本次	累计	方向（　）	方向（　）	本次	累计	方向（　）	方向（　）

工程状态		
观测者		
记录者	年　月　日	年　月　日
技术负责人		

垂直度与沉降量检测记录	监测点编号	第　　次				第　　次			
		沉降量（mm）		垂直度		沉降量（mm）		垂直度	
		本次	累计	方向（　）	方向（　）	本次	累计	方向（　）	方向（　）

工程状态		年　月　日
观测者		
记录者	年　月　日	年　月　日
技术负责人		

塔式起重机接地电阻测试记录表（样表）

工程名称				工程总包单位		
天气		气温	℃	仪表名称及型号		
序号	检测项目	接地装置名称		允许值	实测值	结论
测试结果						
测试人				日期		年　月　日

建筑起重机械运行记录（样表）

编号：

工程名称		施工单位		使用单位	
设备租赁单位		设备名称		设备编号	
时间	时　分	运行情况			司机（签名）
年　月　日		外观□ 安全装置□ 传动机构□ 连接件□ 制动器□ 滑轮□ 钢丝绳□ 液位、油位□ 电源、电压□			
年　月　日		外观□ 安全装置□ 传动机构□ 连接件□ 制动器□ 滑轮□ 钢丝绳□ 液位、油位□ 电源、电压□			
年　月　日		外观□ 安全装置□ 传动机构□ 连接件□ 制动器□ 滑轮□ 钢丝绳□ 液位、油位□ 电源、电压□			
年　月　日		外观□ 安全装置□ 传动机构□ 连接件□ 制动器□ 滑轮□ 钢丝绳□ 液位、油位□ 电源、电压□			
年　月　日		外观□ 安全装置□ 传动机构□ 连接件□ 制动器□ 滑轮□ 钢丝绳□ 液位、油位□ 电源、电压□			
年　月　日		外观□ 安全装置□ 传动机构□ 连接件□ 制动器□ 滑轮□ 钢丝绳□ 液位、油位□ 电源、电压□			
年　月　日		外观□ 安全装置□ 传动机构□ 连接件□ 制动器□ 滑轮□ 钢丝绳□ 液位、油位□ 电源、电压□			
年　月　日		外观□ 安全装置□ 传动机构□ 连接件□ 制动器□ 滑轮□ 钢丝绳□ 液位、油位□ 电源、电压□			
年　月　日		外观□ 安全装置□ 传动机构□ 连接件□ 制动器□ 滑轮□ 钢丝绳□ 液位、油位□ 电源、电压□			
年　月　日		外观□ 安全装置□ 传动机构□ 连接件□ 制动器□ 滑轮□ 钢丝绳□ 液位、油位□ 电源、电压□			
年　月　日		外观□ 安全装置□ 传动机构□ 连接件□ 制动器□ 滑轮□ 钢丝绳□ 液位、油位□ 电源、电压□			
年　月　日		外观□ 安全装置□ 传动机构□ 连接件□ 制动器□ 滑轮□ 钢丝绳□ 液位、油位□ 电源、电压□			
年　月　日		外观□ 安全装置□ 传动机构□ 连接件□ 制动器□ 滑轮□ 钢丝绳□ 液位、油位□ 电源、电压□			
年　月　日		外观□ 安全装置□ 传动机构□ 连接件□ 制动器□ 滑轮□ 钢丝绳□ 液位、油位□ 电源、电压□			

注：1. 塔式起重机司机应按照规定认真填写记录并在机组存放。
　　2. 工作记录主要内容：
　　　（1）每班首次作业前试验情况；
　　　（2）各安全装置、电气线路检查情况；
　　　（3）设备作业情况。
　　3. 运行中如发现设备有异常情况，应立即停用，排除故障后方可继续运行，同时将情况填入记录表。
　　4. 运行记录单独组卷，每本填写完后送交设备产权单位存档。

分包单位安全业绩评价表（样表）

分包单位名称				资质等级	
法定代表人				联系电话	
单位地址				安全生产许可证号	

序号	评定项目	评定具体内容	满分值	实得分	备注
1	安全生产条件	分包企业对项目定期检查情况，项目负责人、专职安全员、特种作业人员持证情况	20		
2	安全目标管理	单位生产安全事故控制情况，项目安全目标责任书、安全生产协议等签订及履行情况	20		
3	安全生产过程控制	项目安全生产管理体系建立、运行及维护，项目安全管理机构的设置情况，项目安全教育、检查、交底及隐患的整改等管理情况	30		
4	应急救援管理	单位应急体系及能力建设情况，项目应急救援体系、物资等建立运行情况	10		
5	安全资料管理	项目安全管理资料的收集、整理、上报情况	5		
6	配合服务	项目生产安全过程的配合、协同、服务等情况	10		
7	其他	其他安全生产相关要求的履行情况	5		
合计得分					

项目经理部意见： 项目安全负责人： 项目负责人：   年　月　日